云南农作物害虫生物防治发展与实践

陈福寿　陈宗麒　张红梅　王　燕◎主编

中国农业出版社

北　京

图书在版编目（CIP）数据

云南农作物害虫生物防治发展与实践／陈福寿等主编. -- 北京：中国农业出版社，2024.8. -- ISBN 978-7-109-32388-9

Ⅰ. S435

中国国家版本馆 CIP 数据核字第 2024VX9704 号

云南农作物害虫生物防治发展与实践

YUNNAN NONGZUOWU HAICHONG SHENGWU FANGZHI FAZHAN YU SHIJIAN

中国农业出版社出版

地址：北京市朝阳区麦子店街 18 号楼

邮编：100125

责任编辑：郭晨茜

版式设计：杨 婧 责任校对：吴丽婷

印刷：北京通州皇家印刷厂

版次：2024 年 8 月第 1 版

印次：2024 年 8 月北京第 1 次印刷

发行：新华书店北京发行所

开本：787mm×1092mm 1/16

印张：15

字数：365 千字

定价：200.00 元

编辑委员会

序

　　陈福寿、陈宗麒等在系统总结云南农业害虫生物防治工作的基础上,编著出版《云南农作物害虫生物防治发展与实践》一书,为此,我深感欣慰和高兴。

　　云南农业害虫天敌资源十分丰富,特色和优势也颇为明显。20世纪70年代初至"七五"期间,我在承担稻螟赤眼蜂生物学特性及繁蜂、放蜂技术研究和大田放蜂防治二化螟试验示范项目,以及组织全省农业害虫生物防治技术培训等工作时,恰逢农林部下发《关于开展农业害虫天敌资源普查工作的通知》,并有幸参加了"云南水稻害虫天敌资源调查"攻关课题及优势天敌开发利用等研究工作。在云南省农业厅支持和帮助下,组织由云南省植保植检站、云南省农业科学院植物保护研究所、云南农业大学植保系、昆明师范学院生物系等单位的科研人员参加的协作组,在全省16个地州、90多个县(区)的范围内,选取不同海拔、不同环境的农业生态区域,以40种水稻害虫为重点,采取普查与定点系统调查、田间调查与室内饲养研究相结合的方法,历经2年辛勤努力,共获水稻害虫天敌359种,其中寄生性天敌昆虫有191种,国内新记录种42种。该项成果得到国内同行专家的高度肯定,获云南省科技进步二等奖。同期云南省农业科学院甘蔗研究所和茶叶研究所分别完成了甘蔗和茶园害虫及其天敌资源调查的攻关任务,所获害虫及其天敌资源的丰富度、特色和优势也十分明显,同行专家都给予高度评价,均获云南省科技进步三等奖。在田间对水稻害虫天敌资源调查中,科研人员亲眼见稻田蜘蛛结网布满全田,捕食稻纵卷叶螟、三化螟等害虫的生动场景,以及寄生蜂将产卵管插入害虫体内产卵、胡蜂捕食害虫等真实生动的画面,充分展示了云南农业害虫天敌资源种类繁多、防虫控虫作用巨大。我们要感谢默默隐身于农田的害虫天敌卫士们，为保护农田环境、维护农业生态平衡、确保农作物健康成长作出的重要贡献。但时至今日，赞美之时，总感未留有视频影像而惋惜和无奈。

云南利用天敌昆虫防治农作物害虫，始于20世纪70年代初。为促进云南害虫生物防治工作的开展，1973年，云南省农业科学研究所（现为云南省农业科学院）以农作物害虫防治专家刘玉彬先生为领队，组织玉溪、楚雄、红河、思茅、文山、德宏等州（市）、县（市、区）的植保科技人员，赴广东、广西、湖南、浙江等地学习生物防治先进技术和管理经验。1974年，在云南省科学技术委员会、云南省农业厅的指导和支持下，云南省农业科学研究所主持召开全省第一次生物防治协作会，参会的有云南省高等院校、农林科研单位以及地州、县（区）的植保专业的科研、生产、管理人员共计27人。会议传达了全国生物防治科研协作会议精神，制订了"云南省农作物害虫生物防治协作组"年度计划，明确攻关课题的主持和协作单位以及人员分工，商定每年召开一次生物防治协作会。其间先后编辑刊印了2期《生物防治资料汇编》，供植保科技人员学习、交流。20世纪70—80年代，云南省在利用赤眼蜂防治水稻螟虫、稻纵卷叶螟、稻苞虫、玉米螟、甘蔗黄螟、松毛虫以及利用蚜茧蜂防治烟蚜、伏虎茧蜂防治小地老虎等试验、示范和推广工作方面都取得过较好成绩，同时培养了一批生物防治技术人才。

"八五""九五"期间，由云南省农业科学院植物保护研究所陈宗麒主持的"蔬菜害虫天敌资源调查"和"斑潜蝇天敌资源调查"等研究，均取得可喜成果，获得省部级科技奖项。特别是经浙江农业大学昆虫与生物防治学家刘树生教授推荐，由云南省农业科学院植物保护研究所承担，陈宗麒主持，从亚洲蔬菜研究发展中心引入优势天敌昆虫半闭弯尾姬蜂，用于防治云南菜区十字花科蔬菜重要害虫小菜蛾，通过对其生物学特性、繁蜂、放蜂技术等研究，并在玉溪通海等滇中多地蔬菜产区进行放蜂试验，半闭弯尾姬蜂成功定殖，建立了自然种群，防蜂面积逐年扩大，防效明显，该项研究成果获云南省科技进步三等奖。中国科学院院士庞雄飞称："该项成果是国内天敌引种史上又一成功事例。"

2006年，云南省农业科学院农业环境资源研究所（原云南省农业科学院植物保护研究所）生物防治课题组加入国家生物防治团队，参与农业部"引进国际先进农业科学技术计划"，即"948"计划，作为项目第二层次单位，主持承担害虫天敌引进及应用示范工作，同期，主持农业部公益性农业（科研）行业专项和科技部科技支撑计划。2013年9月，云南省农业科学院农业环境资源研究所与美国农业部农业研究局有益昆虫引进研究试验室签订合作协议，开展了斑翅果蝇等天敌资源的系统调查研究工作。2019年4月，云南省农业科学院农业环境资源研究所生物防治课题组开展了新入滇的外来重要害虫草地贪夜蛾天敌资源调查研究，并从中国农业科学院植物保护研究所引入草地贪夜蛾天敌昆虫蠋蝽和益蝽，研究其优势天敌昆虫生物学特性及防控效能，同时进行田间应用示范，均取得较好成果。随着云南农业害虫天敌资源调查和保护利用研究工作的延伸、拓展和深化，以及国内外合作的增进，研究团队科技力量的加强，协作范围的扩大，云南生物防治科学事业必将得到更快发展、取得更大成果。

感悟过去，展望未来，祝愿云南农业害虫天敌资源调查和保护利用及生物防治技术应用研究取得新成就，迈上新征程，为云南农业环境质量提升、农作物产量稳步增长、农业经济更好发展，以及保障民生健康作出新贡献，以特色为笔，创新为墨，在云南大地上书写出美好而崭新的篇章。

云南省农业科学院植物保护研究所原所长

2023年6月20日

前言

云南地处中国西南边陲，地势北高南低，海拔高低悬殊。全省气候类型丰富多样，有北热带、南亚热带、中亚热带、北亚热带、南温带、中温带和北温带共七个气候类型区。云南以其独特的自然地理气候及生态环境，孕育有丰富多样的生物资源，素有"植物王国""动物王国"之美誉，同样也蕴含有丰富多样的昆虫资源，也被称为"昆虫王国"。

从20世纪70年代初开始，云南省农业科学院在省相关职能管理部门、科研机构、大专院校，以及州（市）、县（市、区）各级植保部门科技人员的积极协作和相互配合支持下，轰轰烈烈且广泛地开展了农作物害虫防治技术研究及其应用示范，同时开展农作物主要害虫天敌资源调查研究。

1973年，云南省农业科学研究所植保组牵头组织，玉溪、楚雄、红河、文山、德宏、思茅等地州、市县植保科技人员共18人组成"云南生物防治考察团"赴广东、广西、湖南、浙江等地考察学习各地害虫生物防治工作的先进经验，考察后随即成立了云南省农业科学研究所生物防治课题组。云南各科研单位和大专院校纷纷引入多种赤眼蜂，开展对各种赤眼蜂生物学特性和扩繁技术研究，同时结合各地主要农作物害虫，开展各种利用赤眼蜂防治农作物害虫的田间释放试验及应用示范；各州（市）、县（市、区）农技和植保部门也根据当地主要农作物，开展害虫生物防治田间试验示范和主要害虫天敌资源调查工作。

1974年2月16—20日，云南省农业科学研究所植保组牵头组织，云南省科学技术委员会及省农业局到会主持，在昆明召开了全省第一次生物防治协作会，会议认为：云南是一个名副其实的"害虫天敌资源宝库"，有着广阔的利用空间和发展前景。此次会议，对进一步推动云南农作物害虫生物防治工作起到积极的组织保障和推动作用。

此后，云南省农业科学院植保所还多次组织了全省生物防治协作组工作交流会，并由云南省植保植检站和云南省农业科学院植物保护研究所牵头，于1980年和1981年先后两次分别在宜良和昆明组织害虫天敌种类识别及其昆虫标本采集和整理制作培训班，培训班聘请国内昆虫分类专家进行讲授。

20世纪70—80年代，云南相关科研院所和大专院校开展了广泛的害虫生物防治技术的应用试验示范、害虫天敌资源的调查研究，获得大量翔实的资料。云南省农业科学研究所王履浙系统总结了云南各科研单位和大专院校，以及全省各州（市）开展相关害虫生物防治工作资料和经验，并结合国内外相关研究成果编辑刊印了2期《生物防治资料汇编》介绍国内外害虫生物防治成功经验，并通过组织召开多次全省生物防治协作会进行广泛宣传和经验交流。

20世纪90年代初中期，南美斑潜蝇入侵云南，在一系列防治措施实施过程中，人们也关注到，在南美斑潜蝇发生最严重的季节和作物上，随着南美斑潜蝇种群的消长，其优势天敌种群寄生率也随之变化，使南美斑潜蝇种群受到有效抑制。由此，南美斑潜蝇生物防治及其天敌资源调查也一度受到重视，并得到多个项目资助，南美斑潜蝇天敌资源调查研究及其生物防治技术研究工作得以顺利开展。

1996年，云南省农业科学院植物保护研究所与亚洲蔬菜研究发展中心接洽，拟引进十字花科蔬菜重要害虫小菜蛾的优势寄生性天敌——半闭弯尾姬蜂，并于1997年由云南省科学技术委员会组织论证获得项目支持，从此开启了云南首例蔬菜害虫优势天敌昆虫资源引进试验研究及蔬菜害虫生物防治田间应用示范工作，该工作得到亚洲蔬菜研究发展中心及国际著名害虫生物防治专家 N. S. Talekar 博士的大力支持，项目成果获云南省科技进步三等奖。

2006年，云南省农业科学院农业环境资源研究所加入国家生物防治团队，先后承担农业部"948"计划、公益性行业科研（农业）专项、国家科技支撑计划项目，以及中国-美国政府间科技合作等多项害虫生物防治技术研究与田间应用示范项目，同时，也结合生产上突发的一些重大入侵害虫开展生物防治技术研究，如开展草地贪夜蛾的天敌资源调查研究、优势天敌的生物学特性研究及田间释放技术和应用示范。

通过本书的编著出版，编著者旨在收集整理云南农作物害虫生物防治工作的相关资料的同时，系统总结云南自20世纪70年代以来在害虫生物防治及主要害虫天敌资源利用研究等方面所取得的成果，以此使后来者了解云南农作物害虫生物防治的研究历史及取得的成绩。关于云南茶叶害虫及其天敌资源调查研究、甘蔗害虫及其天敌资源调查研究和甘蔗主要害虫生物防治技术田间应用示范，以及烟蚜茧蜂的扩繁和应用研究等工作取得的一系列重要成果，相关专家已另有著述，本书将不再赘述。

本书由云南省农业科学院农业环境资源研究所生物防治课题组讨论提出编写提纲，陈福寿、陈宗麒负责统稿，全书共分六章，其中第一章由陈宗麒、张红梅编写；第二章由陈宗麒、王燕、张红梅、陈福寿编写；第三章由陈宗麒、陈福寿根据王履浙、郑伟军等对云南水稻害虫天敌资源调查研究结果编写而成；第四章由陈宗麒、陈福寿根据王履浙20世纪70—80年代编辑刊印的2期《生物防治资料汇编》编写而成；第五章由陈福寿、张红梅、王燕、陈宗麒编写；第六章由陈宗麒、陈福寿、张红梅、王燕编写；附录1"云南害虫生物防治工作大事记"由陈宗麒、陈福寿编写。

垂文见史，以此可见云南农作物害虫生物防治技术研究与田间应用示范，以及农作物主要害虫天敌资源利用研究工作的主要脉络，既反映了社会发展进步，又折射出社会公众对环境生态和食品安全的呼声，同时也体现了云南一代又一代农业害虫生物防治科技工作者的不懈努力的结晶。总结历史，让历史以过去的光亮照明未来前行之路，让后来者在新的历史使命的召唤下，继往开来，续写新的篇章。

编著者对书稿进行了数次讨论和修改，书中一些资料历史久远，加之编著者能力水平和掌握的资料有限，存在问题和不足之处在所难免，恳请相关专家和读者谅解，并给予批评指正，以便纠正谬误，谨致谢忱！

原课题组成员缪森、罗开珺参与了半闭弯尾姬蜂研究及南美斑潜蝇天敌资源利用的部分工作，中国林业科学院曹亮明先生协助拍摄四十多年前采集整理制作的水稻害虫天敌昆虫标本作为附录图版，日本北海道农业研究所小西和彦先生帮助鉴定了斑潜蝇天敌昆虫种类，以上人员对本书的出版作出了积极贡献，在此一并表示感谢！

编　者

2024 年 2 月 1 日

CONTENTS

目 录

第一章

农作物害虫生物防治的理论基础

第一节　害虫生物防治的概念

一、害虫生物防治的哲学基础

老子曰："道常无为而无不为。侯王若能守之，万物将自化。化而欲作，吾将镇之以无名之朴。无名之朴，夫亦将无欲。不欲以静，天下将自定。"这是老子认识世界万物即自然和社会的一种哲学思想、世界观和方法论，一种"无为而无不为"的境界。多悟悟老子的话，或许能站在一个更高的境界上去认识自然界，去认识自然界生态群落中各生物种群之间的相互关系与相互之间的内在联系，或许我们能悟出其中的一些道理，用于解决我们正在面临的农作物有害生物治理的各种矛盾、问题和困惑。

毛泽东在《中国社会各阶级分析》一文中提到："谁是我们的敌人？谁是我们的朋友？这个问题是革命的首要问题。中国过去一切革命斗争成效甚少，其基本原因，就是因为不能团结真正的朋友，以攻击真正的敌人。"在农业生产过程中，我们将影响和制约生产经济发展的农作物害虫当作我们的敌人时，在一定程度上，也忽略了充分利用及发挥"敌人的敌人"，即"我们的朋友"的作用和潜能，也就是害虫的天敌资源对害虫种群消长的自然控制作用。

从农作物害虫防治策略方面看，充分发掘和发挥应用农作物有害生物天敌资源对害虫种群发生发展过程的自然控制作用，减少一些化学农药对自然环境的干扰和破坏，即实现"若能守之，万物将自化"。这也就是我们在农业生产过程中，尽可能利用害虫生物防治的基础原理、方法和思路，充分发掘和利用自然界中物种和群落之间相生相克的潜能，以及在生态群落中各类生物种群之间相互制约的消长动态平衡关系，去控制、调节和减轻农作物害虫产生的危害，将有害生物种群控制在不致引起经济损失的范畴，即为害虫的生物防治方法。

关于生物防治的概念和定义已有多种，但主要内容大同小异，一些专家为了从学科理论上使概念更严谨、严密、准确和完善，让定义涵盖内容更广，尽可能将可能涉及的内涵和外延都包括其中，结果很多定义感觉涵盖的内容愈来愈丰富，有些也容易引起歧义。其实，很多简单通俗的民间语言和现象就直接明了地说明了什么是生物防治，如"猫捉老鼠"就是一种广义的生物防治。生物防治就是利用一种对人类经济利益有益的生物去控制另一种有害的生物种群的方法。而当我们针对农业生产过程而言，根据人类的经济利益划分，就有了害虫与益虫之分。什么是害虫？就是在农作物生产过程中制约或损坏农作物经济收益作用的一类昆虫，即与人们的经济利益相冲突的昆虫，称之为害虫；什么是害虫天敌？就是以这些害虫为捕食或寄生对象，并以此为生的一类生物种类，也就是我们所称的益虫。

在大多数农田生态系统中，天敌昆虫种类主要包括寄生性和捕食性。寄生性天敌昆虫主要有：膜翅目的各类寄生蜂，包括姬蜂、茧蜂和小蜂，双翅目的寄生蝇，捻翅目的蚫蝙等，捕食性天敌类群更多，包括鞘翅目的瓢虫、步甲、虎甲，半翅目的捕食性蝽类，脉翅目的草蛉、褐蛉，膜翅目的胡蜂、泥蜂，蛛形纲的蜘蛛，以及其他脊椎动物如蜥蜴、蛙类、鸟类等。农作物的每一种害虫，都有很多物种对其种群消长起到关键作用。所以说，农田害虫的生物防治就是利用农作物害虫的天敌资源来控制有害生物种群的一种方法或策略。

二、生物防治概念释义

（一）生物防治的定义

害虫生物防治的定义有多种，简述如下：

①通过捕食性、寄生性天敌昆虫及病原菌的引入增殖和释放来控制另一种害虫。

②在农田生态环境中，利用有害生物的天敌资源及其种群之间相互制约的关系，将有害生物种群控制在不至于导致经济损失的方法。生物防治包含以虫治虫、以虫治草、以菌治虫等。害虫生物防治也包括自然生物防治和人为生物防治。

③生物防治就是利用一种生物对付另外一种生物的方法。生物防治大致可以分为以虫治虫、以鸟或其他动物治虫、以菌治虫和以虫治草等多种类型，它是降低害虫或杂草等有害生物种群密度的一种方法，它利用了生物种群间形成的生物群落的相互关系，以一种或一类生物抑制另一种或另一类生物。

④生物防治指利用生物物种间的相互关系，以一种或一类生物抑制另一种或另一类生物的方法。它的最大优点是不污染环境，是农药等非生物防治病虫害方法所不能比拟的。

⑤利用生态系统中各种生物之间相互依存、相互制约的生态学现象和某些生物学特性，以防治危害农业、仓储、建筑物和人群健康的生物措施。主要方法有：利用天敌、作物对病虫害的抗性、耕作方法、不育昆虫和遗传方法防治等。

⑥利用生物或其代谢产物防治病虫害的方法。包括天敌利用、昆虫不育、昆虫激素及信息素的利用等。昆虫的天敌包括病原微生物（病毒、细菌、真菌、原生动物、立克次体）、线虫及蛛形纲、昆虫纲（捕食性、寄生性）和一些脊椎动物。植物病原菌的天敌主要是拮抗微生物。

⑦利用捕食害虫或利用病菌、病毒寄生于害虫、病菌，以控制害虫、抑制病菌的发生发展的方法。包括微生物治虫、以虫治虫和其他有益动物治虫，以及以病毒治菌等。

⑧一种病虫害防治方法。通常利用病虫天敌、有益微生物或其产物来控制或消灭病虫害。

⑨生物防治是指利用活的有益生物体、菌体或微生物及其代谢产物以防治农业病虫草害的方法。

⑩生物防治是利用有害生物的天敌，对有害生物进行调节、控制，将农业生产的

经济损失减少到最低限度的一种方法。

⑪生物防治本是指利用某些能寄生于害虫的昆虫、真菌、细菌、病毒、原生动物、线虫，以及捕食性昆虫和螨类、益鸟、鱼类、两栖动物等来抑制或消灭害虫，利用抗生素来防治病原菌，即以虫治虫、以菌治虫、以菌治菌、以菌治病。

⑫利用寄生物、捕食者和病原物将另一种生物的种群密度维持在没有他们就维持不了较低水平的方法。

人们通常比较认可最后一个生物防治的定义，认为其概念比较严谨准确，其中包含了三个方面的主要含义：一是有害生物及其与天敌之间的关联性，二是时间性，三是动态性。

生物防治实际上包括利用自然法则和应用人工扩增天敌资源两种类型。自然法则是利用物种之间相互抑制和种群调节，尽量减少对农田环境的干扰，任凭有害生物天敌资源充分发挥其对有害生物种群的自然控制作用。应用人工扩增天敌资源则是人为地将害虫天敌资源进行室内大量或大规模增殖后适时进行田间应用；或人为引进、人工助迁并将天敌资源应用到起源地之外的其他地方，以达到对异地害虫种群的控制。

（二）生物防治定义的内涵

传统的生物防治概念是"通过捕食性、寄生性天敌昆虫，以及病原菌的引入增殖和散放来抑制另一种害虫的种群数量"。而广义的生物防治，是指利用生物有机体或其天然（无毒）产物来控制有害动植物群，使其不导致经济损害的方法。

生物防治是利用自然天敌（包括天敌昆虫、虫生真菌、细菌、病毒、寄生性线虫等）及其天然产物（如昆虫性激素等）来控制农业害虫的防治方法，是害虫综合防治的重要组成部分。

经过多年研究和社会发展进步，人类在害虫的生物防治技术方面进步很快，在自然微生物天敌、动物性活体天敌、植物源农药等方面都取得了一系列研究成果。特别是随着生物工程技术的广泛应用，害虫的生物防治技术也得到了突破性进展。目前，已经从宏观的活体层面进展到了微观的分子领域，人类可以根据需要改造操作对象，这使得对害虫的控制更为有效。虽然在短时间内，生物防治不可能完全替代化学防治，但是，在化学杀虫剂的农药残留造成食物安全问题和环境恶化的现实下，生物防治为害虫的有效、持续和经济控制开启了另一条途径。

生物防治的内涵一直在扩充。从广义来说，生物防治就是利用生物及其产物控制有害生物的方法。它主要包括寄生性天敌、捕食性天敌、昆虫病原微生物、昆虫不育剂、昆虫生长调节剂、信息素及植物源杀虫剂等的利用。生物防治无农药残留的食物安全问题，不造成环境污染，对人、畜和环境安全，避免或延缓农药使用对害虫产生的抗药性。生物防治对害虫种群具有经常性、持久性控制作用等优点，符合有害生物可持续治理的策略。但生物防治在生产应用上也有一定的局限性，即作用对象单一，对田间多种防控对象难以综合控制；通常防治害虫的作用过程较缓慢，不及化学农药见效迅速；天敌昆虫种类或生物制剂的规模化生产难度大，贮存期相对短，商品化难度大；使用操作技术根据各类天敌资源种类而各不相同；防控害虫过程受环境因素及气候因子影响较大，有时防治效果不稳定。但是，农作物有害生物的天敌资源发掘利用的应用技术和方法，仍是人们长期以来一直研究寻求的一种农作物有害生物绿色防控以及绿色食品生产中的一种重要手段。

在自然界中，各种生物以其各自独特的方式生存和繁衍，但每种生物与其他生物之间都有着种种的相互联系及相互制约的关系，其中最主要的就是食物链的联系。农作物、害虫和天敌就是一条食物链中各级营养关系紧密联系的三个环节，其中任何一环发生变化，必然引起其他环节的变化。因此，在农业生态系中，分析害虫种群与天敌种群的相互关系，人为地予以增加天敌数量对害虫种群的控制作用，就能将害虫的种群数量控制在不造成对农作物造成经济损害的水平。这就是农作物害虫生物防治的理论依据。

农业可持续发展战略要求必须实施有害生物的持续控制，尽量利用多种农事活动或自然资源为主体的控制技术替代化学防治，以减少农田化学污染和农药残留的危害，而有害生物的天敌资源就是其中最重要而有效的自然控制因素。

在长期的农作物害虫防治实践中，人们认识到：仅仅单纯依靠害虫天敌种群的自然消长来解决和控制集约化农业生产过程中的虫害问题，往往收效甚微。因为在农业生态系中，害虫与其天敌之间种群的消长动态趋势总是存在着此消彼长的跟随现象，通常是在害虫种群已经大量发生，危害造成损失之后，天敌种群才得以迅速增长，才发挥出显著的控制作用，这时害虫在农作物上的危害和造成的损失已经形成。即通常总是害虫种群增长后，天敌种群才能随之增长；而天敌种群增长又压低了害虫的种群数量。从另一个方面来说，虽然当害虫天敌种群数量增长时，农作物的损失已经形成，但对于之后的害虫种群数量则随着天敌种群数量的增长而被压低，所以说，一方面在一个循环的农田生态系统中，孰先孰后，是一个彼此起伏的过程；另一方面，随着农作物的收获导致的农田生态环境的变化，进而导致无论是害虫种群还是其天敌种群都将是新一轮消长动态的起伏。

随着全球经济贸易以及市场经济一体化的进程加快，在农业生产的发展过程中，许多农业害虫通过各种途径和方式蔓延扩散，或入侵到新的地区。而当某种害虫传入新的地区时，在其原产地具有重要控制作用的天敌并未同时随之扩散蔓延，在新的地区失去了天敌的自然控制的害虫种群犹如挣脱了自然枷锁，当气候、营养等条件适合时，这种害虫的发生危害就比原产地严重而猖獗。由此也证明了天敌对害虫控制作用的重要性。

生物防治所应用的害虫天敌资源是农业生态系统中的一个重要组成因子，由于它具有自然控制害虫种群的作用，因此在害虫综合治理中占有重要地位。生物防治对环境、人和其他生物安全，有效降低农药残留以及害虫抗性，同时在农田生态系统中常能建立起以种群为基础的生物群落结构中的自我增殖和扩散，对害虫发挥着持续而稳定的控制作用，并可以与多种防治措施协调应用。我国利用生物防治的历史悠久，天敌资源丰富，因此生物防治有着广阔的发展前景。

第二节　害虫生物防治类型及特点

一、害虫生物防治作用物

害虫生物防治作用物的生物类群通常可分为三类：

1. 寄生性生物

包括寄生蜂（包括膜翅目姬蜂总科的姬蜂类、茧蜂类、小蜂总科、螯蜂）、寄生蝇、捻翅目蚋蝙等；在中国，多种赤眼蜂、蚜茧蜂等寄生蜂已能产业化生产和大面积田间应用。

2. 捕食性生物

包括瓢虫、步甲、虎甲、草蛉、胡蜂、泥蜂、螳螂、捕食螨、蜘蛛、蛙、蟾蜍、蜥蜴，以及许多食虫益鸟等。目前，捕食螨被产业化生产和大面积应用。

3. 病原微生物

包括细菌、真菌和病毒等，其中被大面积推广应用的有苏云金杆菌、白僵菌等。

二、害虫生物防治原理与方法

害虫生物防治通常通过天敌的保护和天敌资源利用来实现，其原理与方法见图 1-1。

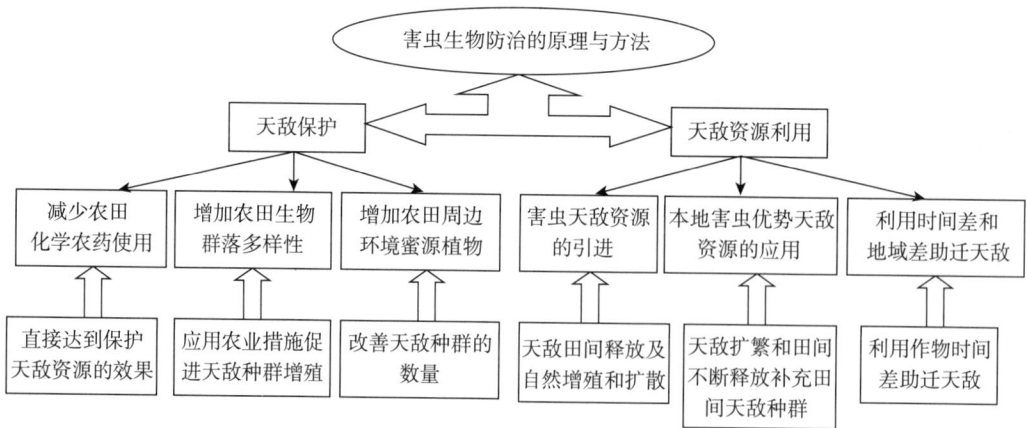

图 1-1　害虫生物防治的原理与方法

三、害虫生物防治类型

害虫生物防治一般可分为以下几个类型：经典生物防治、淹没式生物防治、保护式生物防治、助迁（接种）式生物防治等。

1. 经典生物防治

从有害生物（农林作物害虫等）的原产地人为引进该有害生物的优势天敌进行田间释放，使其在释放地定殖并自然繁衍和不断扩散，达到对该害虫种群数量有效抑制的效果，澳洲瓢虫的引进并在美国加利福尼亚州释放防治吹绵蚧（*Zcerya purchasi*），由此拯救了已濒临毁灭的柑橘产业就是一个典型案例。

经典生物防治定义强调必须从有害生物起源地引进天敌资源。关于引进天敌资源是否一定直接从该资源的起源地？作者认为由起源地转引的同种天敌资源也应该成为经典生物防治内容的一个补充。这也是从起源地天敌资源的传递式引进，即该天敌资源从起源地引进并在异地释放成功定殖后，是在野外通过自然增殖和扩散，以达到对害虫种群起到自然控制效果为主，而不是仅仅依靠田间不断地释放来补充引进天敌种群数量，达到控制田间害虫种群数量的生物防治的方式，这种类型包括瓢虫、姬蜂等类型天敌的引进释放。

2. 淹没式生物防治

通过人工室内扩繁或规模化生产田间害虫的优势天敌种类，并在害虫种群增长的始盛期和高峰期进行田间释放，达到对害虫种群的有效控制方法，减少对农作物经济损失。通常这种生物防治是因农作物收获后，即农田生态环境灾变，天敌种群难以恢复达到能有效控制害虫的种群数量，需要通过人工扩繁或规模化生产，根据田间害虫种群发展的需要，及时提供田间释放，以争取达到控制田间害虫种群发生增长造成农作物危害和损失，如赤眼蜂、蚜茧蜂等的田间释放。

知识拓展

经典生物防治和淹没式生物防治的区别是：经典生物防治中，引进天敌资源经检疫后进行田间释放，或经过室内扩繁后再行田间释放，无论是采用一次或多次释放，天敌资源定殖后，成为释放地农田生态系统中生物种群的一员，主要依靠天敌本身在田间自行增殖和逐步扩散，达到对害虫种群的自然控制作用，此类事例称之为经典生物防治，也可称为接种式生物防治，即通过一次或多次释放，一旦接种定殖之后，天敌种群就能依靠自身的增殖和扩散，建立自然种群，最终使害虫种群数量处于低水平；而淹没式生物防治则需要在每个农作物生产季节的害虫盛发初期，通过人工规模化扩繁和田间大量释放天敌，达到对害虫种群有效控制的目的。

3. 保护式生物防治

通过改善、保护农作物害虫天敌资源的生存环境，如增加农田植被多样性，间套作或田埂沟边增加天敌种类嗜好的蜜源植物，在天敌种群数量较大时不用或少用化学农药，或选用对天敌种类低毒的生物农药，保护害虫天敌种群的自然增长，提高其对害虫种群有效持续的自然控制作用。

4. 助迁（接种）式生物防治

利用不同地域差，或不同农作物同种害虫及其优势天敌种群发生消长的时间差，引入优势天敌种群到异地进行田间释放，达到对农作物害虫种群有效控制的效果，如在蚕豆生长后期，潜蝇姬小蜂寄生斑潜蝇（*Diglyphus* sp.），其寄生率可达90%以上，可收集这时的潜蝇姬小蜂，直接释放到异地同种作物和其他作物上，达到对斑潜蝇的控制作用。

四、生物防治与化学防治

生物防治是基于农田生态系统生物种群之间的相互抑制，群落中各种群之间此消彼长相互调节的平衡关系。在农田生态系统中，同一种害虫有多种天敌，有些同种天敌也能控制多种害虫，各生物种群相互之间，也有一对一精准的害虫与天敌之间的种群消长关系。生物防治既有人为扩繁的优势害虫天敌，及时释放应用于害虫种群暴发前的田间，以达到有效控制害虫种群发展的目的；也需要采取相应措施，尽可能地保护田间天敌资源的自然繁衍和种群延续。

化学防治是与生物防治完全不同的害虫防治方法或种群控制策略，通常人们习惯用化学农药致死力和致死率的测定方法，即以致死中浓度或致死中量来判定化学农药毒杀昆虫效力，以此来认定化学防治是否更有效。化学农药的田间施用，往往能快速广谱地毒杀农田各类昆虫，甚至杀死农田的绝大多数昆虫。在害虫种群数量很大时，或害虫种群发展与人们经济利益冲突时，如暴发性害虫和入侵性害虫出现时，化学防治的确是起到很好控制害虫种群发生发展的作用。然而，化学农药杀死害虫的同时，也杀死了害虫天敌，也是削弱了自然抑制害虫种群发展的一个重要因素。所以，害虫化学防治方法，既需要较为精准地对害虫种群发生消长做出预测预报，同时也需要深入研发出高效、低毒、低残留且较为专一的化学农药。

生物防治和化学防治作为农作物害虫防治的两种重要策略、手段和方法，其理论基础和田间表现的效果完全不同，是一个无法用同一尺度来衡量的两种方法，一种是技术性的方法，另一种则是哲学层面的自然法则。两者在一定范围内可选择作为互补的害虫治理策略，但在很大程度上会成为相互冲突的策略和方法。生物防治是基于农田生态系统群落中各种群之间相互制约关系来调节和压低农作物害虫种群数量，从而达到保障人们的经济利益少受损失；而化学防治则是害虫种群增长导致在短期内不采取及时有效的控制措施，就将导致农作物经济损失而不得已实施化学农药的毒杀效能。化学防治的农药使用其结果不仅杀死大量害虫，同时也毒杀了农田中的绝大多数节肢动物或其他类群的生物，且对食品安全和农田环境有一定的影响和隐患，但化学农药的防治手段却以快速高效而著称。随着社会进步和经济发展，人们对食品安全越来越重视，同时对农田生态环境被破坏的忧患意识不断提高，如何发挥害虫生物防治和化学农药防治两者优势也是当今社会一个重要的科学命题和现实难题。一方面是加强对害虫生物防治基础性研究和应用技术的研发，对农林作物害虫天敌资源的本底调查和优势天敌资源的研究，以及研发优势天敌资源在规模化、标准化和产业化生产方面的技术，以及商品化走向市场化的发展之路；另一方面积极寻求高效、低毒、低残留，对环境友好型的化学农药和生物农药，以找到两者之间的平衡点。所以，应采取多种农艺措施，减少害虫种群在田间的基数，同时在整个农作物生育期间，对害虫种群的繁衍进行准确监测，及时采取农业防治、物理防治、生物防治等方法缓解害虫种群的发展，在害虫种群发展直接与人们经济利益发生严重冲突时，精准、适时使用化学防治技术措施。

第三节　害虫生物防治的作用与地位

一、害虫综合治理的基本思想

（一）　IPM 是一种容忍哲学

有害生物综合治理（Integrated Pest Management，简称 IPM），其基本哲学思想是在农田生态系统中的一种容忍哲学，即在经济阈值允许范围内接受有一定数量的害虫存在，这与以往害虫防治中"治早、治小、治了"的消灭哲学思路和着眼点有所不同。

关于害虫的概念，传统的定义是危害人类或人类资源的昆虫，使人类受害，使资源受损，降低其利用率、质量或价值。所谓资源，包括农作物、家畜、人类的衣物等。在 IPM 中，"害虫"的概念是相对的，即只有发生在种群密度超过经济阈值时，才能称其为害虫。因此，一种昆虫能否成为害虫，取决于其种群密度与造成经济损失的程度。

IPM 的指导思想和目标不力求彻底消灭害虫，而强调在不导致经济损失的前提下，在一定时间空间范围内对害虫种群数量进行控制，它提倡与害虫协调共存，也就是说接受少量害虫存在于农田生态系统中的现状，即允许害虫在经济受害允许水平之内继续存在。

（二）　IPM 是以生态系统为管理单位

从系统生态学的角度来看，害虫是自然生态系统和农田生态系统中的一个组成成分，因此，害虫的综合治理需要以生态学原理为基础，把害虫作为其所在生态系统中的一个组分来进行研究和控制。害虫综合治理必须全面考虑整个生态系统，要以生态系统为管理单位，既要考虑各个组分的发生规律和消长动态及其原因，以及如何影响害虫种群数量的变化等制约因素，也要考虑害虫数量的变化（即防治后果）对整个生态系统的影响。既然害虫综合治理以生态系统为单位，那么管理的范围大小应根据害虫的迁移能力来决定。所以，IPM 首次提出了防治害虫不只是针对害虫，而是从调节生态系统中的组分的相对量出发来控制害虫的危害。

（三） IPM 提倡充分利用自然控制因素

1. 自然平衡

在稳定的生态系统中，在一定时期内，生物种群是相对稳定的。各种环境因子的复杂结合影响到群落中的各个种群的数量变动，使其群落中各种生物种类的种群数量在特有的上下幅度内维持动态平衡，这就是自然平衡。其过程是，当种群数量经历了一段时间的过剩或不足后，又能使种群恢复到特有的平衡密度，这种自然的恢复力是极为重要的，它是测定一个生态系统稳定与否的重要指标。自然平衡是各种生物种群在自然环境内自动调节的结果，它保证一个生物中的种群数量既不会衰亡到灭绝，也不会无限度地增长。形成自然平衡的主要原因是种群的自然控制作用。

2. 害虫种群控制因素

主要包括：天敌（包括多种类型昆虫、蜘蛛、其他类群动物、病原微生物等天敌资源）、种内竞争和种间竞争（动物与植物间、害虫的不同种间、害虫与天敌间）、植物或作物的抗性、有限的资源（害虫的食料、生存空间等）、周期性的灾害气候或其他自然因子（热、冷、干旱、风、雨等）的影响；自然死亡；农事活动、农作物收获、作物轮作导致种群灾变。

在以上的各种自然控制因素中，天敌是许多农业害虫的重要自然控制因素，因此，害虫生物防治就是人为地加强这一因素的作用。总之，充分利用自然控制因素是IPM 的一个重要内容。

（四） IPM 强调防治措施间的综合作用和相互协调

1. 综合作用

害虫防治实践告诉人们，单一的防治措施常常不能解决复杂的害虫防治问题。因此，IPM 在防治策略上强调不依赖任何单一的某种防治方法，而要求多种方法的协调配合，即主张多种控害策略的综合协调。当然，这种综合不是几种措施的简单相加，而是因时因地制宜地协调应用各种措施的优势，以达到综合控制害虫的目的。对某一具体害虫来说，要根据具体情况，研究选择措施，并根据各措施特点协调配合使用，可以总结多种模式，但不宜形成固定模式。

2. 相互协调

（1） 人为防治措施与自然控制因素的协调　现代害虫综合治理强调充分利用自然控制因素，因此，一切人为防治措施，都应该在自然控制协调的基础上，促进自然控制，而不是削弱自然控制。

（2） 各种人为防治措施之间的协调　一般来说，农业防治与生物防治等人为措施，是在顺应着农业生产过程中人们的经济利益，调整和改善农事农艺措施，促使农田生态系统有利于害虫天敌资源的保存和繁衍，或改变恶化有害生物的繁衍环境。当然，有害生物的繁衍环境很大程度上与其天敌资源所需环境有共性，但减缓有害生物繁衍环境，对农作物和天敌资源持续增长的过程是有利的。物理防治方法多种多样，有的方法常与自然防治发生矛盾，如黑光灯或其他光谱的灯诱杀害虫，同时也将诱杀部分天敌昆虫。所以，不同类群的昆虫对光谱的差异，也就是对鳞翅目、鞘翅目为主要农田害虫的光谱趋性与膜翅目为主要天敌资源类群昆虫光谱趋性差异尚需进一步研究，以提高灯光的光谱诱杀害虫的选择性，而避免同时诱杀天敌昆虫。

(3) 化学防治在 IPM 中的地位　化学防治往往与自然控制和生物防治相矛盾，即它不但杀伤害虫，也杀死了大量的天敌，农药残留还对食品安全造成隐患，此外，还有农田环境的污染等的经济、生态和社会问题。因此减少农田化学农药的施用是人类的目标，控制害虫危害同时也是人们经济利益的需要。但目前仍缺乏简便高效、可靠的生物防治措施等来控制害虫暴发成灾的局面，同时，检疫性危险性入侵有害生物突然暴发，化学杀虫剂仍是控制害虫的主要手段和措施。

实际上，化学防治方法随着社会发展和科技进步也在不断地改进和改善，研究和筛选高效、低毒、低残留的农药一直是农药研制的一项重要指标，并通过提高农药的施用技术和方法，避免与自然控制和生物防治相冲突，即合理的科学用药，因此改进的化学防治方法在 IPM 中仍占有重要作用，其中化学防治的合理应用是协调生物防治的关键。

（五）　IPM 须考虑经济效益、社会效益及生态效益

任何一种害虫防治策略的应用都基于防治效果最终的经济收益，如果防治成本大于害虫本身所造成的损失，那么防治失去意义。防治方法产生的负面效应，特别是化学农药的使用导致的食品安全问题，以及农药残留对环境和生态的影响等，就成为防治失败的结果。因此，IPM 方案制订中，必须考虑成本与收益率之比，以此来制定经济阈值（防治指标），同时在考虑经济效益的同时，也要考虑生态效益和社会效益。一般来说，对害虫进行防治，减少了损失，对社会有利。但如果过度施用和滥用化学农药，不仅增加了防治成本，还造成农田生态环境污染，对生态造成危害。

（六）　IPM 提倡多学科的协作

根据 IPM 的生态学基础，即在制订害虫防治方案时，不仅需要有经济收益的考虑，还应有生态学、经济学和环境保护学的观点。因此，在 IPM 策略的制订进程中，需要多学科的知识和多种措施的协调配合，而且在最初农事耕作时就应以当地农作物的主要害虫种类的特点和生物学、生态学特性为基础来制订农事耕作方案。例如，随着害虫综合治理水平的提高，系统分析、数学模型和计算机程序对制订最佳害虫防治策略有帮助。想获得一个最佳的管理策略，没有多学科的协作是难以实现的。另外，针对危险性和威胁性的检疫性害虫入侵，有时既需要制订短期内紧急扑灭的方案，也需要制订长期持续控制的计划。

二、有害生物综合治理的定义

农田生态系统中昆虫种群之间的相互关系，也就是害虫与益虫之间道法自然的生存哲学。农谚中有"大鱼吃小鱼，小鱼吃虾，虾吃泥巴"的说法，也有"螳螂捕蝉，黄雀在后"的说法，这就是生态系统中的食物链或食物网的关系，也就是自然界生物相生相克，一物降一物的自然法则。

在复杂的农田生态系统中，各种昆虫种群的生物群落形成了复杂的相互关系，构成了相对稳定的生态系统，种群之间相互依存和相互制约。害虫与益虫都是相对于人类经济利益而言的概念，昆虫在自然界生存有其固有的属性和自然功能，人们根据自身的阶段性认识或眼前经济利益，将昆虫判别为害虫和益虫，更多的昆虫或应被称为中性昆虫，无所谓害或益。

如何控制害虫种群的增殖，使之不致危害农作物而造成经济损失？害虫生存的种群发展必然对农作物正常生长造成危害和影响，而农作物本身也有其自身的补偿功能，而且害虫的种群数量增长也受到其天敌种群增长的制约，无人为干扰的情况下害虫与益虫种群之间在自然状态下处于动态平衡。随着化学农药的干预，以及天敌相对于害虫来说有个种群增长的跟随现象，即滞后于害虫种群增长，也就是两者种群消长的波浪起伏形成前浪与后浪的推动关系。似乎害虫天敌种群始终在害虫种群已经对农作物产生危害、导致农业经济损失之后，才大量发生，而农田生态系统又始终是一个灾变的生态系统，当天敌种群对害虫种群起到优势的抑制作用时，随着农作物的收获，无论害虫和益虫的种群都会受此灾变而种群大幅度降低。此外，有些农作物的自然补偿作用足以减少人们经济利益的损失，而有些农作物一旦在关键时期受到害虫种群的危害则可能导致严重的损失甚至失去其经济价值。对此，针对不同类型的作物可能需要制订不同的有害生物综合治理方案。

有害生物综合治理是对有害生物进行科学管理的体系。它基于农业生态系统的整体考虑，根据有害生物和环境之间的相互关系，充分发挥自然控制因素的作用，因地制宜协调应用必要的措施，将有害生物控制在经济损害允许水平以下，以获得最佳的经济、生态和社会效益。作为一种对有害生物进行科学管理的体系，它不仅包括技术支撑体系，而且包括制定政策、组织管理、经济收益、科技普及、实施队伍的组织结构和科技层次的建设等方面的内容。

三、生物防治在害虫综合治理中的作用和地位

随着化学农药的长期和大量使用而引起的农药残留、环境污染、害虫抗药性增强、食品安全等问题，生物防治已经越来越被人们深刻地理解和广泛应用。人们逐渐摆脱了防治植物病虫害完全依赖化学农药的观点，因此，生物防治显得尤为重要。生物防治是害虫综合治理体系重要组成部分和重要防治措施，它与化学防治相比有许多

独特的优点。

一是提高农产品质量安全水平。生物防治应用能有效减少农田农药用量，提高农产品的质量，确保食品安全。

二是减少害虫产生抗药性。生物防治既可有效地防治农业害虫，保证无污染农产品的优质生产，又可减少化学农药的使用，同时采用农业防治、物理防治、生物防治、化学防治综合治理，科学合理精准地对靶标害虫防治，减少农药使用频次和施用量，减少害虫抗药性，有效地遏制滥用化学农药形成的恶性循环。

三是保护自然天敌资源。生物防治的应用能有效改善生态环境，增加植物的多样性，为天敌提供优良的栖息场所和生活条件，有利于保护自然天敌资源。

四是保护生态环境。生物防治是害虫综合治理的重要途径和措施，生物防治可减少化学农药施用，减少农田面源的污染，改善农田生态环境，促进绿色农业健康持续发展。

第二章

国内外害虫生物防治简述

第一节 国内外生物防治典型案例

一、国内农作物害虫生物防治典型案例

早在人类诞生之前就存在昆虫种类之间的捕食或寄生关系，以及种群之间彼此抑制和消长的群落关系。中国是世界上记录发现和应用害虫天敌资源最早的国家，在华夏农耕文明历史上，就有很多以农业防治为基础的害虫综合治理经验与方法，战国时代的《吕氏春秋》中"五耕五耨，必审以尽……大草不生，又无螟蜮"，就是通过深耕除草，减少虫害，改变害虫生活环境。明代徐光启的《农政全书》总结了深耕结合冬灌消灭害虫的经验"亦宜冬灌春耕，以实其田，杀其虫"。北魏的《齐民要术》中就总结出轮作可以防治病虫害的经验"麻欲得良田，不用故墟"，即为了防治病虫害，不要连作。《农政全书》还总结了稻棉轮作和水旱轮作防治害虫的经验，"凡高仰田，可棉可稻者，种棉二年，翻稻一年，即草根溃烂，土气肥厚，虫螟不生"。清代蒲松龄在《农桑经》一书中，总结了作物间作防虫的条件，"豆地宜夹麻子，麻能避虫"。《齐民要术》中还介绍了抗虫和避虫品种的筛选。元代王祯《农书》在备荒论中说："然蝗之所至，凡草木叶靡有遗者，独不食芋"，《农政全书》中提到："蚕豆……蝗所不食"，并引述《论捕蝗》一文中总结的经验"蝗不食豆苗……故广收豌豆"。《吕氏春秋》一书中总结了适时种植麻、菽、麦抗虫避虫的经验。汉代的农学家氾胜之在《氾胜之书》总结了，"小麦早种则虫而有节"，即提出适时栽种避虫的原理。明代的《沈氏农书》不仅总结了过早播种容易遭受虫害，介绍了适时种植避虫的效果，"种田之法不在乎早，本处土薄，早种每患生虫。若其年有水种田，则芒种前后插莳为上；若旱年，车水种田，便到夏至也无妨"。

早在三千年前，《诗经》中就记载"螟蛉有子，蜾蠃负之"，记述了捕食性蜂类捕捉蛾类幼虫的现象。

历史上，民间人工应用天敌昆虫最早始于公元 304 年。据晋代嵇含《南方草木状》记载："交趾人以席囊贮蚁，鬻于市者，其窠如薄絮，囊皆连枝叶，蚁在其中，并窠而卖。蚁赤黄色，大于常蚁。南方柑树若无此蚁，则其实皆为群蠹所伤，无复一完者矣"。意思是：有南方人（交趾即今越南北部）用席草手提袋装一种蚂蚁在街上售卖，蚂蚁储存在如薄絮般并附着枝叶的蚁囊中，这种蚂蚁赤黄色，比普通蚂蚁稍大。当时若不依靠这种蚂蚁，南方的柑橘就将会遭受到蠹虫危害而产生损失。据考证，这种蚂蚁就是膜翅目蚁科的黄猄蚁（*Oecophylla smaragdina*），可用来防治鳞翅目和鞘翅目柑橘害虫。实践中有在柑橘树枝间绑上竹枝，以方便这些蚂蚁能在不同树之间穿梭捕食。

明代陈经纶《治蝗笔记》详细地记载了蝗虫吃薯叶，鹭鸟吃蝗虫的现象。他还根

据鸭和鹭食性相近，尝试开展养鸭治虫的经过。并推广养鸭治蝗，成为江南地区治蝗的重要方法之一。不少的治蝗专书中也都提到了这种治蝗方法。

明代李时珍在《本草纲目》中记述蜘蛛的捕食性时，写道："此虫设网一面，物触而诛之，知乎诛其不义者，取曰'蜘蛛'。"在 2400 年前，华夏农耕先民就已经发现家蚕僵病，其后又有近乎微粒子病的记载。太湖沿岸桑螟盛发区，群众利用死蚕烂茧浸汁喷杀桑螟。此外，古代早有"保护田禾，禁捕青蛙"的禁令，有招引家燕在室内筑巢的习俗，有的地方还有养鸭治虫的习惯。1200 年前，瓢虫应用于介壳虫和蚜虫的防治，也有用蚂蚁防治枣椰树害虫。

明代徐光启《屯田疏稿·除蝗第三》是论述治蝗的奏疏，提出了根治蝗灾必先消灭蝗虫滋生基地及八条除蝗意见，得出蝗类最盛于夏秋之间的结论，并根据历史资料基本划定中国的蝗区，总结了当时各地农民的治蝗经验。

广东省于 1951 年开始进行利用赤眼蜂防治甘蔗螟虫的试验，1951—1954 年发现并筛选出利用蓖麻蚕（*Philosamia cynthia ricini*）卵作为大量繁殖的中间寄主，促进了赤眼蜂大面积推广应用。1958 年，广东各地已建立 10 多个赤眼蜂繁蜂站，开展群众性赤眼蜂室内扩繁和田间应用示范工作，并为湖南、广西、福建、四川等省（自治区）培养了大量的赤眼蜂繁蜂技术人员。随后，南方各省份也开展了应用赤眼蜂防治水稻害虫（主要是稻纵卷叶螟）和马尾松毛虫（*Dendrolimus punctatus*）等的大面积推广工作。

1953 年，我国将大红瓢虫（*Rodolia rufopilosa*）从浙江助迁到湖北防治吹绵蚧，后又定殖于四川、福建、广西等地，均取得了成功。1955 年，我国从苏联引进澳洲瓢虫（*Rodolia cardinalis*），先在广东等地繁殖释放，防治木麻黄树上的吹绵蚧（*Lcerya purchasi*），取得了良好防治效果，后又引入四川防治柑橘吹绵蚧，防治效果也十分显著。长期以来，澳洲瓢虫对介壳虫的发生和危害起到了有效的控制作用。

20 世纪 50 年代，我国开始了广泛的传统生物防治研究与应用示范，从国外引进了澳洲瓢虫、孟氏隐唇瓢虫（*Cryptolaemus montrouzieri*）、日光蜂（*Aphelinus mali*）、丽蚜小蜂（*Encarsia formosa*）、捕食螨，以及应用病原微生物的苏云金杆菌、白僵菌、微孢子虫、线虫、杆状病毒等多种有害生物天敌资源防治害虫，东北地区研究利用白僵菌防治大豆食心虫（*Leguminivora glycinivorella*），华中地区和华东地区开始人工繁殖金小蜂防治越冬代棉红铃虫，山东引进日光蜂防治苹果绵蚜（*Eriosoma lanigerum*），福建利用红蚂蚁防治甘蔗螟虫等。20 世纪 60 年代，全国范围内各开展大量繁殖应用七星瓢虫（*Coccinella septempunctata*）、平腹小蜂、赤眼蜂、金小蜂对农作物害虫发生危害的防控，均取得显著的效果。

20 世纪 70 年代，广东省研究利用赤眼蜂防治稻纵卷叶螟取得成功之后，南方稻区几乎普遍进行了试验和田间应用示范。东北各省结合当地资源，选择了柞蚕（*Antheraea pernyi*）卵作为大量繁殖赤眼蜂的中间寄主，并不断改进和完善赤眼蜂大量繁蜂技术，用于大面积防治亚洲玉米螟（*Ostrinia furncalis*）、棉铃虫（*Helicoverpa armigera*）、苹褐卷蛾（*Pandemis heparana*）、大豆食心虫、赤松毛虫（*Dendrolimus spectabilis*）、马尾松毛虫等农作物主要害虫。

为控制外来害虫温室白粉虱（*Trialeurodes vaporariorum*）的危害，我国一些科研单位从英国温室作物研究所引进丽蚜小蜂，控制效果十分明显。引进智利小植绥螨（*Phytoseiulus persimilis*）、西方盲走螨（*Typhlodromus occidentalis*）和虚伪钝绥螨（*Amblyseius fallcis*）防治温室蔬菜、果树、花卉上的二斑叶螨（*Tetranychus urticae*）、朱砂叶螨（*T. cinnabarinus*）和李始叶螨（*Eotetranychus pruni*）。

20世纪70年代以来，全国范围内开展了农林害虫天敌资源调查，以及寄生蜂的应用研究及田间示范，生物防治处于全面快速的发展阶段，主要表现在：全国各地在积极推进害虫生物防治技术应用示范推广的同时，纷纷举办害虫天敌资源种类识别与鉴定培训班，各地相互之间进行巡回观摩学习和实地考察交流，召开各种经验交流座谈会；专家学者编制了多种农林害虫天敌资源类群的分类检索表及手册、害虫及其天敌种类鉴别图册，召开专题生物防治学术讨论会，国际交流不断扩展，多种国外的寄生蜂鉴定资料被翻译成中文编印成书，在相关培训班内广为发放和研习；一些与昆虫专业相关的大专院校广泛地招收了许多从事寄生蜂和害虫生物防治的研究生，培养了许多人才；寄生蜂研究从分类学、生物学、生态学、生理学、行为学到系统发育、分子生物学等领域不断扩展和深入；寄生蜂分类填补了我国许多类群的研究空白；寄生蜂人工大量繁殖和应用技术研究水平不断提高、应用范围不断扩大等。

20世纪80年代初，松突圆蚧（*Hemiberlesia pitysophila*）作为国内森林植物检疫对象传入广东，成为一大林业害虫，至90年代初，该虫已分布在27个县（区），发生面积达7 118万公顷。面对松突圆蚧的严重危害，从松突圆蚧原产地引进天敌成为防控入侵害虫的首选防治策略。1986年7月，中国松树害虫考察团到日本冲绳，首次发现了松突圆蚧的寄生蜂。1986—1989年共引进了16批，在马尾松林中释放获得成功。近几年，又从日本引进花角蚜小蜂（*Cocobius azumai*）防治松树上危险性害虫松突圆蚧，从而使广东省松突圆蚧的虫口数量下降80%～90%。此外，我国还引进了HD-1苏云金杆菌、大菜粉蝶颗粒体病毒（*Pieris brassicae granulosis virus*，Pb-GV）、斯氏线虫（*Steinernema feltiae*）和微孢子虫等，在园艺作物害虫防治中发挥着重要作用。

小黑瓢虫（*Delphastus catalinae*）原产于北美洲，已知捕食对象包括烟粉虱（*Bemisia tabaci*）和温室白粉虱各龄若虫和成虫。小黑瓢虫捕食量大，每天可捕食粉虱卵150多粒，在粉虱大发生的情况下释放小黑瓢虫可以获得很好的防治效果。鉴于小黑瓢虫在粉虱害虫生物防治中具有重要的利用价值和成功案例，以及我国尚未发现有这一天敌资源种类，福建农业科学院黄建等于1996年9月从英国引进小黑瓢虫，并利用福州地区茉莉花上大量发生的高氏瘤粉虱（*Aleurotuberculatus takahashi*）作为室内饲养扩繁饲料，进行保种饲养和生物学观察，目前已能批量在室内扩繁，同时还在田间进行释放定殖试验并建立了种群。而且小黑瓢虫不取食被丽蚜小蜂寄生的粉虱卵，因此，同时释放小黑瓢虫和丽蚜小蜂效果更好。

广东省在橘园中种植藿香蓟、紫苏、大豆、丝瓜等作物能为纽氏钝绥螨（*Amblyseius newsami*）提供中间食物和栖息场所，加速天敌的生长繁殖，使柑橘全爪螨（*Panonychus citris*）始终被控制在一个较低水平上。武汉市在寒冷的冬季，采用地窖保护大红瓢虫越冬，使翌年瓢虫种群数量增长迅速。黄建等（1999）在橘园发现黑刺粉虱（*Aleurocanthus spiniferus*）的寄生性天敌 8 种，捕食性天敌 11 种，通过种植女贞树苗，提供刀角瓢虫（*Serangium japonicum*）的中间寄主，或采集寄生蛹较多的柑橘叶，放在通气纸袋或纸盒中，在害虫盛发期，释放到橘园中，可控制黑刺粉虱的危害。另外，捕食性天敌昆虫松干蚧花蝽对抑制松干蚧的危害起着重要的作用，紫额巴食蚜蝇对抑制在南方各省份危害很重的白兰台湾蚜有一定的作用。

2011 年，北京市植保站组织密云县植保站繁育赤眼蜂 200 亿只，用于全市 52.6 万亩玉米害虫的防控。

二、国外农作物害虫生物防治典型案例

1762 年，八哥鸟从印度引进到毛里求斯防治蝗虫，这是第一次国际上天敌的人为引进，而且效果非常好。

1776 年，Lnnaeus 在欧洲释放捕食性天敌双刺益蝽（*Picromerus bidens*）成功地控制了臭虫。

1840 年，Boisgiraud 将实验室人工饲养的天敌（步甲和捕食性隐翅虫）释放到田间防治害虫。

1844 年，Antonio Villa 在花园释放步甲和隐翅虫控制害虫获得成功，并获得了意大利昆虫学会金奖。

1870 年，Riley 从美国密苏里州的柯克伍德采集大量梅球颈象（*Conotrachelus nenuphar*）的寄生蜂，运送到其他地方防治象鼻虫。

1873 年，Riley 从美国把粉螨引进到法国防治葡萄根瘤蚜（*Viteus vitifoliae*），该螨在法国定殖并建立种群。这是国际首次应用捕食性天敌的案例。

1882 年，赤眼蜂（寄生卵）从美国运往加拿大用于防治鳞翅目害虫。

1883 年，Riley 从英国引进黄绒茧蜂（*Apanteles glomeratus*），用于控制小菜粉蝶（*Pieris rapae*）。

1888 年，Koebele 等从澳大利亚引进 129 只澳洲瓢虫到美国控制柑橘吹绵蚧，引进后第二年就控制了加利福尼亚州柑橘吹绵蚧的危害。

1892 年，Albert Koebele 将孟氏隐唇瓢虫引入加利福尼亚用于控制各种粉蚧。

20 世纪 50 年代，粉蚧跳小蜂（*Leptomastix dactylopii*）被饲养和定期接种释放

以控制柑橘粉蚧（*Planococcus citris*）的危害。

20世纪90年代，美国大约有10%的温室、19%的果园以及8%的苗圃完全通过释放天敌昆虫来控制害虫。

第二节　国内外天敌昆虫产业化进展

一、国内天敌昆虫产业化进展

我国天敌资源十分丰富，其中水稻害虫天敌1 303种、小麦害虫天敌218种、大豆害虫天敌240种、蔬菜害虫天敌360种（北京地区）、草原害虫天敌428种，具有强大的开发应用物质基础。到目前为止，我国已能成功地饲养繁殖赤眼蜂、平腹小蜂、草蛉、七星瓢虫、丽蚜小蜂、食蚜瘿蚊（*Aphidoletes abietis*）、小花蝽（*Orius similis*）、智利小植绥螨、西方盲走螨、侧沟茧蜂（*Microplitis sp.*）、烟蚜茧蜂（*Aphidius gifuensis*）等捕食性或寄生性天敌昆虫40多种，在这一领域我国尚有广阔的发展空间。中国天敌昆虫规模化扩繁技术及应用已取得显著成绩，特别是赤眼蜂、捕食螨、瓢虫、烟蚜茧蜂、平腹小蜂等广泛应用于规模化生产。

早在1956年广东就开始应用赤眼蜂防治甘蔗螟虫。20世纪80年代赤眼蜂的释放应用达鼎盛时期，用于水稻、玉米、棉花、甘蔗、果树、蔬菜、森林等害虫的防治。1999年，国家在吉林省农业科学院建设了赤眼蜂机械化繁蜂工厂，具有生产防治害虫133.3万公顷赤眼蜂的能力，推动了我国寄生蜂的商品化。2003年国家投资4 000余万元在河北省农林科学院旱作农业研究所建立了天敌繁殖基地，生产赤眼蜂、丽蚜小蜂、食蚜瘿蚊等各类天敌，年生产能力约达150亿头。国家投资昆虫天敌的商品化生产，带动了民营投资建立天敌昆虫公司。

我国最大规模化应用的天敌是赤眼蜂。20世纪50年代，广东利用蓖麻蚕卵繁殖赤眼蜂，开创了"大卵繁蜂"的先河，推动了在南方应用赤眼蜂大面积防治甘蔗螟虫。赤眼蜂防治甘蔗螟虫的生物防治技术一直持续使用至今，每年的应用面积在1 400公顷左右。目前麦蛾（*Sitotroga cerealella*）和米蛾（*Corcyra cephalonica*）小卵繁蜂、蓖麻蚕卵和柞蚕剖腹卵繁蜂都可实现机械化生产。在前人的研究基础上，国内很多科研单位、大专院校和技术推广部门开展大量的研究并积累了丰富的经验，研究与应用从未间断，目前赤眼蜂仍以大小卵繁蜂为主。南方主要用于防治甘蔗螟虫、水稻螟虫，北方主要用于防治玉米螟和棉铃虫。2004年以来，吉林省设生物防螟重大技术推广项目补贴，连续9年共拨出生物防治玉米螟专项补贴2.63亿元，累计推广赤眼蜂防治玉米螟面积760.7万公顷。广东丰收糖业公司2005年开始筹建生物防治站，应用赤眼蜂防治甘蔗螟虫，为了提高释放赤眼蜂的效率，还尝试用无人机释放赤眼蜂，目前赤眼蜂成为国内生产规模最大、应用面积最大的天敌昆虫产品。

20世纪60年代发现平腹小蜂是控制荔枝蝽的优良卵寄生蜂，1962年至今，广东、福建等地利用平腹小蜂防治荔枝蝽（*Tessaratoma papillosa*），防治效果较好。

1978年我国从英国引入丽蚜小蜂成功控制了温室白粉虱的危害，并在北京、天津、辽宁推广。后又在河北、山东、内蒙古等地推广，防治烟粉虱的效果较好。同时，国内设施蔬菜生产中开始大面积推广应用丽蚜小蜂防治温室白粉虱，同时开展了大量相关技术研究。

1979年河北省农林科学院植物保护研究所发现中红侧沟茧蜂（*Microplitis mediator*）以来，北方棉田采用中红侧沟茧蜂防治夜蛾科害虫（如棉铃虫、黏虫、小地老虎等），取得较好的防治效果。

20世纪70—90年代我国对捕食螨研究与应用相当活跃，防治柑橘、苹果、花卉等叶螨取得显著效果。进入21世纪以来，捕食螨在广东、广西、新疆、四川、湖北、江西、湖南、云南等省（自治区）柑橘园得到大量应用，并形成了一套与其他病虫防治方法相协调的综合防治体系。捕食螨的释放，改善了柑橘园生态环境，提高了柑橘园的自然控害能力。在北京、河北、内蒙古、新疆、广西、安徽等地利用捕食螨防治棉花、大棚温室果菜上的叶螨、蓟马和粉虱都取得了很好的效果。福建省农业科学院率先将胡瓜钝绥螨（*Amblyseius cucumeris*）商品化，应用在毛竹、柑橘、棉花、板栗等作物上防治害螨。近年来，生产、销售捕食螨的公司在我国开始出现，把握好这一可喜的发展势头，应该注重保证捕食螨产品的质量和搞好售后技术服务。

白蛾周氏啮小蜂（*Chouioia cunea*）是世界性检疫对象美国白蛾（*Hyphantria cunea*）的重要蛹期寄生性天敌，对控制美国白蛾危害起到重要作用。目前已经摸索出一套成体系的白蛾周氏啮小蜂种蜂繁育技术和林间释放技术，建立了白蛾周氏啮小蜂防治美国白蛾的综合防治技术体系，释放规模占全部美国白蛾发生面积的1/3，在释放的各发生区第2年至第5年有虫株率均保持在0.1%以下的低水平，天敌的寄生率高达92%，持续控制作用十分显著。

肿腿蜂是我国用于防治林木蛀干害虫的重要天敌昆虫类群。肿腿蜂是许多种钻蛀性害虫幼虫和蛹的体外寄生蜂。目前我国学者研究报道最多的是管氏肿腿蜂（*Sclerodermus guani*），管氏肿腿蜂在防治小型天牛时有比较显著的控制效果，在防治中型或大型天牛中，可用于低龄幼虫的防治，也具有良好的防治效果。

1997—1998年云南省农业科学院农业环境资源研究所将半闭弯尾姬蜂（*Diadegma semiclausum*）分别从中国台湾和越南引进，开展半闭弯尾姬蜂室内繁殖技术及田间应用研究，在释放区域已成功定殖，成为当地小菜蛾的优势寄生性天敌。半闭弯尾姬蜂在云南昆明、楚雄、玉溪、大理、保山、曲靖等小菜蛾主要发生区域进行田间释放应用，田间寄生率最高达87.21%，多年累计释放面积达13.3万公顷，对小菜蛾的发生发挥了有效、安全、持续的控制作用。

2002年，云南省烟草公司利用烟蚜茧蜂防治烟蚜，2013年云南烟区烟蚜茧蜂应用面积达 46.1 公顷，取得较好的防治效果。目前云南烟区烟蚜茧蜂防治烟蚜技术应用已实现全覆盖，同时带动当地小春作物采用烟蚜茧蜂防治蚜虫。2015 年，烟蚜茧蜂防治烟蚜面积达 77 万公顷，占全国植烟面积的 72%，取得较好的示范效果。

2019 年草地贪夜蛾（*Spodoptera frugiperda*）入侵我国后，云南省农业科学院农业环境资源研究所筛选出本地优势卵寄生蜂夜蛾黑卵蜂（*Telenomus remus*）、幼虫寄生蜂棉铃虫齿唇姬蜂（*Campoletis chlorideae*）、蛹寄生蜂环金小蜂，以及捕食性天敌蠋蝽（*Arma chinesis*）、益蝽（*Picromerus lewisi*）、叉角厉蝽（*Eocanthecorna furcellata*）等，并在云南主要玉米产区开展草地贪夜蛾天敌昆虫的应用释放，取得较好防效。

近 10 年，"寄生蜂组合的生防技术"得到较为广泛的应用。福建、广东、广西、云南等地在蔬菜、甘蔗、柑橘、荔枝主产区，应用赤眼蜂、平腹小蜂、半闭弯尾姬蜂、恩蚜小蜂、丽蚜小蜂、小黑瓢虫等天敌间不同组合，针对本区重大害虫小菜蛾、粉虱、蔗螟、蝽象等进行了组合防控尝试，如恩蚜小蜂、丽蚜小蜂、小黑瓢虫组合控制粉虱，赤眼蜂、半闭弯尾姬蜂组合控制小菜蛾等，都卓有成效。

中国的天敌昆虫产业化还处在起步阶段，总体上讲生产规模较小、产品单一、易受季节性影响、技术服务滞后，天敌昆虫的生产大多依附于有关大专院校、科研单位和技术推广部门。与发达国家相比，中国天敌昆虫生产及应用的技术手段和天敌种类的多样性方面差距还较大，无论是天敌的种类，还是天敌的生产规模，都不能满足当下绿色农业高质量发展的需求。

二、国外天敌昆虫产业化发展

国际上农作物害虫天敌昆虫扩繁、商品化的生产成就极其显著，规模较大的天敌公司已发展到 250 余家，已商品化生产的天敌昆虫有 130 余种。世界范围内生产的昆虫和螨类天敌类群主要有寄生蜂、捕食螨、小花蝽、草蛉和瓢虫等。此外，还有少量的昆虫病原线虫和昆虫病原微生物。在昆虫和螨类天敌中，寄生蜂、瓢虫、捕食蝽和捕食螨（钝绥螨属或新小绥螨属）的天敌在种类上占绝对优势。通常，一个天敌公司生产的天敌种类不多，只有几种到十几种，有些生产商甚至仅仅生产某个（些）特定的天敌品种，如德国的 Biocare 公司仅生产甘蓝夜蛾赤眼蜂（*Trichogramma brassicae*），德国 Katz Biotech AG 公司生产捕食叶螨等天敌产品，包括加州钝绥螨、捕食性瘿蚊以及蓟马的天敌产品。荷兰的 Koppert 是目前最大的生物防治公司，在作物生物防治和自然授粉领域有良好的国际市场需求。英国作物生物保护有限公司（简称 BCP 公司）是一个专门生产害虫天敌的公司，该公司生产的产品和出口做出了突出成绩。BCP 公司生产的天敌产品主要有：寄生蜂、捕食螨、瓢虫。

美国 Fertile Garden 公司成立于 1988 年，主要产品包括有机肥料、有益昆虫、植保机械及其他天然产品。丹麦 EWH BioProduction 公司可以被看成中型公司的代表，由一位昆虫学硕士于 1992 年创立，有先进的天敌繁殖技术和生防技术支持，主要产品为捕食螨、瓢虫等。

以色列的最大天敌生产公司 B.C.I（Biological Control Industries）已商品化生产 6 种适用温室蔬菜害虫和果园害虫防治的天敌产品，除满足本国市场需求外，还出口到美国、日本和欧洲等国家和地区，年创造近千万美元的利润。

第三节　我国生物防治的发展历程、挑战、前景与展望

一、生物防治的发展历程

生物防治在我国有悠久历史，20 世纪 70 年代中期至 80 年代，天敌繁殖释放、天敌引进、微生物农药应用等工作在全国范围内轰轰烈烈开展。天敌昆虫的保护利用、生物防治为主的农业害虫综合防治试验、全国性农业害虫天敌资源普查等蓬勃发展。在此期间，不仅国内涌现了一批生物防治人才，有了《生物防治通报》（后更名为《生物防治学报》）、《昆虫天敌》（后更名为《环境昆虫学报》）等生物防治期刊，生物防治领域的论文专著如雨后春笋般层出不穷，取得累累硕果，学术活动也十分活跃，而且在赤眼蜂等规模化生产、人工卵繁殖等技术方面，对国外亦有较大影响。如 1982 年在北京举办的"农村科学技术应用推广学术讨论会"上，专题介绍了中国的生物防治；同年，中美两国科学院在北京召开了"中美昆虫生物防治讨论会"。1988 年和 1989 年，联合国粮食及农业组织（FAO）两次来中国举行以保护利用自然天敌为主的"水稻害虫综合防治学术讨论会"，专业科技人员互访亦较为频繁，对推动国际生物防治起到了积极作用。

20 世纪 80 年代中期到末期，生物防治有所滑坡，生物防治面积日益缩小，科研经费不断减少，许多生物防治站变成了推广化学农药的农资公司分店，滥用化学农药问题又有开始出现。同时，植保科技领域对生物防治田间应用在认识上也颇有分歧。生物防治技术田间应用尚处在发展初期，各方面简便易行的技术有效手段尚不完善，技术本身也有其局限性，生物防治与保护农业生态环境的重要性认识不足，生物防治的科研和技术研发应用项目难以获得支持。

随着社会的发展进步和环境生态意识的提高，社会公众对保护自然生态、农业生态环境和农产品安全生产的意识越来越高，农作物有害生物的生物防治也重新得到重视与发展。

二、生物防治面临的挑战

在害虫生物防治应用技术的发展过程中，有较多的成功案例，也有不少失败的教

训，能够成功定殖的种类只有 10%～20%，而且在这些有限的定殖种类中，仅有一小部分对目标害虫能起到控制作用。在我国，植保科技工作者在天敌的引进、繁殖及其他生物防治技术方面做了大量的工作，然而，由于化学农药的大量施用，以及生物防治推广工作面临的重重困难，大面积成功的生物防治实践案例并不多见。

（一）生物防治应用技术的局限性

生物防治是以自然农田生态系统为基础，传统生物防治更注重这一点，在实践中，生物防治仍具有一定的局限性，主要体现在：

1. 天敌滞后问题、生产规模等技术难题亟待解决

在灾变的农田生态系统中，由于天敌与害虫之间的种群消长具有跟随效应，天敌种群消长总是伴随着害虫种群的消长，有着滞后消长的效应。此外，天敌对害虫的控制有一个时间过程。显然，天敌对害虫的控制不及化学农药那样见效迅速。通过人工扩繁天敌并进行田间释放，可从很大程度上解决天敌滞后这一问题，但天敌的生产规模、包装和存贮技术、运输保存方法等方面存在许多问题，天敌的标准化质量控制也是亟待攻克的技术难题。

2. 一些生物制剂对害虫的控制效果或致病力具有"地域差异"

研究表明，种类相同但来源不同的菌株之间的致病力存在差异，而且在室内培养多代后，同一菌株的致病力也会下降。因此，在一些区域效果良好的生物制剂在其他地域未必能取得好的效果，这是限制生物防治技术应用推广的一个重要因素。

3. 生物制剂的效果受环境条件的影响大

如在田间施用真菌杀虫剂时，对温湿度的要求较化学农药高，阳光中的紫外线对病毒类杀虫剂具有灭活作用，强降雨对瓢虫控制麦蚜的效果有很大影响等。即使是转基因抗虫作用，其对目标害虫的抗性也不稳定，仍然受到众多环境因素的影响。一些天敌在引入后，由于无法适应当地的气候环境而不能在当地建立起种群，从而对害虫的控制作用也受到严重影响。在应用性诱剂防治害虫的过程中，由于受温度、害虫种群密度以及诱捕器类型等因素的影响，其防治效果往往会有所差异。

4. 大多数生物制剂的专一性较强，只能对目标害虫起到控制作用

在实际农业生产过程中，一种农作物往往有多种害虫危害。因此，即使采用有限的生物防治措施防治一些目标害虫，而农户也不得不施用广谱性的化学农药对其他非目标害虫进行防治，而这些化学农药的施用会杀伤天敌以及破坏农田的生态平衡，从而使天敌自然控制作用降低。

5. 生物防治可能存在生态风险

虽然生物防治具有持续有效地控制害虫、减少环境污染、降低农业生产成本等优点，但生物防治作用物没用好，也可能导致一些负面影响。有关生物防治作用物的生态风险问题研究，主要集中在传统生物防治和转基因抗虫作物方面。以传统生物防治为例，许多被引入的天敌有破坏当地生物多样性的危险或隐患，例如 1957 年仙人掌螟蛾引入到加勒比海，当时没有考虑到北美大陆附近的仙人掌属植物群落。1989 年，这种天敌到达佛罗里达，在该州危害 5 种植物，其中包括一种稀有的仙人掌。据统计，1986—1993 年美国引进了 29 种捕食性和寄生性天敌在 16 个州防治麦双尾蚜（*Diuraphis noxia*），在引入这些天敌后，美国中西部地区当地瓢虫种群数量却呈现下降趋势，其原因可能是食物有限。此外，引入的七星瓢虫取食本地瓢虫，导致其种群下降。现代生物技术丰富了生物防治的内容，但是其生态安全问题也引起了广泛的争议。研究表明，转基因抗虫棉对天敌的生长发育、种群数量等具有潜在的负面影响，它降低了棉田内天敌的多样性而增加了害虫多样性，在室内已发现棉铃虫对其产生抗性；在 Bt 棉田中，次要害虫种群数量上升以及农药使用水平仍然较高等。因此，生物防治的安全性问题也引起了很大的关注。许多国家在引入天敌或其他生物防治技术之前，都会首先对生物防治作用物的生态安全问题进行评价。

6. 进化屏障问题

利用天敌昆虫防治害虫，天敌昆虫与害虫两者之间总是维持在相对动态平衡的状态。昆虫天敌与害虫之间存在着进化屏障，也就是协同进化，这是无法回避的一个事实。如果昆虫天敌彻底消灭了害虫种群，也就意味着天敌昆虫自身种群无法生存，不符合自然演化规律的生存哲学。另外，害虫也会对昆虫天敌产生相应逃避防御策略，从而生存并繁衍下来。因此，从理论上讲，利用天敌昆虫控制害虫的防治效果不可能达到 100%，其对害虫的控制应是持续的。

除上述问题外，生物防治作用物仍存在一些问题，如一些生物农药对人或其他生物仍具有高毒性（如阿维菌素）；一些害虫对生物农药可能产生抗性（如对 Bt 的抗性），以及食品安全都等问题。另外，生物防治的理论主要建立在普通生态学理论之上，如自然调节理论——食物链（网）等，虽然这些理论强调了生态系统中各取食类群的营养联系，是生物防治理论得以发展的重要基础。但是这些理论淡化了更重要的生态系统中各类群间固有的信息联系，这些信息联系对天敌在自然界中的成功定殖有非常重要的影响，而传统生物防治对这一问题研究很少。

（二）生物防治应用者的观念陈旧与认识不足

农民是害虫综合治理的主体实施人或应用者，在害虫防治实践中，农民的观念与意识将直接影响着防治措施的应用前景。目前，农民对农田昆虫的认知，很大程度都将其统一作为害虫来对待，对采取防治措施的效果评价、对化学农药危害的意识，以及化学农药的依赖等，都对他们是否采用生物防治技术具有很大影响。

1. 农民对害虫控制的观念与认识

一方面，农民常将田间的昆虫认为都是害虫，一旦发现田间有昆虫，通常都会马上采取最为方便简单的化学农药防治措施，以达到彻底消灭田间昆虫的目的，即通常称之为害虫总体（全种群）治理。另一方面，因对害虫的控制缺乏正确的认识和科普工作不到位，农民对害虫的危害往往忽视天敌对害虫种群的自然控制作用。由于担心害虫会对其造成经济上的损失，即使害虫数量很少，不会影响农作物的生产与产量，他们还是会因安全和保险起见进行化学防治，如在我国北方棉区，Bt 棉花的大面积推广已经大大地降低了棉铃虫的危害，即使有少量棉铃虫出现也不会对棉花的生产造成影响，然而由于棉农十分担心棉铃虫对棉花产量和品质的影响，一旦发现田间有棉铃虫就立即采取化学防治，导致农药仍在被广泛使用。生物防治强调的是自然控制，不要求完全控制害虫种群，而是将害虫控制在一定的危害水平之下，农民对害虫与控制的认识直接影响他们的防治决策，因此会很大程度上影响生物防治的实施与推广。

大多数农民希望能以简单、方便的技术快速达到有效控制害虫的目的，并且期望害虫的死亡率越高越好，甚至希望害虫能全部死亡。而生物防治作用较慢，很多时候效果不及化学农药明显。

2. 对化学农药的依赖性

大多数农民仍以高产作物的经济收益作为农业生产的主要目标，只有增加产量才能有更好的经济收入，加之植保科普工作薄弱，使之对农业持续发展不甚了解，对健康、食品安全和环境等方面的危害缺乏认识，在病虫害防治过程中只追求简便、高效的防治效果，因此在农业生产过程中农药滥用、误用现象十分普遍。由于化学农药具备高效、广谱、施用方便等特点，加之农民使用农药的习惯已形成，因此对化学农药产生较强的依赖性，很少主动地尝试诸如生物防治等病虫害控制方法。

3. 统一组织生物防治较为困难

鉴于生物防治的特点，即通常在大面积或规模化程度较高的农作物生产中才有利于生物防治充分发挥作用。而我国耕地面积少，农户所拥有农田多为小面积生产模式，长期以来农民在农业生产中进行自主决策的经验型农事活动，邻近田块作物不一，作物生育期不一，或即便相对一致，但在生物防治技术应用时，很难统一组织实施。

（三）消费市场的影响

消费者对食品安全的鉴别能力，以及消费市场对农产品品相和产量的需求是农作物生产的决定因素，即在消费者无法鉴别农产品的农药残留情况下，就可能产生无论采用什么方式生产出的农产品都有市场的结果。农民在生产中已习惯使用农药防治病虫害，不会主动尝试其他替代技术。尽管市场上已经随社会发展涌现出许多绿色、有机农产品，但由于价格较高、公众信任度低，以及真假难辨，消费者购买这些农产品意愿不强，导致生产达不到预期效益。因此，许多生产者不愿轻易尝试绿色、有机农产品生产，不愿意主动尝试包括生物防治在内的其他替代技术。相反，如果消费市场的主流是需要安全、健康的农产品，那么就会给生产者形成较大的压力，他们就会采取措施减少农药使用，从而推动包括生物防治在内的各种替代技术的发展。

（四）生物防治效果评价存在的问题

1. 参照化学防治的评价体系

目前，对生物防治或其他害虫防治措施的评价是参照化学防治建立的，主要是强调其对害虫短期的控制效果。通常情况下，害虫死亡率在80%以下的农药不会被认为是高效农药，其开发利用价值很小。对生物防治，特别是传统的生物防治技术而言，防治效果很难在短期内达到很好的效果。生物防治注重的是自然控制。其防治效果往往不是短期能够显现的，如有的天敌虽然当时表现的寄生率或致死率很低，但是由于天敌群落的共同作用，以及天敌的迅速繁殖和竞争，有可能将害虫的种群增长趋势指数压低至种群密度下降的水平。然而长期效果的评价会受到时间、资金等方面的限制，故有关生物防治长期效果评价的文献仍然有限。

2. 评价指标与方法复杂多样

与化学农药防治效果评价指标相比，生物防治效果的评价指标较为复杂，因为，生物防治作用物的种类多，不同作用物对害虫控制作用的评价所采用的指标也有所不同。如寄生性天敌控制害虫的效能用寄生率或产卵潜能评价，捕食性天敌则用捕食性功能进行评价，生防微生物或其他生物源农药却多采用毒力大小、拒食效力等指标来衡量。并且在评价生物防治作用物对害虫控制作用时，往往还会采用许多数学模型。总的来说，评价生物防治作用物对害虫的控制作用，方法多样。比较而言，天敌对害虫控制的评估方法既全面也丰富，基本能代表目前生物防治作用物对害虫控制作用的评估现状。这些方法分别是：田间系统调查及相关分析法、直接观察法、食痕法及标记法、天敌排除或添加法、试验种群观察法、生命表分析法。这6种方法涉及面很广且相互之间有交叉。例如，田间系统调查往往离不开直接观察法，在田间应用天敌排除或添加法进行试验往往需要田间系统调查；而在田间系统调查、天敌排除或添加法以及试验种群的数据，在许多情况下都可用生命表的方法予以归纳和定量分析。天敌对害虫的控制作用评估，最终目标是要明确天敌在控制害虫方面到底起了多大作用。只要能达到这一目标。所用的方法越少，越简单，越好；而不是越现代，越复杂，越好。

3. 经济与生态效果评价的复杂性

任何一种害虫防治技术对害虫的控制效果固然非常重要，但是其能否广泛地被农民采用还取决于其在经济方面能否给农民带来效益，因此对生物防治的成本效益分析十分重要。

如果农民看不到生物防治的经济效益，他们极有可能放弃生物防治而继续使用化学防治。目前，对生物防治的经济效果评价主要集中在生物防治技术本身的成本、农户在生物防治方面的劳动力投入以及在采用生物防治技术后农产品产量、质量和收入等方面，即所谓的金钱收益-成本分析。研究表明，成本低的生物防治技术比成本昂贵的更易推广实施。但是，许多生物防治技术的成本仍然较高，约是化学防治的2

倍，极大地影响了生物防治技术的实施与推广。由于在实施害虫防治过程中，各种防治技术可能会对环境和人体健康造成影响。这些影响被称作是防治技术的外部成本。因此在评估防治技术时，这些外部成本也应进行量化，用货币的形式表征出来，与金钱收益一起进行经济收益-成本分析，而并不仅仅只局限于金钱收益-成本方面的分析，一些学者主张，害虫防治技术对生态健康的影响应作为防治技术的外部成本以货币的形式加以分析评价，但这些影响涉及人体健康、生态环境以及食品质量等，范围很广，很难量化。例如，对生态环境的影响涉及土壤、空气、水体、微生物、动物、植物等诸多方面，评价时所运用指标和标准很难统一；更为困难的是，目前，很多环境服务没有现存的市场价格作为评价的基础，广大农户可能更多关注的是金钱收益，环境经济评价对他们来说十分抽象，不容易接受；同时，在进行环境经济评价时，现有很多方法、模型比较复杂，不容易操作。

（五）政策与推广体系

20世纪50—70年代，由于政策的导向，生物防治在全国范围内掀起了热潮。同样，由于政策的原因我国农药产业在20世纪70年代后期迅速发展。由此可见，政策导向对农业害虫防治起着重要的影响。然而，尽管国家对食品安全很重视，也制订了一系列的法律及规章制度，但由于执法以及监管力度不够，农药在管理、销售和使用中仍存在大量问题，导致农药仍在大量使用，这是实施生物防治的最大障碍之一。前面提到，目前农民都是自主决策农事活动，在生物防治实践过程中，应充分发挥农民的主动性，他们才会成为生物防治的主体，在推行生物防治的时候不能靠行政命令强制执行，这样不但适得其反，还会使其产生抵触情绪，生物防治也无法持续。

三、生物防治的前景与展望

（一）生物防治的前景

当今发展生物防治技术不是少数科学家的兴趣所致，也不是作为一种科学技术方法的单纯发展和进一步应用，而是时代的要求和发展的必然趋势，是不以人的意志为转移的，因此生物防治具有十分广阔的前景。

首先，减少化学农药的使用符合自然发展规律，也是生态系统向良性循环方向发展的必然趋势；其次，生物防治不造成农田环境恶化和农药残留危害，是食品安全生产的重要手段，也是环境友好型农作物保护的有效途径。

保护利用自然天敌、引进农作物害虫优势天敌资源、规模化扩繁和生产优势天敌并进行田间大面积释放应用，充分发挥以虫治虫作用，并应用其他技术措施适时因地制宜地取长补短，对于保护农作物生产和食品安全有着重要意义和应用前景。

（二）生物防治的展望

生物防治在生产上的应用，总的说来有三条途径：第一，开展农作物害虫天敌资源的调查，以及开展天敌的保护利用工作。农田害虫天敌种类众多，每种害虫有多种天敌资源控制其种群发生消长，减少农药的使用，使这部分天敌将在田间得以自然繁衍，对农作物害虫将起到很好的控制作用。如捕食性天敌蜘蛛类，据报道，稻田蜘蛛有 23 科 109 属 270 余种。第二，引进各类农作物重要害虫的优势天敌昆虫资源，开展国外优势天敌的研究和应用技术研发，进行规模化扩繁和标准化生产，随之进行田间释放应用，以达到控制农田害虫种群发生危害的作用。第三，研发人工扩繁捕食性与寄生性天敌的同时，研发微生物农药，以及对天敌危害程度低的高效、低毒、低残留的化学农药，提高田间害虫天敌资源种群基数，进一步发挥天敌对害虫的控制作用。

在我国，要进一步推动生物防治，除了在技术研发上加大力度以外，建立生物防治的评价体系与如何统一组织、协调农户的共同行动尤为重要。

对生物防治技术、害虫控制效果、经济以及生态等方面的影响进行全面评价，为生物防治能否进行推广提供依据。只有做好生物防治技术的评价，才能更加客观、全面地展示其优越性，使更多的农民能接受这一技术，并尽可能地获得政策上的支持，从而促进生物防治技术的广泛应用。另外，对实施的生物防治进行评价，还可以发现在使用、推广中存在的问题，对进一步充分发挥生物防治的实际效果具有重要作用。值得提出的是，由于生物防治的特点，应更注重中长期效果，特别是对生物环境与健康方面的影响。然而，长期以来对生物防治的评价都是建立在化学防治的体系之上，显然不能全部适用于生物防治的效果评价。近年来，尽管生物防治的效果评价引起了许多学者的关注，但是目前这些评价要么涉及的指标很多，模型复杂，在实际运用过程中有一定的难度，很难掌握；要么是评价仅集中在某一指标上或是对指标的评价十分抽象、不具体，不能全面、客观地评价生物防治技术的效果，严重阻碍了生物防治的推广运用。因此，建立一套客观、简单、全面的生物防治评价体系，对生物防治的推广与实践具有重要作用。

广大农户是生物防治实施的主体，生物防治只有在广大农户的共同参与下才能发挥更大的作用与效果。然而，长期以来，我国农业技术推广主要采用自上而下的方式进行，农户在农业技术推广过程中没有发挥出应有的主体作用。另外，农户的知识与认知水平高低等对生物防治的实施具有很大的影响，加之在统一组织实施生物防治过程中面临的一些经济问题（如成本分担等），对组织、协调农户共同行动具有一定的影响。因此，在现有的生产方式下如何组织和协调农户的行动，以及如何分担生物防治实践中的成本等，是我国生物防治推广过程中有待深入研究的重要课题。

第三章

云南农业自然地理与害虫天敌资源

第一节　云南农业自然地理概述

一、云南农业自然地理特征

云南省地处我国西南边陲，地理坐标介于北纬 21°80′～29°15′、东经 97°31′～106°21′，东西横跨 865 千米，南北纵跨 990 千米，全省国土总面积约为 39.41 平方千米，陆地边境线 4 000 余千米，与缅甸、越南和老挝接壤。

云南位于青藏高原的东南部，总的地势特征是北高南低，大致由西北向东南呈阶梯状下降。全省地势高低悬殊，境内最高点为滇藏交界处的德钦县梅里雪山的主峰卡格博峰，海拔高度 6 740 米；最低点为滇东南河口瑶族自治县境内的红河与南溪河交汇处，海拔仅 76 米。

全省河川纵横，湖泊众多。全省境内径流面积在 100 平方千米以上的河流有 1 002 条，高原湖泊 40 多个。

二、云南农业气候特征

云南受低纬度、高海拔地理条件的综合影响，受季风气候制约，形成了四季温差小，干湿季分明，垂直变异显著的低纬高原季风气候。云南得天独厚的自然地理和气候资源，也是云南形成举世闻名的"植物王国"和"动物王国"的自然基础。

1. 光能资源丰富，光合生产潜力大，但垂直差异明显

云南太阳总辐射量大、辐射强度高、光照时数长。省内绝大多数地区年日照时数在 2 000 小时以上，年太阳辐射量在 5 000 兆焦耳/米^2 以上，为我国南方中太阳辐射量最强，日照时数最长的省份。

光能资源多数地区为全国高值区，但滇东北北部，年日照时数仅 1 000 小时上下，年太阳总辐射量不到 4 000 焦耳/米^2，为全国最少的地区之一。

2. 热量资源充裕，作物生长季节长

云南热量资源充裕，全年日平均气温都在 0℃以上，农作物全年均能生长，各种气候带的主要指示植物种类均有分布，以及各种类型的经济作物、农作物均有种植，如热带作物甘蔗、柑橘、香蕉、橡胶、芒果、咖啡、菠萝等；农作物水稻有一年两熟地区；省内滇中一带多数地区年平均气温≥10℃，积温可达 4 000～6 000℃，可以种植多种亚热带及温带农作物，是粮、油、烟、糖、茶、果、咖啡、香蕉、橡胶等的主产区，各种农作物在云南不同生态区域均有种植。云南热量资源充裕对增加复种指数，提高农作物经济收益，发展名特优农产品有着十分有利的条件。同样，在这样的自然生态环境条件下，各种有害和有益的昆虫种类资源也很丰富。

3. 雨热同季，降水的地域分布差异大

雨季通常在 5～10 月，集中了 85％的年降水量，但年间变化大。全省降水的地域分布差异大，最多的地方年降水量超过 2 300 毫米，最少的仅有 547 毫米，大部分地区年降水量在 900 毫米以上。云南水热资源集中在夏季，热量与降水对植被以及农作物生长发挥着十分有利的作用。

三、云南农业生态系统生物多样性

云南地理地形复杂，地貌类型多样、地势高低悬殊、垂直变化明显，构成了云南独具特色的"立体气候"和"立体农业"。多种气候和植被分布的自然基础，造就了云南农业生态环境的多样性和复杂性，蕴涵了丰富多彩的自然资源，其中亦蕴涵着丰富的生物资源，昆虫资源亦然。

云南的农业自然资源，包括气候资源、水资源、土地资源和生物资源共同存在于独特的自然地理环境系统之中，并通过错综复杂的能量流和物质流形成网络，相互渗透，相互作用，又相互依托，互为条件。

在云南复杂多样的农业生态系统中，气候带类型分为北热带、南亚热带、中亚热带、北亚热带、南温带、中温带和寒温带七个气候带。不同气候带有不同的自然生态系统和农业生态系统，其中具有多种不同的农作物类型和熟制特点。在农业耕作制度方面，有农作物的大春三熟制，温带的一年大小春两熟制，寒温带的夏作一熟制等。

在这复杂的气候和自然环境条件下，农业生产过程就形成了多种多样、相互依存的以昆虫种群组成为主的生物群落。群落结构中，初级营养种群被称为害虫，次级营养种群被称为害虫天敌。农作物、害虫及其天敌资源就形成了三级营养结构，害虫及其天敌种群相互依存、相互制约，同时在一定程度上，也构成了对其初级营养物即农作物生长的制约，也就是对农作物生产造成危害。在农田生态系统中，农作物害虫的发生及种群发展与农作物的种类、品种布局，即农业耕作制度的多样性有关，同时，也受到害虫的天敌种群的自然控制，也就是害虫种群的发生消长受到其天敌种群发生消长的自然控制。农作物生产过程中，每一种害虫都会受到多种天敌的制约；一般情况下，每一种天敌会影响多种害虫种群的发生发展。农作物的害虫类群通常是以鳞翅目、半翅目、鞘翅目、直翅目昆虫为主，而其天敌资源则包括寄生性天敌和捕食性天敌，寄生性天敌主要包括膜翅目的寄生蜂、双翅目的寄生蝇、捻翅目的䗴蝓等；捕食性天敌则包括鞘翅目的瓢虫、步甲、虎甲，半翅目的猎蝽、盲蝽，爬行动物蜥蜴、蛇以及鸟类、蛙类等。从类别来看，天敌的类群丰富度远高于害虫的丰富度。霍法格（C. B. Huffaker）和史密斯（R. F. Smith）在讨论综合防治时曾提到：在没有受到干扰的农田，许多有危害潜力的害虫常常被天敌控制在一个低水平种群。要达到长远地控制多种害虫危害的目的，必须首先考虑和利用天敌资源对害虫的自然控制潜能，这是一个不可小视和忽视的重要因素，也是值得

探索和充分发掘的一种自然因素，是害虫生物防治理论与实践的认识和应用，而这恰是害虫综合治理的基础，或许是食品安全的基础和最高境界。当然，这不是说农药不能用，而是科学合理地使用高效、低毒、低残留农药的同时，必须最低程度地减少干扰害虫天敌的自然控制作用。

第二节　云南农业害虫天敌资源

一、云南水稻害虫天敌资源

（一）云南水稻害虫及其发生特征

云南稻田有着十分特殊的种植生态环境，分布范围广，海拔差异大，水稻种植区域海拔从不到 100 米的红河瑶族自治县到海拔 2 695 米的丽江市宁蒗彝族自治县均有种植。耕作制度也多种多样，在不同水稻种植区域内，有单季稻、双季稻以及三季稻，有籼稻种植区、粳稻种植区以及籼稻粳稻混合种植区。云南的稻作区划，被划分为五个区，分别是：

1. 滇中一季粳稻籼稻区

海拔多在 1 500～2 000 米，年平均气温最低 13.2℃，最高 21.9℃，包括昆明、玉溪、曲靖、楚雄、大理和保山的全部或大部分地区，以及泸西、华坪、永胜等，共 50 多个县（市、区）。

2. 滇南单、双季籼稻区

海拔大多在 800～1 600 米，年平均气温最低 15.8℃，最高 23.8℃，包括文山全州，以及红河、普洱和临沧的大部，共 30 多个县（市、区）。

3. 南部边缘稻区

海拔多在 600～1 200 米，属南亚热带湿润气候，年平均气温 15.2～22.6℃；包括西双版纳，德宏，临沧镇康、耿马、沧源，普洱西盟、澜沧、孟连、江城，以及红河金平、绿春和河口等，共 19 个县（市、区）。

4. 滇东北高原粳稻区

海拔高差大，海拔 277～2 300 米均有水稻种植，年平均气温在 11.3～21.1℃，包括昭通地区各县，曲靖宣威、会泽，以及昆明东川等县（市、区）。

5. 滇西北高寒粳稻区

海拔平均在 2 000 米以上，年平均气温在 11～13℃，包括怒江、迪庆两州以及丽江、宁蒗、剑川、鹤庆等，共 12 个县（市、区）。

在处于不同气候带的水稻种植区，有着多种多样的不同的害虫种类，在滇中一季粳稻籼稻区，主要有二化螟、三化螟、稻秆蝇、灰飞虱、白背飞虱、褐飞虱、黏虫、蚜虫、负泥虫、食根金花虫、稻眼蝶、稻苞虫、稻螟蛉、稻象甲、稻蝽、三点螟等；

而在滇南单、双季稻区有稻瘿蚊、稻纵卷叶螟、稻显纹纵卷叶螟等；滇西北高寒稻区有大螟等。

（二）云南水稻害虫天敌资源

1980—1981 年，云南省农业科学院植物保护研究所王履浙、郑伟军、邢玉仙、陈宗麒、黄峡峰，云南农业大学植保系卢美瑢、杨本立、曾国勋，昆明师范学院生物系汪海珍、张振昆，以水稻为作物对象，采用普查与重点系统调查、田间调查与室内饲养相结合等方法对全省 16 个州（市），90 多个县（市、区），40 种稻田主要害虫的天敌资源进行了系统调查。共获天敌资源 359 种，隶属 3 个纲、9 个目、52 个科，其中寄生性天敌昆虫 191 种，捕食性天敌昆虫 84 种，蜘蛛类 80 种，线虫 4 种（表 3-1 至表 3-4）。

表 3-1　寄生性天敌昆虫 *

目	科	种	寄主	分布
膜翅目 Hymenoptera	姬蜂科 Ichneumonidae	桑蟥聚瘤姬蜂 *Gregopimpla kuwanae*	稻毛虫、稻苞虫、稻纵卷叶螟、二化螟、三化螟等幼虫	昆明、玉溪、峨山化念、华宁盘溪、建水、文山、思茅、瑞丽、澜沧、元谋、双柏、昭通、巧家
		螟蛉埃姬蜂 *Itoplectls naranyae*	稻毛虫、稻苞虫、稻纵卷叶螟等幼虫，也是稻毛虫花茧姬蜂重寄生蜂	昆明、玉溪、峨山、元江、建水、文山、彝良、昭迪、永善、巧家
		松毛虫埃姬蜂 *Itoplectis alternans spectabilis*	负泥虫蛹	昭通、永善、鲁甸
		稻苞虫埃姬蜂 *Itoplectis* sp.	稻苞虫蛹	昭通
		日本黑瘤姬蜂 *Coccygomimus nipponicus*	稻纵卷叶螟、稻螟蛉粉蝶等幼虫—蛹	昭通、巧家、云县
		天蛾瘤姬蜂 *Pimpla laothoe*	稻苞虫幼虫—蛹	昭通、永善、巧家、宾川、昆明、玉溪、华宁、峨山、文山、思茅、澜沧、景洪、潞西
		野蚕瘤姬蜂 *Pimpla luctuosa*	稻苞虫幼虫—蛹	昭通、绥江、永善、巧家

* 资料源于 1980—1981 年调查研究结果，表 3-1 至表 3-4 保留原始资料的行政区划。

（续）

目	科	种	寄主	分布
膜翅目 Hymenoptera	姬蜂科 Ichneumonidae	满点瘤姬蜂 *Pimpla aethiops*	稻苞虫幼虫—蛹	昭通、永善、双柏、文山
		舞毒蛾瘤姬蜂 *Pimpla disparis*	稻苞虫幼虫—蛹	昆明、昭通
		瘤姬蜂 *Pimpla* sp.	稻毛虫蛹	昆明、玉溪
		广黑点瘤姬蜂 *Xanthopimpla punctata*	稻苞虫、稻纵卷叶螟、二化螟幼虫	昆明、玉溪、峨山、新平、华宁、元江、建水、广南、文山、楚雄、宾川、大理、元谋、双柏、石屏、开远、景谷、绥江、巧家、昭通、永善、瑞丽、陇川、耿马、孟定
		松毛虫黑点瘤姬蜂 *Xanthopimpla pedator*	稻苞虫、二化螟幼虫—蛹	玉溪、景洪、开远
		无斑黑点瘤姬蜂 *Xanthopimpla flavolineata*	稻纵卷叶螟、二化螟、稻苞虫、稻显纹纵卷叶螟、大螟等幼虫—蛹	昆明、玉溪、峨山化念、元江、楚雄、元谋、宾川、开远、建水、景洪、景谷、双江、保山道街、芒市、瑞丽、墨江、陇川、盈江、畹町、文山、巧家、勐海
		显斑斑翅恶姬蜂 *Echthromorpha agrestoria notulatoria*	稻苞虫幼虫—蛹	巧家、宾川、峨山
		黄瘤黑纹囊爪姬蜂 *Theronia zebra diluta*	稻苞虫幼虫—蛹	思茅
		腹斑脊腿囊爪姬蜂 *Theronia atalatae gestator*	稻苞虫幼虫—蛹	昭通
		甘蓝夜蛾拟瘦姬蜂 *Netelia ocellaris*	黏虫幼虫	昭通、绥江
		负泥虫端脊沟姬蜂 *Distathma* sp.	负泥虫蛹	昭通、鲁甸
		稻切叶螟细柄姬蜂 *Leptobatopsis indica*	稻切叶螟、稻显纹纵卷叶螟幼虫	峨山、元江、元谋、文山、墨江、双江、澜沧、耿马、瑞丽、陇川、梁河、巧家

（续）

目	科	种	寄主	分布
膜翅目 Hymenoptera	姬蜂科 Ichneumonidae	黏虫齿唇姬蜂 *Campoletis* sp.	黏虫低龄幼虫	昭通、大理、宾川
		大螟钝唇姬蜂 *Eriborus terebrans*	二化螟、三化螟、大螟幼虫	巧家
		稻毛虫花茧姬蜂 *Hyposoter* sp.	稻毛虫、黏虫、稻螟蛉幼虫	昆明、玉溪、峨山、新平、华宁、通海、楚雄、曲靖、陆良、宣威、巧家、大理、下关、丽江、文山、建水、开远、石屏、勐海
		斜纹夜蛾盾脸姬蜂 *Metopius rufus browni*	稻苞虫、黏虫幼虫	峨山、文山、景洪、勐腊、瑞丽、巧家
		黄足弓脊姬蜂 *Triclistus aithkini*	稻纵卷叶螟蛹	石屏、开远、下关、昭通
		朱色遏姬蜂 *Eccoptosage miniata*	稻眼蝶蛹	景谷、广南、文山、新平
		乔蝶武姬蜂 *Ulesta agitata*	稻苞虫幼虫—蛹	玉溪、昭通、彝良、瑞丽、梁河
		间条顶姬蜂 *Acropimpla hapaliae*	稻纵卷叶螟幼虫	江城
		螟黑点瘤姬蜂 *Xanthopimpla stemma-tor*	二化螟、大螟、台湾稻螟幼虫	云县
		稻苞虫恶姬蜂 *Echthromorpha* sp.	稻苞虫蛹	巧家
		螟蛉折唇姬蜂 *Lysibia* sp.	稻毛虫绒茧蜂重寄生蜂	昆明
		三点螟折唇姬蜂 *Lysibia* sp.	稻三点螟绒茧蜂重寄生蜂	瑞丽
		负泥虫沟姬蜂 *Bathythrix kuwanae*	负泥虫蛹、稻毛虫花茧姬蜂重寄生蜂	马龙、玉溪、昆明、昭通、永善、大关、鲁甸
		三化螟沟姬蜂 *Amauromorpha accepta*	三化螟、二化螟、大螟幼虫	元谋、元江、峨山化念、宾川、瑞丽、石屏、双江、景谷、云县、文山、巧家、彝良、绥江、景洪

（续）

目	科	种	寄主	分布
膜翅目 Hymenoptera	姬蜂科 Ichneumonidae	三化螟黑胸姬蜂指名亚种 *Amauromorpha accepta accepta*	三化螟、二化螟幼虫	巧家、绥江
		斜纹夜蛾刺姬蜂 *Diatora prodeniae*	螟蛉绒茧蜂蛹重寄生蜂	玉溪
		三点螟刺姬蜂 *Diatora* sp.	三点螟幼虫	保山昌宁
		刺姬蜂 *Diatora* sp.	稻纵卷叶螟绒茧蜂重寄生蜂	澜沧
		横带驼姬蜂 *Goryphus basilaris*	稻眼蝶、稻纵卷叶螟、稻螟蛉、稻苞虫、二化螟、大螟等幼虫	昆明、玉溪、峨山化念、元江、文山、瑞丽、畹町、景洪、双柏、勐海、普洱、永善
		沟姬蜂 *Gelis* sp.	稻毛虫绒茧蜂及稻三点螟绒茧蜂蛹重寄生蜂	昆明、玉溪
		台湾弯尾姬蜂 *Diadegma akoensis*	三化螟、稻纵卷叶螟幼虫	玉溪、华宁盘溪、峨山化念、双柏、丽江、巧家、思茅
		黏虫弯尾姬蜂 *Diadegma* sp.	黏虫幼虫	昆明、晋宁、昭通、玉溪、丽江
		稻纵卷叶螟弯尾姬蜂 *Diadegma* sp.	稻纵卷叶螟、稻显纹纵卷叶螟幼虫	瑞丽、耿马
		具柄凹眼姬蜂 *Casinaria pedunculata*	稻苞虫幼虫	文山、昭通、瑞丽、陇川、宣威、彝良、绥江、巧家、峨山化念、元江、永善、大关、景谷
		螟蛉悬茧姬蜂 *Charops bicolor*	稻纵卷叶螟、稻苞虫、稻螟蛉等幼虫	玉溪、峨山、楚雄、瑞丽、芒市、元江、文山、勐腊、景洪、双柏、巧家、永善
		短翅悬茧姬蜂 *Charops brachypterum*	稻苞虫、稻眼蝶等幼虫	芒市、墨江
		负泥虫姬蜂 *Lemophagus japonicus*	负泥虫蛹	玉溪、马龙、元江、峨山、昭通、鲁甸、永善
		中华钝唇姬蜂 *Eriborus sinicus*	二化螟、三化螟、大螟等幼虫	昆明、玉溪、峨山化念、丽江、昭通、绥江、巧家、石屏
		稻纵卷叶螟钝唇姬蜂 *Eriborus vulgaris*	稻纵卷叶螟幼虫	巧家、勐腊、梁河

（续）

目	科	种	寄主	分布
膜翅目 Hymenoptera	姬蜂科 Ichneumonidae	黄眶离缘姬蜂 *Trathala flavoorbitalis*	稻纵卷叶螟、二化螟、三化螟等幼虫	昆明、玉溪、峨山化念、瑞丽、芒市、耿马、勐海、文山
		稻纵卷叶螟离缘姬蜂 *Trathala* sp.	稻纵卷叶螟幼虫	元江
		螟黄抱缘姬蜂 *Temelucha biguttula*	二化螟、三化螟、大螟等幼虫	昆明、玉溪、楚雄、保山道街、元江、昭通、瑞丽、畹町
		菲岛抱缘姬蜂 *Temelucha philippinensis*	稻纵卷叶螟、二化螟、三化螟、稻苞虫等幼虫	景洪、梁河、耿马、峨山、元江、瑞丽
		三化螟抱缘姬蜂 *Temelucha stangli*	三化螟幼虫	开远、瑞丽、文山、景谷、江城
		盘背菱室姬蜂 *Mesochorus discitergus*	螟蛉绒茧蜂、黏虫绒茧蜂、内茧蜂、稻毛虫绒茧蜂等蜂蛹重寄生蜂	昆明、丽江、宜良、盈江、芒市、耿马、孟定、巧家
		稻纵卷叶螟黄脸姬蜂 *Chorinaeus facialis*	稻纵卷叶螟蛹	广南、瑞丽
		红斑棘领姬蜂 *Therion rufomaculatum*	黏虫蛹	巧家
		黏虫白星姬蜂 *Vulgichneumon leucaniae*	黏虫蛹	昆明、峨山化念、宾川、元江、石屏、巧家、永善、绥江、昭通
		大螟白星姬蜂 *Vulgichneumon* sp.	大螟蛹	玉溪
		趋稻厚唇姬蜂 *Phaeogenes* sp.	稻苞虫、稻螟蛉	瑞丽、腾冲、普洱、景洪、绥江
		夹色姬蜂 *Centeterus alternecoloratus*	二化螟	巧家、永善、景洪
		花斑武姬蜂 *Ulesta* sp.	稻苞虫	巧家
		黄带并区姬蜂 *Ichneumon yumyum*	稻苞虫蛹	巧家
		黏虫并区姬蜂 *Pterocormus* sp.	黏虫蛹	昭通
		黑尾姬蜂 *Ischnojoppa luteator*	稻苞虫蛹	玉溪、峨山、元谋、陇川、盈江、瑞丽、元江、景洪、文山、墨江、巧家

（续）

目	科	种	寄主	分布
膜翅目 Hymenoptera	姬蜂科 Ichneumonidae	棘腹姬蜂 *Astomaspis* sp.	稻苞虫幼虫—蛹	文山、瑞丽
		东北缺沟姬蜂 *Lissonta mandshurica*	二化螟幼虫	昆明、玉溪、丽江、昭通
		稻毛虫细颚姬蜂 *Enicospilus* sp.	稻毛虫幼虫—蛹	昆明、文山
		稻纵卷叶螟毛眼姬蜂 *Trichomma* sp.	稻纵卷叶螟幼虫	峨山化念、文山
	茧蜂科 Braconidae	中华茧蜂 *Bracon chinensis*	三化螟幼虫	楚雄、宾川、元谋、大理、保山、思茅、芒市、梁河、瑞丽、巧家
		螟黑纹茧蜂 *Bracon onukii*	二化螟、三化螟、大螟、稻螟蛉等幼虫，稻苞虫蛹	玉溪、峨山化念、元江、丽江、巧家、保山柯街、澜沧
		稻纵卷叶螟茧蜂 *Bracon* sp.	稻纵卷叶螟幼虫	元江
		稻螟黑茧蜂 *Habrobracon* sp.	二化螟幼虫	昆明官渡、西山、晋宁、昭通、姚安
		三化螟茧蜂 *Tropobracon schoenobii*	三化螟、二化螟、大螟等幼虫	瑞丽、芒市、陇川、元江、云县
		白螟黑纹窄茧蜂 *Stenobracon nicevillei*	三化螟幼虫	瑞丽、元江、巧家、双柏
		稻纵卷叶螟索翅茧蜂 *Hormius* sp.	稻纵卷叶螟	元江、澜沧
		三化螟条背茧蜂 *Rhoconotus schoenobiuorus*	三化螟幼虫	元江、芒市、瑞丽
		螟蛉内茧蜂 *Rogas narangae*	稻螟蛉、三点螟幼虫	昆明、玉溪、峨山、元谋、宾川、瑞丽、芒市、景洪
		褐斑内茧蜂 *Rogas fuscomaculatus*	黏虫幼虫	昆明、玉溪、宾川、峨山、华宁盘溪、曲靖、丽江、芒市、瑞丽、普洱、澜沧、景洪、昭通、巧家
		稻毛虫内茧蜂 *Rogas* sp.	稻毛虫幼虫	玉溪
		稻纵卷叶螟内茧蜂 *Rogas* sp.	稻纵卷叶螟幼虫	澜沧

（续）

目	科	种	寄主	分布
膜翅目 Hymenoptera	茧蜂科 Braconidae	稻苞虫茧蜂 *Clinocentrus* sp.	稻苞虫幼虫	元江、瑞丽
		横带折脉茧蜂 *Cardiochiles* sp.	稻纵卷叶螟、稻显纹纵卷叶螟幼虫	瑞丽、陇川、芒市、保山道街、元江、峨山化念、景谷、思茅、勐腊、耿马
		弄蝶长绒茧蜂 *Apanteles baoris*	稻苞虫、大螟幼虫	梁河、瑞丽、元江、宣威、双柏、巧家、大关、永善、昭通、勐腊
		稻纵卷叶螟绒茧蜂 *Cotesia cypris*	稻纵卷叶螟、稻显纹纵卷叶螟幼虫	峨山化念、元江、华宁盘溪、保山道街、元谋、孟连、澜沧、普洱、景谷、开远、昭通、巧家、梁河
		三化螟绒茧蜂 *Apanteles schoenobii*	三化螟幼虫	元谋、宾川、瑞丽、云县、巧家
		黏虫绒茧蜂 *Apanteles kariyai*	黏虫幼虫	玉溪、丽江、宾川、昭通、巧家、永善、绥江
		螟蛉绒茧蜂 *Apanteles ruficrus*	黏虫、稻毛虫、稻纵卷叶螟、稻螟蛉等幼虫，稻苞虫蛹	昆明、玉溪、元江、峨山、楚雄、宾川、姚安、曲靖、宣威、陆良、建水、保山、瑞丽、下关大理、澜沧、景谷、耿马、孟定、双柏、巧家
		螟黄足绒茧蜂 *Apanteles flavipes*	黏虫、列星大螟、稻纵卷叶螟等幼虫	丽江、弥勒、玉溪、元江、巧家
		二化螟绒茧蜂 *Apanteles chilonis*	二化螟幼虫	昆明
		稻毛虫绒茧蜂 *Apanteles* sp.	稻毛虫幼虫	昆明、玉溪
		稻苞虫绒茧蜂 *Apanteles* sp.	稻苞虫幼虫	勐腊
		稻三点螟绒茧蜂 *Apanteles amaris*	三点螟幼虫	双江、瑞丽
		稻螟小腹茧蜂 *Microgaster russata*	二化螟、三化螟、大螟幼虫	昆明、玉溪、丽江、昭通、永善
		黏虫黄茧蜂 *Meteorus* sp.	黏虫幼虫	玉溪

（续）

目	科	种	寄主	分布
膜翅目 Hymenoptera	茧蜂科 Braconidae	稻纵卷叶螟长距茧蜂 *Macroncentrus* sp.	稻纵卷叶螟幼虫	元江、普文、景洪
		稻纵卷叶螟怒茧蜂 *Orgilus* sp.	稻纵卷叶螟幼虫	元江
		黏虫侧沟茧蜂 *Microplitis* sp.	黏虫幼虫	丽江、思茅
		螟甲腹茧蜂 *Chelonus munakatae*	二化螟幼虫	玉溪、元江、昆明、曲靖、丽江、昭通、永善
		三化螟甲腹茧蜂 *Chelonus* sp.	三化螟幼虫	元谋
		稻秆蝇反颚茧蜂 *Coelinidea* sp.	稻秆蝇幼虫—蛹	昆明、通海
		稻黑秆蝇反颚茧蜂 *Coelinidea* sp.	稻黑秆蝇蛹	通海
		稻纵卷叶螟守子蜂 *Cedria* sp.	稻纵卷叶螟、稻显纹纵卷叶螟、稻苞虫等幼虫	瑞丽、陇川、盈江、梁河、澜沧、景谷、孟连、思茅、耿马、勐腊、元江
		稻黑秆蝇潜蝇茧蜂 *Opius* sp.	稻秆蝇蛹	昆明、通海
		潜蝇茧蜂 *Opius* sp.	稻黑秆蝇、稻秆蝇	昆明、玉溪、峨山化念、师宗、瑞丽、保山道街
		距茧蜂 *Zele* sp.	稻瘿蚊幼虫	元江
		长须茧蜂 *Agathis* sp.	稻瘿蚊幼虫	瑞丽
	蚜茧蜂科 Aphidiidae	少脉蚜茧蜂 *Diaeretiella* sp.	蚜虫若虫	保山
		麦蚜茧蜂 *Ephedrus plagiator*	麦长管蚜若虫	保山
	小蜂科 Chalcididae	广大腿小蜂 *Brachymeria lasus*	稻苞虫、稻纵卷叶螟等蛹	玉溪、新平、华宁盘溪、瑞丽、昭通、巧家、永善、景谷
		次生大腿小蜂 *Brachymeria secundaria*	短翅悬茧姬蜂、螟蛉内茧蜂、稻毛虫花茧姬蜂、稻显纹纵卷叶螟等蛹	昆明、玉溪、峨山、瑞丽、芒市、梁河、思茅、景谷、双柏、巧家、耿马、孟定

（续）

目	科	种	寄主	分布
膜翅目 Hymenoptera	小蜂科 Chalcididae	无脊大腿小蜂 *Brachymeria excarinata*	稻纵卷叶螟蛹	元江、巧家
		大腿小蜂 *Brachymeria* sp.	稻苞虫蛹	峨山化念、元江、玉溪、巧家
	广肩小蜂科 Eurytomidae	黏虫广肩小蜂 *Eurytoma verticillata*	稻纵卷叶螟绒茧蜂蛹	全省各地
		稻瘿蚊广肩小蜂 *Eurytoma* sp.	稻瘿蚊幼虫	盈江、瑞丽
	金小蜂科 Pteromalidae	绒茧金小蜂 *Trichomalopsis apanteloctena*	稻毛虫花茧姬蜂、螟蛉绒茧蜂、黏虫绒茧蜂、稻毛虫绒茧蜂、稻纵卷叶螟绒茧蜂、鳌蜂等蛹	昆明、玉溪、峨山、元江、华宁、开远、建水、昭通、巧家、楚雄、姚安、宣威、彝良、景洪、澜沧、耿马、孟定、瑞丽
		负泥虫灿金小蜂 *Trichomalopsis shirakii*	负泥虫蛹	玉溪、元江、峨山、昭通、永善、鲁甸
		斑腹瘿蚊金小蜂 *Propicroscytus mirificus*	稻瘿蚊幼虫	瑞丽、盈江、陇川、畹町、梁河、芒市、勐海、江城
		稻瘿蚊金小蜂	稻瘿蚊幼虫	瑞丽、陇川、盈江、畹町
		三点螟绒茧蜂金小蜂	三点螟绒茧蜂蛹	瑞丽
	寡节小蜂科 Eulophidae	黏虫裹尸姬小蜂 *Euplectrus* sp.	黏虫幼虫	元谋、宾川、腾冲、瑞丽、巧家、江城
		螟蛉裹尸姬小蜂 *Enplectrus* sp.	稻螟蛉幼虫	玉溪
		稻纵卷叶螟大斑黄小蜂 *Stenomesius* sp.	稻纵卷叶螟幼虫	瑞丽、元江、峨山化念、华宁盘溪、保山道街、澜沧、景谷、耿马、巧家
		稻苞虫羽角姬小蜂 *Dimmockia secunda*	稻苞虫蛹	巧家、绥江
		稻苞虫腹柄姬小蜂 *Pediobius mitsukurii*	稻苞虫蛹	瑞丽
		稻眼蝶腹柄姬小蜂 *Pediobius* sp.	稻苞虫、稻眼蝶蛹	瑞丽
		守子蜂腹柄姬小蜂 *Pediobius* sp.	稻纵卷叶螟守子蜂蛹	瑞丽、陇川、芒市、盈江、梁河、澜沧、景谷、景洪、孟连、耿马

（续）

目	科	种	寄主	分布
膜翅目 Hymenoptera	寡节小蜂科 Eulophidae	铁甲虫腹柄姬小蜂 *Pediobius* sp.	铁甲虫蛹	玉溪、峨山、勐海
		稻瘿蚊腹柄姬小蜂 *Pediobius* sp.	稻瘿蚊幼虫	瑞丽
		螟卵啮小蜂 *Tetrastichus schoenobii*	三化螟、席草白螟卵	文山、马关、易门、元江、峨山化念
		稻秆蝇啮小蜂 *Tetrastichus* sp.	稻秆蝇幼虫—蛹	昆明、通海、丽江
		稻黑秆蝇啮小蜂 *Tetrastichus* sp.	稻黑秆蝇蛹	瑞丽
		稻瘿蚊啮小蜂 *Tetrastichus* sp.	稻瘿蚊幼虫	盈江、陇川、瑞丽、畹町
		稻眼蝶啮小蜂 *Tetrastichus* sp.	稻眼蝶蛹	澜沧
		稻纵卷叶螟啮小蜂 *Tetrastichus* sp.	稻纵卷叶螟蛹	瑞丽
	扁股小蜂科 Elasmidae	三化螟扁股小蜂 *Elasmus albopictus*	三化螟、稻纵卷叶螟幼虫	元江
		稻纵卷叶螟扁股小蜂 *Elasmus* sp.	稻纵卷叶螟幼虫	瑞丽
		白足扁股小蜂 *Elasmus corbetti*	稻纵卷叶螟、稻螟蛉等幼虫	峨山化念、元江、巧家、瑞丽、石屏
		赤带扁股小蜂 *Elasmus* sp.	稻纵卷叶螟幼虫	元江、峨山化念、华宁盘溪、景洪、瑞丽、巧家
	跳小蜂科 Encyrtidae	毁螯跳小蜂 *Echthrogonatopus* sp.	螯蜂蛹	巧家、双江、勐腊
	旋小蜂科 Eupelmidae	稻瘿蚊长距旋小蜂 *Neanastatus cinctiventris*	稻瘿蚊幼虫	瑞丽、盈江、陇川、畹町、勐腊
		东方长距旋小蜂 *Neanastatus orientalis*	稻瘿蚊幼虫	瑞丽、盈江、陇川、畹町、勐腊
		稻长距旋小蜂 *Neanastatus oryzae*	稻瘿蚊蛹	瑞丽、盈江、陇川、畹町、景洪、勐腊
		螳螂卵旋小蜂 *Eupelmus* sp.	螳螂卵	昆明
		蟓卵平腹小蜂 *Anastatus* sp.	稻蟓卵	昆明、玉溪

（续）

目	科	种	寄主	分布
膜翅目 Hymenoptera	赤眼蜂科 Trichogrammatidae	螟黄赤眼蜂 *Trichogramma confusum*	稻毛虫、稻纵卷叶螟、稻苞虫、稻螟蛉、二化螟等卵	昆明、玉溪、瑞丽、昭通、永善
		稻螟赤眼蜂 *Trichogramma japonicum*	三化螟、二化螟、稻螟蛉、稻纵卷叶螟、稻毛虫、灯蛾等卵	昆明、玉溪、峨山、新平、开远、蒙自、建水、弥勒、文山、马关、陆良、楚雄、昌宁、双柏、瑞丽、巧家、永善、绥江
		稻毛虫赤眼蜂 *Trichogramma* sp.	稻毛虫卵	玉溪
		叶蝉寡索赤眼蜂 *Oligosita nephotetticum*	黑尾叶蝉、飞虱等卵	昆明、玉溪、峨山、思茅、江城、瑞丽
		叶蝉赤眼蜂 *Oligosita* sp.	黑尾叶蝉卵	昆明、玉溪、思茅、江城
		褐腰赤眼蜂 *Paracentrobia andoi*	黑尾叶蝉及大白叶蝉卵	昆明、玉溪、峨山、楚雄、宾川、大理、下关、丽江、保山、腾冲、芒市、瑞丽、盈江、陇川、梁河、思茅、江城
		松毛虫赤眼蜂 *Trichogramma dendrolimi*	稻纵卷叶螟、稻苞虫、黏虫等卵	元江、巧家、瑞丽、文山、思茅
		长突寡索赤眼蜂 *Oligosita shibuyae*	叶蝉卵	瑞丽
	缨小蜂科 Mymairidae	稻虱缨小蜂 *Anagrus* sp.	飞虱卵	思茅、江城
		叶蝉柄翅小蜂 *Lymaenon longicrus*	黑尾叶蝉卵	盈江、思茅、江城
	螯蜂科 Dryinidae	稻虱红螯蜂 *Haplogonatopus japonicus*	白背飞虱成虫和若虫	昆明、玉溪、峨山、昭通、华宁盘溪、元江、陇川、勐腊、永善、巧家、姚安、宣威、大理、下关
		黑腹单节螯蜂 *Haplogonatopus oratorius*	飞虱成虫和若虫	昆明、宾川、元江、昭通、耿马
		黄腿螯蜂 *Pseudogonatopus flavifemur*	稻飞虱若虫	昆明、巧家、昭通
		黑双距螯蜂 *Gonatopus nigricans*	白背飞虱若虫	瑞丽、昆明、姚安、巧家

45

（续）

目	科	种	寄主	分布
膜翅目 Hymenoptera	螯蜂科 Dryinidae	稻虱小黑螯蜂 *Haplogonatopus* sp.	黑尾叶蝉若虫	昆明
		两色食虱螯蜂 *Echthrodelphax fairchildii*	飞虱成虫和若虫	宾川
	缘腹细蜂科 Scelionidae	等腹黑卵蜂 *Telenomus dignus*	三化螟、席草白螟卵	昆明、玉溪、新平、易门、开远、建水、文山、峨山、巧家、绥江、瑞丽、江城
		长腹黑卵蜂 *Telenomus rowani*	三化螟卵	玉溪、峨山、新平、元江、开远、文山
		稻苞虫黑卵蜂 *Telenomus parnarae*	稻苞虫卵	永善
		稻蛛缘蝽黑卵蜂 *Telenomus* sp.	稻大蛛缘蝽卵	瑞丽、芒市、思茅、景谷、景洪
		稻蝽黑卵蜂 *Telenomus* sp.	稻蝽卵	新平等地
		牛虻拟长腹黑卵蜂 *Telenomus* sp.	牛虻卵	玉溪、丽江、瑞丽
		牛虻拟等腹黑卵蜂 *Telenomus* sp.	牛虻卵	玉溪、丽江、瑞丽
		稻蝽沟卵蜂 *Trissolcus* sp.	稻蝽、稻蛛缘蝽卵	玉溪、思茅、景谷、景洪、宣威、巧家
		稻蝗黑卵蜂 *Telenomus* sp.	稻蝗卵	大理、思茅、芒市、瑞丽
	广腹细蜂科 Platygasteridae	稻瘿蚊黄柄细蜂 *Platygaster oryzae*	稻瘿蚊幼虫	峨山化念、芒市、瑞丽、陇川、梁河、盈江、畹町、思茅、江城、景谷、澜沧、孟连、景洪、勐腊
		稻瘿蚊单胚黑蜂 *Platygaster* sp.	稻瘿蚊幼虫	芒市、瑞丽、陇川、梁河、盈江、畹町、思茅、勐腊、景洪、勐海
	分盾细蜂科 Ceraphonidae	菲岛黑蜂 *Ceraphron manilae*	螯蜂茧	昆明、澜沧
		化念黑蜂 *Ceraphron* sp.	螟蛉绒茧蜂蛹	峨山化念、玉溪、澜沧

（续）

目	科	种	寄主	分布
双翅目 *Diptera*	寄蝇科 Tachinidae	稻苞虫鞘寄蝇 *Thecocarcelia parnarus*	稻苞虫、稻纵卷叶螟幼虫	玉溪、巧家、瑞丽
		双斑截尾寄蝇 *Nemorilla maculosa*	稻纵卷叶螟幼虫	绥江
		平庸赘寄蝇 *Drino inconspicua*	黏虫幼虫—蛹	玉溪、昆明、昭通、思茅
		蓝黑栉寄蝇 *Parpapales pavida*	黏虫幼虫—蛹	巧家、思茅
		稻苞虫赛寄蝇 *Pseudoperichaeta nigro-lineata*	稻苞虫	思茅、元江、瑞丽
		玉米螟厉寄蝇 *Lydella grisescens*	二化螟、玉米螟幼虫	昭通、云县、瑞丽
		黑盾阿克寄蝇 *Actia nigroscutellata*	稻苞虫幼虫—蛹	元江、耿马、孟定
		冠毛长喙寄蝇 *Siphona cristata*	黏虫幼虫—蛹	曲靖、巧家
		日本追寄蝇 *Exorista japonica*	黏虫、稻苞虫幼虫—蛹	昭通、巧家、思茅、瑞丽
		明寄蝇 *Tachina sobria*	黏虫幼虫—蛹	宾川、大理、丽江、昭通、巧家、思茅
		黏虫缺须寄蝇 *Cuphocera varia*	黏虫幼虫—蛹	巧家
		饰额短须寄蝇 *Linnaemya comta*	黏虫幼虫—蛹	思茅、巧家
		黑角长须寄蝇 *Peleteria rubescens*	黏虫幼虫—蛹	思茅
		银颜筒寄蝇 *Halydaia luteicornis*	稻苞虫幼虫—蛹	思茅、玉溪、昭通、永善、大关、绥江、巧家
	头蝇科 Pipunculidae	趋稻头蝇 *Tomosvaryella oryzaetora*	黑尾叶蝉若虫	昆明、芒市、峨山、元江、巧家、云县、思茅、澜沧、孟连、江城、景谷、开远
		电光叶蝉头蝇 *Tomosvaryella inazumae*	电光叶蝉若虫	景洪

（续）

目	科	种	寄主	分布
捻翅目 Strepsiptera	栉蝙科 Halictophagidae	澳洲栉蝙 *Halictophagus australensis*	大白叶蝉若虫	瑞丽、畹町
		二点栉蝙 *Halictophagus bipunctatus*	黑尾叶蝉若虫	瑞丽、畹町

表3-2 捕食性天敌昆虫

目	科	种	捕食对象	分布
鞘翅目 Coleoptera	瓢虫科 Coccinellidae	黑条长瓢虫 *Macronaemia hauseri*	稻蚜、麦蚜、桃蚜、甘蓝蚜、豆蚜、玉米缢管蚜	昆明、玉溪、峨山、下关、姚安、丽江、保山、昌宁、瑞丽、潞西、腾冲、寻甸、昭通、双柏、宜良、寻甸、曲靖等
		多异瓢虫 *Hippodamia variegeta*	稻蚜、玉米缢管蚜、紫花苜子蚜	昆明、玉溪、寻甸、昭通、丽江、峨山、曲靖、下关、大理等
		七星瓢虫 *Coccinella septempunctata*	稻蚜、菜缢管蚜、玉米缢管蚜、豌豆蚜	昆明、东川、个旧、下关、芒市、玉溪、曲靖、文山、丽江、思茅、景谷、昌宁、昭通、瑞丽、宜良、陇川、腾冲、凤庆、元江、开远、石屏等
		横斑瓢虫 *Coccinella transversoguttata*	稻蚜、麦蚜、菜缢管蚜、玉米缢管蚜	昆明、寻甸、姚安、个旧、丽江、凤庆、峨山、文山、元江、景东、景谷、芒市、瑞丽、西双版纳
		龟纹瓢虫 *Propylea japonica*	稻蚜、桃蚜、麦蚜、豌豆蚜	昆明、寻甸、下关、元江、墨江、西双版纳
		八斑和瓢虫 *Harmonia octomaculata*	稻蚜、玉米蚜	昆明、寻甸、开远、建水、弥勒、路南、宜良、文山、元江、盈江、潞江、昭通、会泽、盐津、勐腊、东川
		异色瓢虫 *Harmonia axyridis*	稻蚜、麦蚜、玉米缢管蚜、白背飞虱、稻飞虱、黑尾叶蝉等	昆明、玉溪、开远、寻甸、宜良、个旧、凤庆、腾冲、文山、丽江、下关、保山、芒市、昭通、盐津

（续）

目	科	种	捕食对象	分布
鞘翅目 Coleoptera	瓢虫科 Coccinellidae	奇斑瓢虫 *Harmonia eucharis*	稻蚜、麦蚜、玉米缢管蚜、松蚜	昆明、玉溪、宜良、寻甸
		纤丽瓢虫 *Harmonia sedecimnotata*	稻蚜、玉米缢管蚜	昆明、玉溪、寻甸、开远、宜良、东川
		稻红瓢虫 *Micraspis discolor*	稻长管蚜、麦二叉蚜、稻蓟马、稻飞虱，也取食水稻花药	开远、个旧、弥勒、泸西、宜良、曲江、芒市、陇川、景东、景谷、元江、思茅、文山、昭通、盐津、西双版纳
		黄缘巧瓢虫 *Oenopia sauzeti*	稻长管蚜、桃蚜、麦蚜、玉米缢管蚜	昆明、寻甸、个旧、宜良、元江、思茅、陇川、会泽、普洱、景谷、芒市、瑞丽、西双版纳
		黑缘巧瓢虫 *Oenopia kirbyi*	稻长管蚜	西双版纳、元江、思茅
		大突肩瓢虫 *Synonycha grandis*	稻蚜、蔗蚜、玉米蚜	昆明、玉溪、宜良、峨山、潞江、西双版纳、瑞丽、芒市
		红星盘瓢虫 *Phrynocaria unicolor*	稻长管蚜	昆明、开远
		双带盘瓢虫 *Lemnia biplagiata*	稻蚜、麦蚜、黍缢管蚜	昆明、昌宁、陇川、元江、西双版纳、芒市、瑞丽、景谷
		十斑盘瓢虫 *Lemnia bissellata*	稻蚜、麦蚜	昌宁、腾冲、瑞丽、西双版纳
		黄斑盘瓢虫 *Lemnia saucia*	稻长管蚜、麦蚜、蔗蚜	昆明、文山、勐海
		黄宝盘瓢虫 *Pania luteopustulata*	稻蚜	西双版纳、峨山
		六斑月瓢虫 *Menochilus sexmaculata*	稻长管蚜、桃蚜、麦二叉蚜、黍缢管蚜、菜缢管蚜	昆明、下关、保山、昌宁、宜良、开远、个旧、文山、元江、陇川、昭通
		黑背毛瓢虫 *Scymnus babai*	稻蚜、桃蚜、玉米缢管蚜	昆明、寻甸、下关、路南
		黑襟毛瓢虫 *Scymnus hoffmanni*	稻蚜	昆明
		狭臂瓢虫 *Coccinella transversalis*	稻蚜	文山、元江、景东、景谷、芒市、瑞丽、西双版纳、思茅、墨江等

（续）

目	科	种	捕食对象	分布
鞘翅目 Coleoptera	隐翅虫科 Staphylinidae	青翅毒隐翅虫 *Paederus fuscipes*	稻飞虱、稻蚜、叶蝉、螟虫等初孵幼虫	峨山、芒市、瑞丽、陇川、景谷、景东、思茅、西双版纳等地，主要分布热坝稻区
		黑斑足突眼隐翅虫 *Stenus cicindela*	稻飞虱、稻蚜、叶蝉等卵和初孵幼虫	蒙自、建水、昆明等地
		黑胫突眼隐翅虫 *Stenus macies*	稻飞虱、稻蚜、叶蝉等卵和初孵幼虫	蒙自、建水、昆明等地
	步甲科 Carabidae	中华广肩步甲 *Calosoma chinense*	黏虫、地老虎等幼虫	寻甸、昆明、文山、元江、个旧
		广屁步甲 *Pheropsophus occipitalis*	蝼蛄成、若虫及其卵	元江、昆明、寻甸、文山、石屏、东川、巧家、昭通、永善、中甸
		栗小蝼步甲 *Clivina castanea*	叶蝉、飞虱、蝼蛄若虫和卵	弥勒、石屏、昆明
		狭蛛步甲 *Dyschirius stenoderus*	三化螟卵	昆明、石屏
		日本钩颚步甲 *Drypta japonica*		寻甸、昆明、石屏、路南、易门、弥勒
		二斑步甲 *Planetes punciticeps*		石屏、易门、弥勒
		尼罗锥须步甲 *Bembidion niloticum*	叶蝉、飞虱、蓟马、稻苞虫、稻纵卷叶螟、稻螟蛉等低龄幼虫	石屏、寻甸、昆明、个旧、盐津、昭通、镇雄
		斑捷步甲 *Badister pictus*		寻甸
		黑角胸步甲 *Peronomerus nigrinus*		石屏
		日本盘步甲 *Lachnocrepis japonica*		石屏、文山
		黄边青步甲 *Chlaenius circumdatus*		寻甸、昆明、弥勒、石屏、路南、瑞丽、易门、盐津、宜良、开远、临沧、潞西、腾冲、昌宁、大理、保山、文山、景洪、丽江等
		逗斑青步甲 *Chlaenius virgulifer*		昆明、寻甸、石屏、易门、昌宁、峨山

（续）

目	科	种	捕食对象	分布
鞘翅目 Coleoptera	步甲科 Carabidae	狭边青步甲 *Chlaenius inops*		路南、峨山、弥勒、昌宁、丽江、腾冲
		虹狭胸步甲 *Stenolophus iridicolor*		寻甸、昆明、镇雄、昭通、盐津
		绿狭胸步甲 *Stenolophus smaragdulus*		寻甸、石屏、昆明、弥勒、潞西、临沧、昌宁、腾冲、丽江、个旧
		尖须步甲 *Acupalpus inornatus*		昆明、个旧、盐津、镇雄、临沧、下关、腾冲、丽江、昌宁
		黄边寡行步甲 *Anoplogenius cyanescens*		寻甸、路南、昆明、盐津、保山
		分跗紫步甲 *Colpodes* sp.		寻甸、昆明
		日本细胫步甲 *Agonum japoncium*		寻甸、昆明
		铜绿短角步甲 *Trigonotoma lewisii*		石屏、文山、弥勒、宜良、腾冲、昌宁、丽江、昆明
		黄尾长颈利于步甲 *Eucolliuris litura*	稻飞虱叶蝉、三化螟初孵幼虫、稻纵卷叶螟卵及其初孵幼虫	石屏、元江、弥勒、峨山、易门
		印度长颈步甲 *Ophionea indica*	稻飞虱、叶蝉、三化螟、二化螟卵及初孵幼虫，大螟初孵幼虫等	元江、石屏、峨山、易门、景谷、德宏
		中华广肩步甲 *Calosoma maderae chinese*	蝗虫、黏虫、蜗牛等	昆明、寻甸、文山、元江、个旧、昭通、大理、临沧、东川、蒙自
		二棘锹步甲 *Scarites acutidens*	蝼蛄及其卵、黏虫等	昆明、寻甸、文山、元江、石屏、路南、昭通、巧家、永善、中甸、东川
		徘徊小蜣步甲 *Clivina vulgivaga*	叶蝉、飞虱、蓟马等	泸西、腾冲、昌宁、盐津
		后斑青步甲 *Chlaenius posticalis*	稻纵卷叶螟等鳞翅目害虫的幼虫	昆明、弥勒、石屏、开远

（续）

目	科	种	捕食对象	分布
鞘翅目 Coleoptera	步甲科 Carabidae	亮快步甲 *Elaphropus laetificus*	叶蝉、飞虱、蓟马等	瑞丽、临沧、昌宁、腾冲、路南、丽江
		斯里拟青步甲 *Hololeius ceylonicus*		思茅
半翅目 Hemiptera	猎蝽科 Reduviilae	舟猎蝽 *Staccia diluta*	飞虱的短翅型成虫及鳞翅目害虫的幼虫	蒙自、峨山、河口
		黄足猎蝽 *Sirthenea flavipes*	叶蝉、蚜虫、螨类、鳞翅目害虫幼虫及卵	保山、潞江坝、盈江、潞西、瑞丽、元江等
		半黄足猎蝽 *Sirthenea dimidiata*	螨类、蚜虫、叶蝉、鳞翅目害虫的幼虫和卵	保山、潞西、盈江、元江、思茅、景东
		日月猎蝽 *Pirates arcuatus*	蚜虫、鳞翅目害虫的幼虫	元江、景东、富源
		红彩真猎蝽 *Rhynocoris fuscipes*	稻蛛缘蝽、稻大蛛缘蝽及鳞翅目害虫的幼虫	峨山、双柏、大理、西双版纳、金平、曲靖、思茅、临沧、东川、河口、景东、景谷、普洱
		轮刺猎蝽 *Scipinia horrida*	鳞翅目害虫的幼虫	峨山、西双版纳、景东、勐海、景洪
		棘猎蝽 *Polididus armatissimus*	鳞翅目害虫的幼虫及其他	元江、思茅、峨山、昆明
		盾普猎蝽 *Oncocephalus scutellaris*	鳞翅目害虫的幼虫	昆明、蒙自、双柏、峨山、保山、龙陵、永平
		连斑荆猎蝽 *Acanthaspis picta*	鳞翅目害虫的幼虫	元江
		南盲猎蝽 *Polytoxus femoralis*	鳞翅目害虫的幼虫	文山、双柏、思茅、瑞丽
		褐斯猎蝽 *Scadra okinawensis*	鳞翅目害虫的幼虫	元江
	姬猎蝽科 Nabidae	暗色姬蝽 *Nabis stenoferus*	蚜虫、蓟马、叶蝉、飞虱、盲蝽、红蜘蛛等	寻甸、玉溪、双柏、峨山、思茅
		窄姬蝽 *Nabis capsiformis*	蚜虫、蓟马、叶蝉、飞虱、盲蝽、红蜘蛛等	思茅、西双版纳、玉溪、双柏
		黑头异姬蝽 *Alloeorhynchus vinulus*	蚜虫、蓟马、叶蝉、飞虱等	元江
		角带花姬蝽 *Prostemma hilgendorffi*	蚜虫、蓟马、叶蝉、飞虱等	峨山

（续）

目	科	种	捕食对象	分布
半翅目 Hemiptera	花蝽科 Authocoridae	微小花蝽 *Orius minutus*	叶蝉、飞虱、蚜虫、蓟马、鳞翅目的幼虫及卵等	寻甸、玉溪、瑞丽
	盲蝽科 Miridae	黑肩绿盲蝽 *Cyrtorhinus lividipennis*	飞虱、叶蝉的卵、成虫及若虫等	昆明、思茅、瑞丽、峨山、大理
	长蝽科 Lygaeidae	大眼长蝽 *Geocoris pallidipennis*	蚜虫、蓟马、叶蝉及鳞翅目害虫的卵和初孵幼虫	寻甸、宾川、曲靖、昆明、西双版纳
	蝽科 Pentatomidae	黑益蝽 *Picromerus griseus*	稻眼蝶等鳞翅目害虫的幼虫	峨山、双柏、思茅、西双版纳、金平、屏边、景东、潞西
	黾蝽科 Gerridae	隐匿黾蝽 *Gerris adelaidis*	多种水稻害虫	昆明、蒙自
脉翅目 Neuroptera	草蛉科 Chrysopidae	大草蛉 *Chrysopa pallens*	蚜虫及鳞翅目害虫的卵	玉溪、昆明
		中华草蛉 *Chrysopa nipponensis*	蚜虫及鳞翅目害虫的卵	昭通、水富、曲靖、宣威、玉溪、昆明
		普通草蛉 *Chysopa carnea*	蚜虫、叶蝉、稻蓟马及鳞翅目害虫的卵	昭通、玉溪、昆明、文山、曲靖、红河、蒙自
螳螂目 Mantodea	花螳科 Hymenopodidae	眼斑螳螂 *Creobroter* sp.	稻田内多种害虫	陇川、芒市、元谋、思茅、景谷、瑞丽
	螳科	棕污斑螳螂 *Statilia maculata*	稻田内多种害虫	德宏、思茅
	螳螂科 Mantidae	薄翅螳螂 *Mantis religiosa*	蚜虫、黏虫、稻蝗等	双柏、德宏
		广斧螳螂 *Hierodula patellifera*	黏虫、稻蝗、叶蝉、飞虱等	滇中、滇南、滇西及滇东北
		中华大刀螳 *Tenodera aridifolia sinensis*	各种水稻害虫	全省广泛分布
蜻蜓目 Mantodea	蜓科 Aeschnidae	红蜻 *Crocothemis servillia*	稻螟蛾及多种水稻害虫	滇中、滇南、滇西南
	蜻科 Libellulidae	黄蜻 *Pantala flavescens*	多种水稻害虫	全省广泛分布
	箭蜓科 Gomphidae	箭尾蜓 *Ictinogomphus clavatus*	稻田黏虫	景谷

表 3－3　蜘蛛类天敌

目	科	种	分布
蜘蛛目 Araneae	微蛛科 Micryphantidae	草间小黑蛛 *Erigonidium graminicola*	昆明、思茅、玉溪、元江
		食虫瘤胸蛛 *Oedothorax insecticeps*	思茅
		隆背微蛛 *Erigone prominens*	保山
	球腹蛛科 Theridiidae	八斑球腹蛛 *Theridion octomaculatum*	文山
		温室球腹蛛 *Theridion tepidariorum*	峨山、昆明
		叉斑巨齿蛛 *Enoplognatha japonica*	景洪、玉溪
		银锥腹蛛 *Conopistha bonadea*	瑞丽、景洪
		半月肥腹蛛 *Steatoda cavernicola*	景洪、峨山
	肖蛸科 Tetragnathidae	锥腹肖蛸 *Tetragnatha japonica*	思茅、陇川、文山、元谋、姚安
		圆尾肖蛸 *Tetragnatha shikokiana*	思茅、瑞丽、禄丰
		侣伴肖蛸 *Tetragnatha cliens*	景洪、思茅、元江、瑞丽、姚安、玉溪
		长螯肖蛸 *Tetragnatha mandibulata*	景洪、昆明、瑞丽、文山、姚安、保山、江城、元江
		华丽肖蛸 *Tetragnatha nitens*	峨山、思茅、文山、姚安、通海、元江、玉溪、昆明
		爪哇肖蛸 *Tetragnatha javana*	思茅、峨山、姚安、文山、瑞丽、景洪、盈江、保山、玉溪、元江、大理、腾冲、昆明、禄丰、元谋、陇川
		前齿肖蛸 *Tetragnatha predonia*	峨山、双柏
		鳞纹肖蛸 *Tetragnatha squamata*	昆明、瑞丽、保山
		肖蛸 *Tetragnatha* sp.	昆明、玉溪
		纵条银鳞蛛 *Leucauge magnifica*	昆明

（续）

目	科	种	分布
蜘蛛目 Araneae	肖蛸科 Tetragnathidae	艳银鳞蛛 *Leucauge decorata*	文山、峨山、江城、保山、昆明
		银斑白条蛛 *Leucauge* sp.	峨山、江城
		四斑锯鳌蛛 *Dyschiriognatha quadrimaculata*	昆明、思茅、玉溪、峨山
		锯鳌蛛 *Dyschiriognatha* sp.	江城
		条斑隆背蛛 *Tylorida striata*	江城、思茅、勐仑
	园蛛科 Araneidae	四点亮腹蛛 *Singa pygmaea*	江城、富宁、潞西、玉溪
		多型棘腹蛛 *Gasteracantha mammosa*	景洪、元江、临沧、江城
		好胜金蛛 *Argiope aemula*	思茅、峨山、文山、富宁、陇川
		横纹金蛛 *Argiope bruennichii*	姚安、峨山、昆明、禄丰、通海、双柏、瑞丽、玉溪、富宁、开远
		小悦目金蛛 *Argriope minuta*	思茅、瑞丽、景洪、陇川
		链斑金蛛 *Argiope catenulata*	江城、思茅
		对称曲腹蛛 *Cyrtarachne inaequali*	峨山
		曲腹蛛 *Cyrtarachne* sp.	瑞丽
		棒络新妇 *Nephila clavata*	昆明、峨山、姚安、石林
		角园蛛 *Aranea cornuta*	昆明、丽江、玉溪
		交迭园蛛 *Aranea alternidens*	瑞丽、双柏、峨山
		大腹园蛛 *Araneus ventricosa*	昆明、新平
		Araneus citricola	思茅、元江、梁河、双柏

（续）

目	科	种	分布
蜘蛛目 Araneae	园蛛科 Araneidae	茶色新园蛛 *Neoscona theisi*	宾川、大理、昆明、双柏、姚安
		灰斑新园蛛 *Neoscona polimaculata*	瑞丽、思茅、峨山
		嗜水新园蛛 *Neoscona nautica*	景洪、思茅、双柏、峨山
		青新园蛛 *Neoscona scylle*	双柏、临沧、昆明
		黄褐新园蛛 *Neoscona doenitzi*	晋宁
		云斑蛛 *Cystophora* sp.	思茅
		艾蛛 *Cyclosa* sp.	景洪
		银斑艾蛛 *Cyclosa asgenteoalba*	江城
		黄金肥蛛 *Larinia argiopiformis*	巧家
	狼蛛科 Lycosidae	拟环纹狼蛛 *Lycosa pseudoannulata*	景洪、思茅、峨山、姚安、文山、昆明、玉溪、元江
		丁纹豹蛛 *Pardosa T-insignita*	姚安、保山、元江
		浙江豹蛛 *Pardosa tschekiangensis*	文山、陇川、峨山化念
		奇异獾蛛 *Trochosa ruricola*	峨山化念
	盗蛛科 Pisauridae	狡蛛 *Dolomedes* sp.	元江、玉溪、文山
		海蛛 *Thalassius* sp.	峨山、双柏
		近亲走蛛 *Thalassius affinis*	双柏、峨山
	漏斗网蛛科 Agelenidae	迷宫漏斗蛛 *Agelena labyrinthica*	梁河
	管巢蛛科 Clubionidae	棕管巢蛛 *Clubiona japoncola*	姚安、江城、元谋、盈江、峨山

（续）

目	科	种	分布
蜘蛛目 Araneae	管巢蛛科 Clubionidae	中华兰管巢蛛 *Clubiona coerulescens*	昆明
		环带红螯蛛 *Chiracanthium circumcinctum*	江城
		日本红螯蛛 *Chiracanthium japonicum*	双柏
	蟹蛛科 Thomisidae	鞍形花蟹蛛 *Xysticus ephippiatus*	峨山化念、双柏
		白条锯足蛛 *Runcinia albostriata*	陇川、瑞丽、思茅
		金黄逍遥蛛 *Philodromus aureoles*	昆明
		三突花蛛 *Misumenops tricuspidatus*	下关
	猫蛛科 Oxyopidae	斜纹猫蛛 *Oxyopes sertatus*	盈江、瑞丽
		线纹猫蛛 *Oxyopes lineatipes*	思茅、峨山、瑞丽、双柏
		华南猫蛛 *Oxyopes hotiugchiehi*	元江、盈江、瑞丽、陇川
	栅蛛科 Hahniidea	栅纺器蛛 *Hahnia* sp.	昆明、玉溪
	跳蛛科 Salticidae	黑色蝇虎 *Plexippus paykulli*	峨山、元江、瑞丽、景洪、梁河、陇川
		条纹蝇虎 *Plexippus setipes*	畹町、瑞丽、陇川
		菱头蛛 *Bianor hotingchiehi*	元江、思茅
		微菱头蛛 *Bianor aenescens*	芒市、陇川
		花蛤沙蛛 *Hasarius adonsoni*	玉溪
		美丽蚁蛛 *Myrmarachne farmicaria*	潞西、陇川
		吉蚁蛛 *Myrmarachne gisti*	陇川、峨山

（续）

目	科	种	分布
蜘蛛目 Araneae	跳蛛科 Salticidae	警戒蝇豹 *Jotus munites*	景洪、瑞丽
		机敏蝇豹 *Jotus difficilis*	陇川、景洪
		浊斑扁蝇虎 *Menemerus confusus*	峨山
		线纹伊蛛 *Icius linea*	元江
	妩蛛科 Uloboridae	隆背妩蛛 *Uloborus prominens*	玉溪、江城、瑞丽
	地蛛科 Atypidae	地蛛 *Atypus* sp.	畹町
		硬皮地蛛 *Calommata* sp.	昆明
	七纺器蛛科 Heptathelidae	七纺器蛛 *Hepathala* sp.	昆明

表 3-4　线虫天敌

纲	种	寄主	分布
线虫纲 Nematoda	螟虫线虫	二化螟、三化螟、大螟幼虫	昆明、思茅
	稻虱线虫	稻飞虱幼虫	玉溪
	食根叶甲线虫	食根叶甲幼虫	马龙、玉溪
	三点螟线虫	三点螟幼虫	瑞丽

（三）水稻害虫和天敌的关系

通过调查发现在害虫的不同虫态和不同时期中，均受到多种天敌资源对其种群的有效自然控制作用，而同一种天敌资源，也会对多种害虫种群消长起到有效制约作用。

1. 同种害虫不同虫态受到多种天敌控制

（1）稻毛虫不同虫态受到多种害虫天敌控制

稻毛虫卵：拟澳洲赤眼蜂（*Trichogramma confusum*）、稻螟赤眼蜂、稻毛虫赤眼蜂。

稻毛虫幼虫：桑蟥聚瘤姬蜂、螟蛉瘤姬蜂（*Itoplectis naranyae*）、稻毛虫花茧姬蜂、稻苞虫金小蜂（*Eupteromalus parnarae*）、次生大腿小蜂（*Brachymeria secundaria*）、负泥虫沟姬蜂、稻毛虫内茧蜂、稻毛虫绒茧蜂、螟蛉绒茧蜂、沟姬蜂、盘背菱室姬蜂。

稻毛虫蛹：松毛虫黑点瘤姬蜂、瘤姬蜂、脊腿姬蜂。

（2）稻苞虫不同虫态受到多种害虫天敌控制

稻苞虫卵：稻苞虫黑卵蜂、拟澳洲赤眼蜂。

稻苞虫幼虫：桑蟥聚瘤姬蜂、螟蛉瘤姬蜂、天蛾黑瘤姬蜂、野蚕黑瘤姬蜂、满点黑瘤姬蜂、舞毒蛾瘤姬蜂、广黑点瘤姬蜂、无斑黑点瘤姬蜂、稻苞虫凹眼姬蜂（*Casinaria colacae*）、趋稻厚唇姬蜂、横带驼姬蜂（*Goryphus basilaris*）、螟蛉悬茧姬蜂、短翅悬茧姬蜂、菲岛抱缘姬蜂、弄蝶长绒茧蜂、稻眼蝶腹柄姬小蜂（*Pediobius* sp.）、稻苞虫腹柄姬小蜂（*Pediobius mitsukurii*）、稻苞虫赛寄蝇、黑盾阿克寄蝇、日本追寄蝇、稻苞虫鞘寄蝇、银颜筒寄蝇。

稻苞虫蛹：稻苞虫姬蜂、稻苞虫恶姬蜂、弄蝶武姬蜂、黄带并区姬蜂（*Pterocormus generosas*）、黑尾姬蜂（*Ischnojoppa luteator*）、盾脸姬蜂、螟黑纹茧蜂、稻苞虫茧蜂、螟蛉绒茧蜂、稻苞虫绒茧蜂、纵卷叶螟守子蜂（*Cedria* sp.）、螟蛉折唇姬蜂、广大腿小蜂、红股大腿小蜂（*Brachymeria fonscolombe*）、稻苞虫羽角姬小蜂（*Sympiesis parnarae*）。

（3）二化螟不同虫态受到多种害虫天敌控制

二化螟卵：稻螟赤眼蜂、拟澳洲赤眼蜂。

二化螟幼虫：广黑点瘤姬蜂、桑蟥聚瘤姬蜂、无斑黑点瘤姬蜂、螟黑点瘤姬蜂、螟黑钝唇姬蜂、夹色姬蜂、螟黄抱缘姬蜂、菲岛抱缘姬蜂、二化螟缺沟姬蜂（*Lissonota* sp.）、三化螟黑胸姬蜂指名亚种、横带驼姬蜂、螟黑纹茧蜂、稻螟小腹茧蜂、稻螟黑茧蜂、三化螟茧蜂、二化螟绒茧蜂、螟甲腹茧蜂（*Chelonus munakatae*）、玉米螟厉寄蝇（*Lydella grisescens*）、螟虫线虫。

（4）稻纵卷叶螟不同虫态受到多种害虫天敌控制

稻纵卷叶螟卵：稻螟赤眼蜂、拟澳洲赤眼蜂。

稻纵卷叶螟幼虫：桑蟥聚瘤姬蜂、螟蛉瘤姬蜂、日本黑瘤姬蜂、无斑黑点瘤姬蜂、稻纵卷叶螟弯尾姬蜂、台湾弯尾姬蜂、稻纵卷叶螟红腹姬蜂（*Eriborus vulgaris*）、黄眶离缘姬蜂、稻纵卷叶螟黄脸姬蜂、横带驼姬蜂、螟蛉悬茧姬蜂、螟黄抱缘姬蜂、菲岛抱缘姬蜂、刺姬蜂、稻纵卷叶螟索翅茧蜂、横带折脉茧蜂、稻纵卷叶螟绒茧蜂、螟黄足绒茧蜂、稻纵卷叶螟长距茧蜂、螟蛉绒茧蜂、稻卷叶螟大斑黄小蜂、三化螟扁股小蜂、赤带扁股小蜂、白足扁股小蜂、纵卷叶螟守子蜂、稻苞虫鞘寄蝇、双斑截尾寄蝇。

稻纵卷叶螟蛹：黏虫广肩小蜂、稻苞虫金小蜂（*Eupteromalus parnarae*）、稻纵卷叶螟守子蜂、皱背腹柄姬小蜂、广大腿小蜂、无脊大腿小蜂、红股大腿小蜂、稻纵卷叶螟啮小蜂。

（5）三化螟不同虫态受到多种害虫天敌控制

三化螟卵：稻螟赤眼蜂、螟卵啮小蜂、等腹黑卵蜂（*Telenomus dingus*）、长腹黑卵蜂。

三化螟幼虫：桑蟥聚瘤姬蜂、三化螟黑胸姬蜂指名亚种、台湾弯尾姬蜂、螟黄抱缘姬蜂、三化螟抱缘姬蜂、菲岛抱缘姬蜂、三化螟沟姬蜂、中华茧蜂、三化螟甲腹茧蜂、三化螟茧蜂、白螟黑纹窄茧蜂（*Stenobracon nicevillei*）、三化螟条背茧蜂、三化螟绒茧蜂、三化螟扁股小蜂、螟虫线虫。

2. 同种天敌资源对多种水稻害虫的控制

(1) 桑蟥聚瘤姬蜂可控制多种害虫

寄主：稻毛虫、稻苞虫、稻纵卷叶螟、二化螟、三化螟等。

(2) 广黑点瘤姬蜂可控制多种害虫

寄主：稻苞虫、稻纵卷叶螟、二化螟等。

(3) 无斑黑点瘤姬蜂可控制多种害虫

寄主：稻纵卷叶螟、稻显纹纵卷叶螟、二化螟、稻苞虫、大螟等。

3. 不同稻田生态系统中害虫及其天敌种类的多样性

(1) 滇中温凉稻区 以昆明为例，稻田主要害虫有二化螟、三化螟、黏虫、稻苞虫、稻毛虫、稻秆蝇、稻叶蝉、稻飞虱等，这些害虫的各类主要天敌资源有：

寄生蜂：桑蟥聚瘤姬蜂、螟蛉瘤姬蜂、天蛾黑瘤姬蜂、广黑点瘤姬蜂、无斑黑点瘤姬蜂、瘤姬蜂、黏虫弯尾姬蜂、螟蛉折唇姬蜂、稻毛虫花茧蜂、螟黑钝唇姬蜂、黄眶离缘姬蜂、横带驼姬蜂、螟黄抱缘姬蜂、盘背菱室姬蜂、黏虫白星姬蜂、二化螟缺沟姬蜂、细额姬蜂（*Enicospilus* sp.）、沟姬蜂、蝇蛹姬蜂（*Atractodes* sp.）、裂跗姬蜂、螟蛉内茧蜂、褐斑内茧蜂、螟蛉绒茧蜂、二化螟绒茧蜂、稻毛虫绒茧蜂、稻螟小腹茧蜂、螟甲腹茧蜂、稻秆蝇反颚茧蜂、稻螟黑茧蜂、潜蝇茧蜂、次生大腿小蜂、稻苞虫金小蜂、稻秆蝇啮小蜂、拟澳洲赤眼蜂、稻螟赤眼蜂、叶蝉寡索赤眼蜂、叶蝉赤眼蜂、褐腰赤眼蜂、叶蝉柄翅小蜂、稻虱红螯蜂、黑腹螯蜂（*Haplogonatopus atratus*）、黄腿螯蜂、稻虱黑螯蜂（*Paragonatupes fulgeri*）、等腹黑卵蜂、菲岛黑蜂。

捕食性瓢虫：黑条长瓢虫、多异瓢虫、七星瓢虫、龟纹瓢虫、八斑和瓢虫、异色瓢虫、奇斑瓢虫、纤丽瓢虫、黄缘巧瓢虫、红星盘瓢虫、双带盘瓢虫、黄斑盘瓢虫、六斑月瓢虫、黑背毛瓢虫、黑襟毛瓢虫、大突肩瓢虫。

捕食性步甲：中华广肩步甲、短鞘步甲（*Pheropsophus jessoensis*）、小蝼步甲、小蛛步甲、日本钩颚步甲（*Dryta japonica*）、尼罗锥须步甲、后斑青步甲、逗斑青步甲、三毛脊步甲、五斑尖须步甲、黄锉小尖须步甲、尖须步甲、黄边寡行步甲、分跗紫步甲、日本细胫步甲、莱氏三角步甲（*Trigonotoma lewisii*）。

捕食性蜘蛛：草间小黑蛛、温室球腹蛛、长螯肖蛸、华丽肖蛸、爪哇肖蛸、鳞纹肖蛸、纵条银鳞蛛、艳银鳞蛛、四斑锯螯蛛、横纹金蛛、棒络新妇、角园蛛（*Araneus cornutus*）、大腹园蛛、茶色新园蛛、青新园蛛、拟环纹狼蛛、中华兰管巢蛛、金黄逍遥蛛、栅蛛（*Hahnia* sp.）、硬皮地蛛、七纺器蛛。

其他天敌：平庸赘寄蝇、趋稻头蝇、黑肩绿盲蝽、螟虫线虫。

（2）滇西低海拔热区 以瑞丽为例，稻田主要害虫有：稻纵卷叶螟、稻显纹纵卷叶螟、稻瘿蚊、稻苞虫、三点螟、大白叶蝉、稻飞虱等，这些害虫的主要天敌资源有：

寄生蜂：桑蟥聚瘤姬蜂、广黑点瘤姬蜂、无斑黑点瘤姬蜂、三点螟折唇姬蜂、三化螟沟姬蜂、横带驼姬蜂、纵卷叶螟弯尾姬蜂、稻切叶螟细柄姬蜂、稻苞虫凹眼姬蜂、螟蛉悬茧姬蜂、黄眶离缘姬蜂、螟黄抱缘姬蜂、三化螟抱缘姬蜂、趋稻厚唇姬蜂、弄蝶武姬蜂、黑尾姬蜂、棘腹姬蜂、食蚜蝇姬蜂、囊爪姬蜂（*Pheronia* sp.）、中华茧蜂、三化螟茧蜂、白螟黑纹窄茧蜂、螟蛉内茧蜂、褐斑内茧蜂、横带折脉茧蜂、弄蝶长绒茧蜂、三化螟绒茧蜂、螟蛉绒茧蜂、稻三点螟绒茧蜂、稻纵卷叶螟守子蜂、潜蝇茧蜂、长须茧蜂、广大腿小蜂、次生大腿小蜂、角头小蜂、稻苞虫金小蜂、斑腹瘿蚊金小蜂、稻瘿蚊金小蜂、三点螟金小蜂、黏虫裹尸姬小蜂、稻卷叶螟大斑黄小蜂、稻苞虫腹柄姬小蜂、稻眼蝶腹柄姬小蜂、皱背腹柄姬小蜂、稻瘿蚊腹柄姬小蜂、稻黑秆蝇啮小蜂、稻瘿蚊啮小蜂、稻纵卷叶螟啮小蜂、稻显纹纵卷叶螟扁股小蜂、腹带长距旋小蜂、东方长距旋小蜂、拟澳洲赤眼蜂、稻螟赤眼蜂、褐腰赤眼蜂、叶蝉柄翅小蜂、稻虱黑螯蜂、等腹黑卵蜂、稻株缘蝽黑卵蜂、牛虻拟长腹黑卵蜂、牛虻拟等腹黑卵蜂、稻瘿蚊黄柄细蜂、稻瘿蚊单胚黑蜂（*Platygaster* sp.）。

其他寄生性天敌：稻苞虫鞘寄蝇、澳洲枥螨、三点螟线虫。

捕食性瓢虫：黑条长瓢虫、七星瓢虫、横斑瓢虫、黄缘巧瓢虫、大突肩瓢虫、双带盘瓢虫、十斑盘瓢虫。

捕食性蜘蛛：银锥腹蛛（*Argiope minuta*）、圆尾肖蛸、伴侣肖蛸（*Tetragnatha sociella*）、长螯肖蛸、爪哇肖蛸、鳞纹肖蛸、横纹金蛛、小悦目金蛛、曲腹蛛、交迭园蛛（*Araneus alternidens*）、灰斑新园蛛（*Neoscona grisemaculata*）、白条锯足蛛、斜纹猫蛛、线纹猫蛛、华南猫蛛、黑色蝇虎、条纹蝇虎、警戒蝇豹、白额巨蟹蛛（*Heteropoda venatoria*）、隆背妩蛛。

其他捕食性昆虫：青翅蚁形隐翅虫（*Paederus fuscipes*）、黄斑青步甲、黄足猎蝽、微小花蝽、黑肩绿盲蝽。

二、云南甘蔗害虫天敌资源

（一）甘蔗害虫天敌资源种类及其类型

截至2024年，云南省甘蔗种植面积超过500万亩*，居全国第二。甘蔗害虫的发生严重制约着甘蔗产业的发展，云南省甘蔗害虫种类繁多，根据云南省农业科学院甘蔗研究所自20世纪70年代末至80年代期间开展对甘蔗害虫及其天敌资源种类的调查研究，采获甘蔗害虫种类隶属3个纲11个目，65个科409种；甘蔗害虫天敌种类

---

* 亩为非法定计量单位，1亩≈667米^2。

隶属 3 个纲 15 个目，83 个科 504 种。通过对甘蔗及其害虫种群消长规律的调查研究表明，甘蔗害虫种群发展受到其天敌种群的有效制约。对此，减少化学农药的施用，保护和利用甘蔗主要害虫的优势天敌资源种类，提倡科学精准合理地使用农药，以减少对天敌的杀伤，充分发挥天敌对害虫的自然控制作用；大力推广间套种，如在蔗田间套种玉米、大豆、花生、蔬菜、绿肥等作物，可改变田间小气候，创造有利于天敌生存和繁殖的生态环境，增加天敌种类和数量；深入开展甘蔗主要害虫优势天敌的生物学、生态学和人工繁殖技术研究，进行蔗田人工释放优势天敌，开展生物防治技术应用示范和推广，提高害虫综合治理水平，维护蔗田生态系中生物间的动态平衡，对于缓解蔗田农药残留，促进甘蔗产业可持续发展都具有重要意义。

甘蔗主要害虫天敌类群包括：

昆虫纲：蜻蜓目蜻科；螳螂目螳螂科；革翅目肥螋科；半翅目猎蝽科、蝽科、盲蝽科、长蝽科、花蝽科、姬猎蝽科；脉翅目草蛉科、褐蛉科、蝶角蛉科；鞘翅目瓢虫科、虎甲科、步甲科、隐翅虫科、芫菁科；双翅目食虫虻科、食蚜蝇科、长足寄蝇科、寄蝇科、头蝇科；膜翅目螺赢科、马蜂科、铃腹胡蜂科、异腹胡蜂科、胡蜂科、泥蜂科、土蜂科、青蜂科、蚁蜂科、螯蜂科、姬蜂科、茧蜂科、蚜茧蜂科、小蜂科、金小蜂科、姬小蜂科、长尾小蜂科、跳小蜂科、赤眼蜂科、扁股小蜂科、黑卵蜂科、褶翅姬蜂科、旗腹姬蜂科、蚁科、蛛蜂科；捻翅目栉蝙科。

蛛形纲：蜘蛛目微蛛科、球腹蛛科、肖蛸科、园蛛科、狼蛛科、管巢蛛科、蟹蛛科、猫蛛科、跳蛛科、花皮蛛科、暗蛛科、卷叶蛛科、皿网蛛科、妩蛛科、隆头蛛科、平腹蛛科、栅蛛科、盗蛛科、幽灵蛛科、巨蟹蛛科、拟壁钱蛛科。

其中，鞘翅目的瓢虫类和膜翅目的姬蜂总科昆虫是优势天敌昆虫类群，有着进一步开展保护和利用的巨大潜力。蛛形纲的蜘蛛类也是蔗田的一大类优势天敌，对于控制害虫种群消长起到了重要作用。

1. 热带湿润蔗区

海拔 400～700 米，年降水量 1200～1 800 毫米，蒸发量≤降水量，年平均气温≥20℃。优势天敌昆虫种类：螟黄足绒茧蜂、环足猎蝽（*Cosmolestes annulipes*）、棘猎蝽、彩纹猎蝽（*Euagoras plagiatus*）、双带盘瓢虫、大突肩瓢虫、黑襟毛瓢虫、青翅蚁型隐翅虫、绿线食蚜螟（*Thiallela* sp.）。

2. 准热带、热带干燥蔗区

海拔 300～1 000 米，年降水量 600～900 毫米，相对湿度 60%～70%，蒸发量＞降水量数倍，年平均气温≥20℃。的优势天敌昆虫种类：螟黄足绒茧蜂（*Apanteles flavipes*）、黑尾叶蝉头蝇（*Tomosvaryella oryzaetora*）、黑襟毛瓢虫、六斑月瓢虫、异色瓢虫、食螨小瓢虫（*Stethorus* sp.）、微小花蝽、黑肩绿盲蝽。

3. 准热带湿润蔗区

海拔 700～1 000 米，年降水量 1 100～1 700 毫米，蒸发量≈降水量，年平均气温≥18～20℃。优势天敌昆虫种类：大螟拟丛毛寄蝇（*Sturmiopsis inferens*）、扁肛茸毛寄蝇（*Servillia planiforceps*）、黄足猎蝽、黑襟毛瓢虫、大突肩瓢虫、双带盘瓢虫、青翅蚁型隐翅虫、中国虎甲（*Cicindela chinensis*）。

4. 南亚热带湿润蔗区　海拔 900～1 300 米，年降水量 1 200～1 800 毫米，蒸发量≈降水量，年平均气温≥18～20℃。优势天敌昆虫种类：大螟拟丛毛寄蝇、扁肛茸毛寄蝇、拟舞短须寄蝇（*Linnaemya vulpinoides*）、大突肩瓢虫、双带盘瓢虫、八斑和瓢虫、中华广肩步甲。

5. 南亚热带干燥半干燥蔗区

海拔 1 000～1 500 米，年降水量 700～1 000 毫米，蒸发量为降水量的 2～3 倍，年平均气温≥18～20℃。优势天敌昆虫种类：螟黄足绒茧蜂、黄螟卵赤眼蜂、大突肩瓢虫、六斑月瓢虫、异色瓢虫、黑襟毛瓢虫、龟纹瓢虫、绿线食蚜螟、微小花蝽、青翅蚁型隐翅虫、黄足肥螋（*Euborellia pallipes*）。

6. 中亚热带湿润蔗区

海拔 1 200～1 400 米，年降水量 1 200 毫米以上，蒸发量＞降水量，年平均气温≥16～18℃。优势天敌昆虫种类：双带盘瓢虫、六斑月瓢虫、稻红瓢虫、碧盘耳瓢虫、黑带食蚜蝇（*Epistrophe balteata*）。

（二）甘蔗害虫天敌种群对甘蔗害虫的自然控制

众多的甘蔗害虫中，在一定的区域内，常发害虫为数十种，仅占已知害虫种类的 10%～12%，害虫种群消长动态既受到自然地理环境的影响，也受制于其天敌种群的抑制。就算是常发性害虫，其发生消长，也与天敌密切相关。对此，保护利用和充分发掘甘蔗害虫优势天敌资源的自然控制作用就尤为重要。

3—5 月为甘蔗苗期，蔗螟、蔗龟在蔗田内开始发生危害，成为此时期蔗田内的主要害虫。此时，蔗螟的主要寄生性天敌有各种寄生蜂、寄生蝇，捕食性天敌有猎蝽、隐翅虫、步甲、黄足肥螋和蜘蛛等，并随着害虫种群的消长，天敌种群亦随即消长，两者之间在一定程度上维持着动态平衡。

6—7 月，甘蔗进入分蘖盛期。甘蔗绵蚜（*Ceratovacuna lanigera*）、甘蔗蓟马（*Fulmekiola serratus*）成为蔗田主要害虫，同时，各种瓢虫、食蚜蝇、草蛉、步甲、捕食蝽、螳螂、绿线食蚜螟以及蜘蛛等捕食性天敌成为这期间的优势天敌种类，有效控制着害虫种群的发展。

8—10 月，随着雨季来临，甘蔗进入快速生长期，各种环境因子不利于甘蔗绵蚜、蓟马种群，而有利于天敌昆虫种群发展，天敌大量繁殖，种群数量骤增，11 月形成高峰，从而抑制了甘蔗绵蚜、蓟马的进一步发展危害。此外，蔗田内甘蔗粉蚧（*Saccharicoccus sacchari*）一年四季发生，与其相应的捕食性天敌小花蝽、黑襟毛瓢虫、黄足肥螋等也在蔗田频繁活动，取食粉蚧，且种群数量也相当可观，所以一般能把粉蚧控制在经济损害水平以下。

1. 寄生性天敌

甘蔗螟虫的优势天敌主要是寄生性天敌。优势种是螟黄足绒茧蜂、大螟拟丛毛寄蝇、黄螟卵赤眼蜂。

(1) 螟黄足绒茧蜂 是寄生大螟（*Sesamia inferens*）、二点螟（*Chilo infuscatellus*）的优势天敌，对控制螟害的发生起着有效控制作用，在云南全省分布较广，一年可发生 4～5 代，从寄主第一代到第五代都有寄生，与各代蔗螟幼虫发生期吻合，自然寄生率高达 25%～40%，以 5—6 月寄生率最高。一头蔗螟幼虫体内可羽化出蜂 80～100 头，被寄生的蔗螟幼虫行动迟钝、食量大减，最终不取食，转株危害少，因而减少了对甘蔗的危害。

(2) 大螟拟丛毛寄蝇 是寄生大螟、二点螟、台湾稻螟（*Chilo auricilius*）和二化螟（*Chilo suppressalis*）的优势天敌，主要分布在云南湿热蔗区德宏，寄生幼虫、单寄生，自然寄生率达 20%～35%，在当地对抑制蔗螟危害起到很大作用。

(3) 黄螟卵赤眼蜂 是甘蔗黄螟（*Tetramoera schistaceana*）卵寄生蜂，7 月上旬甘蔗黄螟大量产卵时，自然寄生率达 25%～38%，主要分布在南亚热带干燥半干燥蔗区，能有效控制甘蔗黄螟的危害。

能寄生甘蔗螟卵的优势赤眼蜂有拟澳洲赤眼蜂、螟黄赤眼蜂、蔗二点螟赤眼蜂（*Trichogramma poliae*）等。利用拟澳洲赤眼蜂防治甘蔗螟虫有非常成功的案例。1974—1975 年云南省甘蔗科学研究所（1976 年更名为云南省农业科学院甘蔗研究所）在滇东南蔗区开展了以释放赤眼蜂为主的综合防治甘蔗黄螟的研究，防治效果达 80% 以上，有效地控制了甘蔗黄螟的危害。

2. 捕食性天敌

甘蔗绵蚜天敌主要是捕食性天敌，其中占主导地位的是蔗田内活动着的庞大的瓢虫种群，优势种是大突肩瓢虫、双带盘瓢虫、六斑月瓢虫等。

(1) 大突肩瓢虫 在云南蔗区分布广、种群数量多、捕食量极大，成虫及幼虫均能捕食甘蔗绵蚜，一头瓢虫一生可捕食 30 000 多头甘蔗绵蚜，对甘蔗绵蚜具有明显的抑制作用。6 月初成虫开始出现在蔗田，但此时繁殖慢，数量较少，以至不能控制 6—7 月第一个绵蚜高峰的发生；8—10 月繁殖加快，种群数量明显增长，11 月形成全年繁殖高峰，此时每片受甘蔗绵蚜危害的蔗叶上平均有大突肩瓢虫成虫 2～3 头、幼虫 6～8 头、卵 30～50 粒以及少量蛹，完全控制了第二、第三个甘蔗绵蚜高峰的发生危害。因而此时发生的甘蔗绵蚜不用喷施化学农药也能自然控制。

(2) 双带盘瓢虫 全省各蔗区均有分布，捕食量仅次于大突肩瓢虫，成虫、幼虫均能捕食甘蔗绵蚜。甘蔗绵蚜发生早期蔗田种群数量大，抗逆性强。6 月初迁入蔗田活动，以后随着甘蔗绵蚜种群数量的增长而增多，7 月达到第一个繁殖高峰，8—9 月田间种群数量有所减少，10—11 月又形成第二个高峰。据饲养观测，双带盘瓢虫全幼虫期平均可捕食甘蔗绵蚜 580 头，最多可捕食 738 头，以三至四龄幼虫捕食量最大，占全幼虫期食量的 84.14%；成虫期平均每天可捕食甘蔗绵蚜 126 头，最多达 253 头。双带盘瓢虫在田间随猎物季节性消长，种群数量增长速度快，春季田间虫口密度大，在甘蔗绵蚜发生初期，对早期和后期甘蔗绵蚜种群数量的发生发展起到重要的控制作用。

(3) 六斑月瓢虫 全省大部分蔗区都有分布，成虫、幼虫均可捕食甘蔗绵蚜。甘蔗绵蚜发生前期蔗田虫口数量大，6 月下旬开始种群数量增多，7—8 月形成繁殖高峰，9 月中旬以后种群数量减少。对控制早期甘蔗绵蚜种群发展起到一定的作用。

(4) 绿线食蚜螟 以幼虫捕食甘蔗绵蚜，全省各主产蔗区均有分布。幼虫结网巢于甘蔗绵蚜群落中，并隐藏其内，不时伸出头部捕食甘蔗绵蚜，日平均捕食量 100 头。甘蔗绵蚜盛发后期田间种群数量多，一年中发生盛期在 9—12 月，对控制后期甘蔗绵蚜种群起到很大控制作用。

蔗田内捕食甘蔗粉蚧和甘蔗蓟马的天敌有黄足肥螋、微小花蝽、棕腹小花蝽（*Orius* sp.）、黄足黑腹小花蝽（*Orius* sp.）、截胸小花蝽（*Orius* sp.）、黑襟毛瓢虫、黑方突毛瓢虫（*Pseudoscymnus kurohime*）等，优势种是黄足肥螋、微小花蝽、黑襟毛瓢虫。这三种优势天敌全省蔗区均有分布，一年四季在蔗田均可见活动，对粉蚧和甘蔗蓟马的发生起着有效的控制作用。

三、云南茶叶害虫天敌资源

1. 寄生性天敌昆虫

(1) 姬蜂科天敌昆虫 28 种 黄盾凸脸姬蜂（*Exochus scutellaris*）、凸脸姬蜂（*Exochus* sp.）、刺足短梳姬蜂（*Phytodietus spinipes*）、横带驼姬蜂、透驼姬蜂（*Goryphus hyalinoides*）、斑驼姬蜂（*Goryphus* sp.）、衰瘤姬蜂索氏亚种（*Sericopimpla sagrae sauteri*）、紫绿姬蜂（*Chlorocryptus punpuratus*）、松毛虫黑点瘤姬蜂（*Xanthopimpla pedator*）、广黑点瘤姬蜂（*Xanthopimpla punctata*）、囊爪姬蜂（*Pheronia* sp.）、斑翅恶姬蜂显斑亚种（*Echthromorpha agrestoria notulatoria*）、刺蛾小室姬蜂（*Scenocharops montona*）、台湾黑瘤姬蜂（*Coccygomimus formosanus*）、天蛾黑瘤姬蜂（*Coccygomimus laothoe*）、日本黑瘤姬蜂（*Coccygomimus nipponicus*）、状隆缘姬蜂健壮亚种（*Buysmania oxymora robusta*）、斑蛾姬蜂（*Schenkia* sp.）、卷蛾弧脊姬蜂（*Trichonotus* sp.）、卷蛾曲脊姬蜂（*Apophua* sp.）、毒蛾镶额姬蜂（*Hyposoter* sp.）、茶额齿腿姬蜂（*Pristomerus* sp.）、食蚜蝇姬蜂（*Diplozon laetatorius*）、黑腹食蝇姬蜂（*Dipolozon* sp.）、黄斑食蝇姬蜂（*Diplozon* sp.）、强脊草蛉姬蜂（*Brachycyrtus nawaii*）、灰蝶强齿姬蜂（*Validentia* sp.）、谷蛾瘦姬蜂（*Eriborus* sp.）。

(2) 青蜂科 1 种 上海青蜂（*Praestochrysis shanghaiensis*）。

(3) 茧蜂科 12 种 武刺茧蜂（*Spinaria armator*）、谷蛾小腹茧蜂（*Hypomicro-*

gaster sp.）、毒蛾长须茧蜂（*Agathis* sp.）、卷蛾长距茧蜂（*Macrocentrus* sp.）、守子茧蜂（*Cedria* sp.）、卷蛾甲腹茧蜂（*Ascogaster* sp.）、红头茧蜂（*Bracon* sp.）、卷蛾小茧蜂（*Microbracon* sp.）、刺蛾拱腹茧蜂（*Fornicia ceylonica*）、细蛾绒茧蜂（*Apanteles theivorae*）、蓝氏绒茧蜂（*Apanteles lamborni*）、斜纹夜蛾绒茧蜂（*Apanteles prodeniae*）。

(4) 蚜茧蜂科 2 种　日本柄瘤蚜茧蜂（*Lysiphlebia japonica*）、蚜茧蜂（*Ephedrus* sp.）。

(5) 肿腿蜂科 2 种　卷蛾肿腿蜂（*Goniozus* sp.）、蛾肿腿蜂（*Goniozus* sp.）。

(6) 小蜂科 6 种　广大腿小蜂（*Brachymeria lasuss*）、无脊大腿小蜂（*Brachymeria excarinata*）、白胫大腿小蜂（*Brachymeria* sp.）、次生大腿小蜂（*Brachymeria secundaria*）、费氏大腿小蜂（*Brachymeria fiskei*）、谷蛾截胫小蜂（*Antrocephalus* sp.）。

(7) 扁股小蜂科 3 种　亦纹扁股小蜂（*Elasmus* sp.）、扁股小蜂 2 种（*Elasmus* sp.）。

(8) 啮小蜂科 3 种　细蛾啮小蜂（*Tetrastichus* sp.）、蛹啮小蜂（*Tetrastichus* sp.）、金绿啮小蜂（*Tetrastichus* sp.）。

(9) 寡节小蜂科 7 种　潜蝇姬小蜂（*Diglyphus isaea*）、螟蛉长距姬小蜂（*Euplectrus chapadae*）、刺蛾黄姬小蜂（*Euplectrus* sp.）、狭面姬小蜂（*Stenomesius* sp.）、蓑蛾羽角姬小蜂（*Sympiesis* sp.）、白跗姬小蜂（*Pediobius* sp.）、蛛腹柄姬小蜂（*Pediobius* sp.）。

(10) 广肩小蜂科 2 种　刺蛾广肩小蜂（*Eurytoma monemae*）、黏虫广肩小蜂（*Eurytoma verticillata*）。

(11) 旋小蜂科 2 种　食蝇平腹小蜂（*Anastatus* sp.）、舟蛾卵平腹小蜂（*Anastatus* sp.）。

(12) 跳小蜂科 13 种　双带巨角跳小蜂（*Comperiella bifasciata*）、单带巨角跳小蜂（*Comperiella unifasciata*）、蜡蚧扁角跳小蜂（*Anicetus ceroplastis*）、红蜡蚧扁角跳小蜂（*Anicetu beneficus*）、软蚧扁角跳小蜂（*Anicetus annulatus*）、红帽蜡蚧扁角跳小蜂（*Anicetus ohgushii*）、蜡蚧花翅跳小蜂（*Microterys speciosus*）、软蚧花翅跳小蜂（*Microterys flavus*）、球蚧花翅跳小蜂（*Microterys clauseni*）、刷盾长缘跳小蜂（*Cheiloneurus* sp.）、软蚧刷盾长缘跳小蜂（*Cheiloneurus* sp.）、刷盾短缘跳小蜂（*Encyrtus sasakii*）。

(13) 蚜小蜂科 4 种　黄金蚜小蜂（*Aphytis chrysomphali*）、夏威夷软蚧蚜小蜂（*Coccophagus hawaiiensis*）、黑盔蚧长盾金小蜂（*Anysis saissetiae*）、黑色软蚧蚜小蜂（*Coccophagus yoshidae*）。

(14) 金小蜂科 1 种　凤蝶金小蜂（*Pteromalus puparum*）。

（15）细蜂科 1 种　珍奇前沟细蜂（*Nothoserphus mirabilis*）。

（16）广腹细蜂科 1 种　刺粉虱黑蜂（*Amitus hesperidum*）。

（17）缘腹细蜂科 2 种　毒蛾黑卵蜂（*Telenomus* sp.）、蟓黑卵蜂（*Telenomus* sp.）。

（18）分盾细蜂科 1 种　菲岛黑蜂（*Ceraphron manilae*）。

（19）赤眼蜂科 1 种　松毛虫赤眼蜂（*Trichogromma dendrolimi*）。

（20）寄蝇科 4 种　双翅皮寄蝇（*Sisyropa soroi*）、铜须追寄蝇（*Exorista humilis*）、大鬃堤寄蝇（*Cnotogena grandis*）、爪哇刺蛾寄蝇（*Chaetexorista javana*）。

（21）蚤蝇科 1 种　蚤蝇（*Megaselia* sp.）。

2. 捕食性天敌

（1）蚁科 1 种　红蚂蚁（*Tetramorium guineense*）。

（2）胡蜂科 1 种　变侧异胡蜂（*Parapolybia varia varia*）。

（3）长足虻科 1 种　刺蛾长足虻（*Systrpus canopideus*）。

（4）食虫虻科 2 种　中华单羽食虫虻（*Ommatius chinensis*）、大食虫虻（*Promachus yesonicus*）。

（5）食蚜蝇科 10 种　刻点小食蚜蝇（*Paragus tibialis*）、锯盾小食蚜蝇（*Paragus crenulatus*）、狭带食蚜蝇（*Syrphus serarius*）、黑带食蚜蝇（*Epistrophe balteata*）、短刺刺腿食蚜蝇（*Ishiodon scutellaris*）、门氏食蚜蝇（*Sphaerophoria menthastri*）、印度食蚜蝇（*Sphaerophoria indiana*）、斑翅狭口食蚜蝇（*Asarcina aegrota*）、梯斑食蚜蝇（*Melanostoma scalare*）、短翅细腹食蚜蝇（*Sphaerophoria scripta*）。

（6）斑腹蝇科 1 种　小灰食蚜蝇（*Leucopis puncticornis*）。

（7）瘿蚊科 1 种　食蚜瘿蚊（*Aphidoletes aphidimyza*）。

（8）瓢虫科 27 种　粗网盘瓢虫（*Coelophora chinensis*）、碧盘耳瓢虫（*Coelophora bissellata*）、黄室龟纹瓢虫（*Propylea luteopustulata*）、双带盘瓢虫（*Coelophora biplagiata*）、黄缘巧瓢虫（*Oenopia sauzeti*）、黑缘巧瓢虫（*Oenopia kirbyi*）、六斑月瓢虫（*Chilomenes sexmaculata*）、七星瓢虫（*Coccinella sepempunctata*）、狭臀瓢虫（*Coccinella repanda*）、大突肩瓢虫（*Synonycha grandis*）、细纹裸瓢虫（*Calvia albolineata*）、八斑和瓢虫（*Synharmonia octomaculate*）、龟纹瓢虫（*Prophlaea japonica*）、细缘唇瓢虫（*Chilocorus circumdatus*）、闪蓝唇瓢虫（*Chilocorus hauseri*）、异色瓢虫（*Leis axyridis*）、红肩瓢虫（*Leis dimidiate*）、四斑毛瓢虫（*Scymnus frontalis*）、黑背毛瓢虫（*Scymnus* sp.）、双斑广肩瓢虫（*Platynaspis bimaculata*）、眼斑广盾瓢虫（*Platynaspis ocellimaculata*）、八斑广盾瓢虫（*Platynaspis octoguttata*）、小红瓢虫（*Rodolia pumila*）、大红瓢虫（*Rodolia rufopilosa*）、八斑红瓢虫（*Rodolia octoguttata*）、红环瓢虫（*Rodolia limbata*）、食螨瓢虫（*Stethorus* sp.）。

（9）捕食螨 1 种　茶咖啡小爪螨（*Oligonychus coffeae*）。

（10）虎甲科 2 种　中华虎甲（*Cicindela chinensis*）、曲纹虎甲（*Cicindela elisae*）。

（11）步甲科 4 种　印度长颈步甲（*Ophionea india*）、黄边青步甲（*Chlaenius circumdatus*）、大劫步甲（*Lesticus magnus*）、广屁步甲（*Pherosophus occiphtalis*）。

（12）草蛉科 4 种　晋草蛉（*Chrysopa shansiensis*）、大草蛉（*Chrysopa septempunctata*）、中华草蛉（*Chrysopa sinica*）、八斑绢草蛉（*Ancylopteryx octopunctata*）。

（13）褐蛉科 2 种　梯阶脉褐蛉（*Micromus timidus*）、点线脉褐蛉（*Micromus multipunctatus*）。

（14）螳蛉科 1 种　螳蛉（*Climaciella* sp.）。

（15）褐蛉科 1 种　斑褐蛉（*Panorpa* sp.）。

（16）螳螂科 4 种　棕污斑螳（*Statiliae maculate*）、大刀螳螂（*Tenodera aridifolia*）、广斧螳螂（*Hierodula patellifera*）、薄翅螳螂（*Mantis religiosa*）。

（17）半益蝽亚科 4 种　黑益蝽（*Picromerus griseus*）、海南蝽（*Cantheconidea concinna*）、疣蝽（*Cazira verrucosa*）、蠋蝽（*Arma custos*）。

（18）猎蝽科 2 种　黄足猎蝽（*Stirthenea flavipes*）、乌黑盗猎蝽（*Pirates turpis*）。

（19）花蝽科 2 种　小花蝽（*Orium mimus*）、姬花蝽（*Triphleps sauteri*）。

（20）园蛛科 10 种　黄褐新园蛛（*Neoscona doenitzi*）、四突艾蛛（*Cyclosa sedeculata*）、角园蛛（*Araneus cornutus*）、黄斑园蛛（*Araneus ejusmodi*）、交迭园蛛（*Araneus alternidens*）、棕色园蛛（*Araneus fuscoloritas*）、黄金肥蛛（*Larinia argiopiformis*）、横纹金蛛（*Argiope bruennichii*）、悦目金蛛（*Argiope amoena*）、日本艾蛛（*Cyclosa japonica*）。

（21）漏斗网蛛科 2 种　机敏漏斗蛛（*Agelena difficilis*）、迷宫漏斗蛛（*Agelena labyrinthica*）。

（22）肖蛸科 4 种　日本肖蛸（*Tetragnatha japonica*）、圆尾肖蛸（*Tetra gnatha shikokiana*）、爪哇肖蛸（*Tatragnatha javana*）、鳞纹肖蛸（*Micryphantidae squamata*）。

（23）猫蛛科 Oxyoidae 2 种　斜纹猫蛛（*Oxyopes sertatus*）、狭条猫蛛（*Oxyopes macilentus*）。

（24）栅蛛科 1 种　栅蛛（*Hahnia* sp.）。

（25）微蛛科 2 种　草间小黑蛛（*Erigonidium graminicolum*）、食虫瘤胸蛛（*Oedothorax insecticeps*）。

（26）跳蛛科 9 种　黑色蝇虎（*Plexippus paykulli*）、条纹蝇虎（*Plexippus*

setipes）、鳃哈蛛（*Harmochirus brachiatus*）、纵条蝇狮（*Marpissa magister*）、白斑猎蛛（*Evarcha albaria*）、蓝翠蛛（*Siler cupreus*）、浊斑扁蝇虎（*Menemerus confuses*）、花腹纽蛛（*Telamonia bifurcilinea*）、蚁蛛（*Myrmarchne* sp.）。

（27）球腹蛛科 3 种　八斑球腹蛛（*Theridion octomaculatum*）、四突球腹蛛（*Theridion subanides*）、毛锥腹蛛（*Conopistha fur*）。

（28）狼蛛科 1 种　黑腹狼蛛（*Lycosa coelestis*）。

（29）管巢蛛科 1 种　纵管巢蛛（*Clubiona japonicola*）。

（30）蟹蛛科 1 种　三突花蛛（*Misumenop tricuspidatus*）。

（31）捕食螨类 1 种　德氏钝绥螨（*Amblyseius deleoni*）。

第四章

云南农作物害虫天敌资源保护和利用

第一节　云南农业害虫生物防治工作简述

20世纪70年代以来，云南省在农作物害虫生物防治方面，无论是天敌资源调查，还是生物防治技术应用示范，都开展得轰轰烈烈。

1973年，云南省已有20多家单位开展害虫生物防治研究及田间应用示范工作，研究内容丰富，研究队伍强大。在天敌昆虫的示范应用方面，昭通利用伏虎茧蜂防治地老虎，放蜂面积3.7亩，放蜂区寄生率达84.21%，对照区26.09%，此项工作受到业界专家的关注；云南省甘蔗科学研究所和云南农业大学利用赤眼蜂防治甘蔗黄螟，放蜂面积32亩，检查百株虫量，通过放蜂，蔗株的坏芽、虫孔数较对照区明显减少；云南省动物研究所引进赤眼蜂，在元江县农业技术推广站、思茅县普文农场和西双版纳州农业科学研究所等单位开展赤眼蜂防治稻纵卷叶螟试验研究工作，示范面积37.1亩，卵寄生率52%～76%，卷叶率下降51%～73%；云南省林业科学研究所利用松毛虫赤眼蜂防治松毛虫，放蜂面积20.9亩，放蜂区寄生率达43.38%；玉溪县农业科学研究所与云南农业大学协作，利用瓢虫防治蚜虫；红河哈尼族自治州农业科学研究所开展了人工饲养稻螟赤眼蜂的中间寄主——桑灰灯蛾等试验研究工作。在害虫天敌资源调查方面，文山壮族苗族自治州（简称文山州）发现三化螟螟卵啮小蜂在各县广泛分布，并对席草白螟和三化螟有着较高的自然控制作用；同时，发现稻毛虫是稻螟赤眼蜂的优质寄主，可作为今后赤眼蜂室内繁殖的中间寄主；广黑点瘤姬蜂对稻苞虫、稻螟黑茧蜂对二化螟、稻苞虫花茧姬蜂对稻毛虫等有着很高的自然控制作用，是控制二化螟、稻苞虫和稻毛虫的优势天敌资源。

1974年2月16—20日，云南省农业科学研究所植保组牵头在昆明组织召开了全省第一次生物防治协作会。参会代表来自云南省动物研究所、云南省林业科学研究所、云南大学、昆明师范大学、云南农业大学及各县（市、州）农业科学研究所、农业技术推广站等单位人员27人。会议学习了1972年全国农林科技座谈会制订的科研发展规划，传达了1974年全国生物防治科研协作会议的精神，同时，会议通报和介绍了全国生物防治工作情况和经验。1973年，全国已有27个省、自治区、直辖市开展生物防治工作，生物防治面积达840万亩，生物防治科技队伍也有较大发展，有些省级植保部门建立了生防站，促进了生物防治技术应用推广工作的深入普及，如利用赤眼蜂防治玉米螟、稻纵卷叶螟、甘蔗螟虫、松毛虫等害虫，并扩大赤眼蜂的防治对象。害虫生物防治受到基层农民的欢迎，当时流传着一句顺口溜，"别看小小寄生蜂，消灭害虫显神通，容易繁养容易放，安全省钱又省工"。会议还交流了1973年全国农林牧渔科技发展计划农09项"利用生物和其他新技术防治农作物病虫害的研究"在云南的执行情况，并提出了下一步云南生物防治工作的目标和任务，会议还讨论了工作分工并形成了害虫生物防治的统一协调组织。此次会议，为进一步推动云南农作物害虫生物防治工作起到积极的组织保障和推动作用。

第二节 云南农作物害虫天敌资源及自然控制作用

一、水稻螟虫卵寄生性天敌资源及其控制作用

（一）滇中地区二化螟和三化螟卵寄生性天敌资源及其控制作用

1973 年，云南省农业科学研究所植保组在昆明、玉溪、开远开展了水稻螟虫卵寄生蜂种类及自然寄生率调查。在二化螟和三化螟田间第一至三代蛾盛发期间，田间采集卵块或诱集螟蛾在室内笼罩让其产卵，然后将螟蛾卵再带到水稻田间悬挂 5 天后取回，分别编号分管，待蚁螟或寄生蜂羽化后计数并剔除，最后用 5% 氢氧化钠溶液浸泡溶解卵块胶质，然后镜检统计卵粒孵化数、羽化寄生蜂数和未孵化数，然后计算寄生率。第一代二化螟和三化螟采自昆明，第二代至第三代三化螟采自昆明、玉溪和开远。调查结果表明，在调查区域内获得 3 种寄生蜂：稻螟赤眼蜂、等腹黑卵蜂和长腹黑卵蜂。不同地区获得的寄生蜂种类不同，在昆明调查获得稻螟赤眼蜂，玉溪调查获得稻螟赤眼蜂和等腹黑卵蜂，开远调查获得稻螟赤眼蜂、等腹黑卵蜂和长腹黑卵蜂，而且同一种寄生蜂在不同地区的寄生率也不同，在昆明稻螟赤眼蜂寄生率最高为10.00%，最低为 0.94%，在玉溪稻螟赤眼蜂寄生率为 13.24%，在开远稻螟赤眼蜂寄生率最高为 26.72%，最低为 17.96%，说明稻螟赤眼蜂的寄生率与环境条件息息相关。同一地区三化螟发生代数不同寄生蜂的寄生率也不同，在开远稻螟赤眼蜂的寄生率第二代发生期为 26.72%，第三代发生期为 17.96%，等腹黑卵蜂的寄生率第二代发生期为 12.95%，第三代发生期为 22.45%。第二代发生期，稻螟赤眼蜂寄生率高于等腹黑卵蜂，第三代发生期，稻螟赤眼蜂寄生率低于等腹黑卵蜂，说明同一地区寄生蜂寄生率与三化螟发生代数有关（表 4-1）。

表 4-1 滇中地区水稻二化螟和三化螟卵寄生蜂分布及寄生率

种类	代次	采集地	田块类型	卵块数（块）调查总数	寄生数	卵块寄生率（%）	卵粒数（粒）调查总数	寄生数	稻螟赤眼蜂	等腹黑卵蜂	长腹黑卵蜂	合计
二化螟	第一代	昆明	秧田	92	0	0	2 212	0	0	0	0	0
			旱栽田	93	1	1.08	2 868	27	0.94	0	0	0.94
三化螟	第一代	昆明	秧田	60	1	1.67	1 664	16	0.96	0	0	0.96
			旱栽田	14	1	7.14	300	30	10.00	0	0	10.00

（续）

种类	代次	采集地	田块类型	卵块数（块）调查总数	寄生数	卵块寄生率（%）	卵粒数（粒）调查总数	寄生数	卵粒寄生率（%）稻螟赤眼蜂	等腹黑卵蜂	长腹黑卵蜂	合计
三化螟	第一代	昆明	迟栽田	104	32	30.77	7 314	442	6.04	0	0	6.04
	第二代	昆明	迟栽田	18	2	11.11	799	42	5.26	0	0	5.26
	第二代	玉溪	—	45	35	77.78	4 055	581	13.24	1.09	0	14.33
	第二代	开远	—	60	58	96.67	4 180	1 658	26.72	12.95	0	39.67
	第三代	开远	—	96	95	98.96	6 543	2 649	17.96	22.45	0.08	40.49

（二）昆明地区三化螟卵寄生性天敌资源及其控制作用

1973 年，昆明师范学院对昆明地区的西山、呈贡、晋宁、安宁三化螟卵寄生蜂种类及寄生率进行调查。结果表明，昆明地区三化螟卵寄生蜂有稻螟赤眼蜂和等腹黑卵蜂，其中，稻螟赤眼蜂为三化螟优势天敌种类。在三化螟第一代发生期仅调查获得稻螟赤眼蜂，晋宁的寄生率最高为 10.46%，西山的寄生率最低为 1.54%；在三化螟第二代发生期调查获得稻螟赤眼蜂和等腹黑卵蜂，但等腹黑卵蜂的寄生率很低，稻螟赤眼蜂的寄生率西山的最高为 27.51%，安宁的最低为 2.37%，等腹黑卵蜂的寄生率最高仅为 0.17%。寄生蜂发生种类和寄生率与三化螟的发生代数有关，三化螟第二代发生期的寄生蜂种类和寄生率高于第一代发生期（表 4 - 2）。

表 4 - 2　昆明地区三化螟卵寄生蜂分布及寄生率

代次	采集地	采集时间（月/日）	卵块调查数（块）	卵块寄生数（块）	卵块寄生率（%）	卵粒调查数（粒）	卵粒寄生数（粒）	卵粒寄生率（%）稻螟赤眼蜂	等腹黑卵蜂	合计
第一代	西山	5/7	120	27	22.50	4 538	207	4.56	0	4.56
		5/12	184	18	9.78	6 917	232	3.35	0	3.35
		5/26	29	3	10.30	1 037	16	1.54	0	1.54
	呈贡	5/16	48	5	10.42	1 850	51	2.76	0	2.76
	晋宁	5/18	198	67	33.84	6 406	670	10.46	0	10.46
	安宁	5/22	38	6	15.79	1 484	106	7.14	0	7.14
第二代	西山	7/9	94	44	46.80	6 546	389	5.94	0	5.94
		7/16	1 078	354	32.84	11 357	732	6.38	0.07	6.45
	呈贡	7/29	691	641	92.76	6 939	1 909	27.51	0	27.51
		7/13	162	135	83.33	10 078	2 454	24.35	0.17	24.52
	晋宁	7/12	186	111	59.68	14 686	1 556	10.60	0	10.60
	安宁	7/18	386	84	21.76	30 150	749	2.37	0.11	2.48

（三）文山州螟虫卵寄生性天敌资源及控制作用

1. 三化螟卵寄生蜂种类及其分布调查

1973 年，文山州农业科学研究所在丘北、马关、西畴、麻栗坡、砚山、广南和文山等地开展三化螟卵寄生蜂种类及其分布情况调查。调查结果显示，文山州丘北、西畴、麻栗坡共有 4 种三化螟卵寄生蜂，赤眼蜂科（2 种）稻螟赤眼蜂、螟黄赤眼蜂，黑卵蜂科（1 种）等腹黑卵蜂，啮小蜂科（1 种）螟卵啮小蜂。

调查还发现，不同地区寄生蜂种类和寄生率存在差异，丘北调查获得稻螟赤眼蜂和等腹黑卵蜂，稻螟赤眼蜂的寄生率高于等腹黑卵蜂，其寄生率分别为：27.59％和 5.66％。西畴和麻栗坡调查获得螟黄赤眼蜂和螟卵啮小蜂，螟卵啮小蜂寄生率高于螟黄赤眼蜂；螟黄赤眼蜂寄生率西畴高于麻栗坡，寄生率分别为 11.36％和 2.97％，螟卵啮小蜂寄生率麻栗坡高于西畴，寄生率分别为 40.59％和 29.55％（表 4 - 3）。

表 4 - 3　文山州三化螟卵寄生蜂分布及寄生率

采集地	采集时间（月/日）	卵块调查总数（块）	卵块寄生数（块）	卵块寄生率（%）	卵粒调查总数（粒）	卵粒寄生数（粒）	卵粒寄生率（%）				
							稻螟赤眼蜂	螟黄赤眼蜂	等腹黑卵蜂	螟卵啮小蜂	合计
丘北	7/28	32	26	81.25	1 272	423	27.59	0	5.66	0	33.25
西畴	8/16	88	88	100.00	3 520	1 440	0	11.36	0	29.55	40.91
麻栗坡	8/18	101	101	100.00	3 939	1 716	0	2.97	0	40.59	43.56

2. 席草白螟卵寄生蜂种类及其分布情况调查

1973 年，文山州农业科学研究所在广南、马关、西畴、文山开展白螟卵寄生蜂种类及其分布情况调查。结果表明，文山州广南、马关、西畴、文山白螟卵寄生蜂共有 3 种，隶属赤眼蜂科的稻螟赤眼蜂、黑卵蜂科的长腹黑卵蜂、啮小蜂科的螟卵啮小蜂。广南和西畴有 2 种寄生蜂分布，马关和文山有 3 种寄生蜂分布，而且各个区域的寄生率有差别。螟卵啮小蜂在 4 个区域都有分布，其寄生率西畴最高，为 84.26％，文山最低，为 39.23；长腹黑卵蜂在广南、马关、文山有分布，其寄生率文山最高，为 37.06％，广南最低，为 4.94％；稻螟赤眼蜂在马关、西畴、文山有分布，但其寄生率都很低，最高的为文山，仅为 8.67％（表 4 - 4）。

表 4 - 4　文山州席草白螟卵寄生蜂分布及寄生率

采集地	采集时间（月/日）	卵块调查总数（块）	卵块寄生数（块）	卵块寄生率（%）	卵粒调查总数（粒）	卵粒寄生数（粒）	卵粒寄生率（%）			
							稻螟赤眼蜂	长腹黑卵蜂	螟卵啮小蜂	合计
广南	8/3	77	77	100.00	9 299	8 187	0	4.94	83.10	88.04
马关	8/7	49	42	85.71	8 346	7 065	4.86	21.15	58.64	84.65
西畴	8/16	20	20	100.00	3 120	2 885	6.75	0	84.26	91.01
文山	8/23	49	47	95.92	8 550	7 264	8.67	37.06	39.23	84.96

3. 种植席草区与未种植席草区三化螟卵寄生蜂调查

1973 年，文山州农业科学研究所和马关县农业技术推广站在马关县种植席草和未种植席草区域开展了三化螟卵寄生蜂调查。结果表明，无论是否种植席草，三化螟卵寄生蜂都为等腹黑卵蜂、稻螟赤眼蜂 2 种，但寄生率却不同。等腹黑卵蜂在席草种植区的寄生率为 34.38%，未种植席草区的寄生率为 25.41%；稻螟赤眼蜂在席草种植区的寄生率为 1.33%，未种植席草区的寄生率为 6.08%，种植席草提高了等腹黑卵蜂的寄生率（表 4 - 5）。调查发现，在种植席草区螟虫引起的枯心和白穗率为 16.00%，三化螟和二化螟活虫密度合计为 350.2 头/亩，而在未种植席草区螟虫引起的枯心和白穗率高达 88.7%，三化螟和二化螟活虫密度合计高达 2401.2 头/亩，明显高于席草种植区（表 4-6）。在水稻种植区适当种植席草，可为各种寄生蜂提供繁殖栖息和转移过渡的条件，同时降低螟虫危害，是一项害虫天敌保护性生物防治技术措施。

表 4 - 5   种植席草与未种植席草三化螟卵寄生蜂寄生情况

处理	卵粒调查总数（粒）	卵粒寄生数（粒）	卵粒寄生率（%）		
			等腹黑卵蜂	稻螟赤眼蜂	合计
未种植席草区	181	57	25.41	6.08	31.49
种植席草区	70	25	34.38	1.33	35.71

表 4 - 6   种植席草与未种植席草螟虫对水稻的危害程度

处理	调查日期（月/日）	调查丛数（丛）	枯心和白穗数（丛）	枯心和白穗率（%）	活虫密度（头/亩）		
					三化螟	二化螟	合计
未种植席草区	8/17	600	532	88.7	1 734.2	667.0	2 401.2
种植席草区	8/22	400	64	16.0	291.8	58.4	350.2

（四）马关县三化螟卵寄生性天敌资源及控制作用

1. 三化螟卵寄生蜂种类调查

1973 年以来，文山州马关县按亚热区、温热区和冷凉区三种类型稻区对三化螟卵寄生蜂种类及其自然寄生率进行调查，分别在不同类型稻区各代三化螟始盛期至盛末期采集三化螟卵块（表 4-7），带回室内分装管理，观察并记录寄生蜂的羽化和寄生情况。

表 4 - 7   不同稻区三化螟卵块采集情况

项目	亚热区（海拔 600~800 米）		温热区（海拔 1 380 米）		冷凉区（海拔 1 550~1 700 米）	
	采集时间（月/日）	采集卵块数（块）	采集时间（月/日）	采集卵块数（块）	采集时间（月/日）	采集卵块数（块）
第一代	3/19	69	4/3	69	4/21	86
第二代	6/15	2	6/23	84	—	—
第三代	7/19	20	8/14	90	9/4	18

结果表明，三化螟的卵寄生蜂有稻螟赤眼蜂、螟黄赤眼蜂、等腹黑卵蜂、长腹黑卵蜂和啮小蜂共5种。从不同类型稻区看，温热区和冷凉区分布的寄生蜂种类比亚热区多，三化螟第三代发生期分布的寄生蜂种类比第一代和第二代多。亚热区分布寄生蜂有稻螟赤眼蜂、等腹黑卵蜂、啮小蜂3种，三化螟第一代发生期有稻螟赤眼蜂和等腹黑卵蜂，第二代发生期只有等腹黑卵蜂，第三代发生期3种寄生蜂都有分布；温热区分布寄生蜂有等腹黑卵蜂、稻螟赤眼蜂、螟黄赤眼蜂、长腹黑卵蜂和啮小蜂5种，三化螟第一代发生期仅有等腹黑卵蜂，第二代发生期有稻螟赤眼蜂和等腹黑卵蜂，第三代发生期5种寄生蜂都有分布；冷凉区分布寄生蜂有等腹黑卵蜂、稻螟赤眼蜂、螟黄赤眼蜂、长腹黑卵蜂和啮小蜂5种，三化螟第一代发生期有等腹黑卵蜂、稻螟赤眼蜂、螟黄赤眼蜂，第二代发生期有稻螟赤眼蜂、等腹黑卵蜂和长腹黑卵蜂，第三代发生期有等腹黑卵蜂、稻螟赤眼蜂、螟黄赤眼蜂和啮小蜂（表4-8）。

表4-8　不同类型稻区三化螟卵寄生蜂分布比例

螟卵代次	稻区类型	分布比例（%）				
		稻螟赤眼蜂	等腹黑卵蜂	长腹黑卵蜂	螟黄赤眼蜂	啮小蜂
第一代	亚热区	48.78	51.22	0	0	0
	温热区	0	100.00	0	0	0
	冷凉区	82.17	15.11	0	2.72	0
第二代	亚热区	0	100.00	0	0	0
	温热区	89.81	10.19	0	0	0
	冷凉区	40.10	57.58	2.32	0	0
第三代	亚热区	15.14	37.54	0	0	47.32
	温热区	30.69	60.91	3.33	0.26	4.81
	冷凉区	47.59	41.57	0	0.6	10.24

从寄生蜂种类看，分布最广的是等腹黑卵蜂，其次是稻螟赤眼蜂，长腹黑卵蜂、螟黄赤眼蜂和啮小蜂只有零星分布。等腹黑卵蜂从三化螟第一代至第三代发生期，在亚热区、温热区和冷凉区均有分布，其中分布比例最高的是第一代发生期的温热区和第二代发生期的亚热区，均占100%，分布比例最低的是第二代发生期的温热区占10.19%，其余各代在不同的稻区的分布比例为15.11%～60.91%。稻螟赤眼蜂除三化螟第一代发生期的温热区和第二代发生期的亚热区没有分布外，其余各代发生期在不同的稻区均有分布，其中分布比例最高的是第二代在温热区占89.81%，分布比例最低的是第三代的亚热区占15.14%，其余各代在不同稻区的分布比例为30.69%～82.17%。长腹黑卵蜂只在三化螟第二代发生期的冷凉区和第三代发生期的温热区有分布，所占比例最高仅为3.33%；螟黄赤眼蜂仅在三化螟第一代发生期的冷凉区和第三代发生期的温热区和冷凉区有分布，所占比例最高仅为

2.72%，啮小蜂在三化螟第三代发生区 3 种类型稻区都有发生，所占比例最高为亚热区（47.32%），最低为温热区（4.81%）。

2. 三化螟卵寄生蜂的自然寄生率

结果表明，在三化螟第一代至第三代发生期的 3 种稻区均有卵寄生蜂寄生，寄生蜂自然寄生率随三化螟发生代数的增加而增加，寄生蜂的种类也随世代数的增加而增多。寄生蜂自然寄生率最高为三化螟第三代发生期的冷凉区为 40.28%，最低为三化螟第一代发生期的温热区为 4.93%。在 5 种卵寄生蜂中，自然寄生率最高的是等腹黑卵蜂，在三化螟第一世代到第三世代发生期的 3 种稻区中均有寄生，自然寄生率为 2.94%～24.69%。其次是稻螟赤眼蜂，除在三化螟第一代发生期的温热区和第二代发生期的亚热区没有寄生外，其余发生世代和稻区均有寄生，自然寄生率为 0.53%～13.28%。啮小蜂、长腹黑卵蜂和螟黄赤眼蜂的自然寄生率较低，啮小蜂仅在三化螟第三代发生期的 3 种稻区寄生，自然寄生率最高为 18.81%，最低为 1.76%，长腹黑卵蜂在三化螟第二代发生期的冷凉区和第三代发生期的温热区有寄生，自然寄生率最高仅为 1.21%，螟黄赤眼蜂在三化螟第一代发生期的冷凉区和第三代发生期的温热区及冷凉区有寄生，自然寄生率最高仅为 0.16%，自然寄生率均较低（表 4-9）。

表 4-9　三化螟卵寄生蜂的自然寄生率

螟卵代次	稻区类型	自然寄生率（%）					
		稻螟赤眼蜂	等腹黑卵蜂	长腹黑卵蜂	螟黄赤眼蜂	啮小蜂	合计
第一代	亚热区	0.53	24.69	—	—	—	25.22
	温热区	—	4.93	—	—	—	4.93
	冷凉区	7.99	2.94		0.1		11.03
第二代	亚热区	—	22.34				22.34
	温热区	13.28	3.03				16.31
	冷凉区	6.32	18.21	0.76			25.29
第三代	亚热区	3.01	14.98	—	—	18.81	36.80
	温热区	5.65	22.42	1.21	0.09	1.76	31.13
	冷凉区	12.63	22.06	—	0.16	5.43	40.28

3. 三化螟卵寄生蜂的性比

性比是衡量寄生蜂利用价值的一个重要指标，雌蜂比例高，有利于寄生蜂的扩繁及田间释放，提高害虫防治效果。三化螟不同世代和不同稻区，寄生蜂性比均有差异（表 4-10）。从 5 种寄生蜂的平均性比来看，螟黄赤眼蜂（92.70%）＞稻螟赤眼蜂（90.07%）＞啮小蜂（88.97%）＞长腹黑卵蜂（84.27%）＞等腹黑卵蜂（80.99%），总体性比均较高，在人工饲养繁殖和害虫防治方面均有一定的优势和开发潜力。

表 4 - 10　三化螟卵寄生蜂的性比

螟卵代次	稻区类型	性比（%）				
		稻螟赤眼蜂	等腹黑卵蜂	长腹黑卵蜂	螟黄赤眼蜂	啮小蜂
第一代	亚热区	95.00	81.29	—	—	—
	温热区	—	73.10	—	—	—
	冷凉区	96.47	74.16	—	83.34	—
第二代	亚热区	—	68.18	—	—	—
	温热区	90.04	88.95	—	—	—
	冷凉区	79.45	89.14	81.44	—	—
第三代	亚热区	96.77	91.60	—	—	73.33
	温热区	89.35	81.27	87.10	92.86	95.45
	冷凉区	87.79	81.20	—	100.00	98.12
平均		90.70	80.99	84.27	92.07	88.97

注：平均性比以产生寄生的稻区进行计算，没有寄生蜂的稻区不列入。

二、稻纵卷叶螟卵寄生天敌资源及其控制作用

20 世纪 70 年代，元江哈尼族彝族傣族自治县（简称元江县）水稻种植以双季稻为主，稻纵卷叶螟是晚稻的主要害虫，一般叶片被害率 20%～30%，严重时达到 90% 以上，造成叶片枯白，不实粒增加，严重影响晚稻产量。1971 年，元江县农业科学研究所开展了稻纵卷叶螟的生物防治调查和研究工作，利用赤眼蜂防治稻纵卷叶螟进行了试验示范，并取得了一定的成绩，为稻纵卷叶螟的生物防治工作奠定了一定的基础。

1972 年 8 月中旬至 9 月下旬，元江县农业科学研究所科研人在坝区采集稻田中稻纵卷叶螟成虫带回室内放入带有纱笼的盆栽水稻苗上产卵，次日清晨将带卵的水稻苗插于调查水稻田内，3 天后取回，调查统计卵寄生率（被寄生的卵为黑色）。将被寄生的卵取下放入指形管内，塞上棉花，注明标记，观察统计出蜂情况，并进行种类鉴定。

结果表明，元江县坝区稻纵卷叶螟卵寄生蜂的种类有 4 种，最常见的为稻螟赤眼蜂和螟黄赤眼蜂，所占比例分别为 37.59% 和 57.14%，其他蜂占 5.27%。元江县坝区稻纵卷叶螟卵自然寄生率因调查时间和地点的不同而不同（表 4 - 11）。此次调查的稻纵卷叶螟卵自然寄生率为 6.51%～14.49%。8 月中旬同时调查的两个地点，大水坪稻纵卷叶螟卵自然寄生率为 14.49% 明显高于西庄生产队的 6.51%。对同一地点大水坪进行了 4 次调查，8 月中旬稻纵卷叶螟卵自然寄生率最高为 14.49%，8 月下旬的最低为 7.33%，9 月上旬和下旬居中，分别为 9.88% 和 9.52%。

表4-11　元江县坝区稻纵卷叶螟卵寄生蜂的自然寄生率

调查地点	调查时间	挂卵数（粒）	寄生卵数（粒）	卵自然寄生率（%）
大水坪	8月中旬	566	82	14.49
	8月下旬	232	17	7.33
	9月上旬	172	17	9.88
	9月下旬	42	4	9.52
西庄	8月中旬	169	11	6.51

三、稻苞虫蛹寄生性天敌资源及其控制作用

1972年，文山州农业科学研究所在文山地区开展了稻苞虫寄生蜂种类及其自然寄生率的调查，结果表明，稻苞虫寄生蜂种类有日本瘦姬蜂和黑点瘤姬蜂。日本瘦姬蜂的自然寄生率最高可达64.29%，最低为39.44%，平均为54.00%，即自然情况下，稻苞虫有50%以上的种群被这一天敌控制。黑点瘤姬蜂的自然寄生率最高达40.00%，最低为14.71%，平均为29.28%，且这两种寄生蜂同时同地发生，成为稻苞虫的优势寄生性天敌（表4-12）。

表4-12　日本瘦姬蜂和黑点瘤姬蜂的自然寄生率

日本瘦姬蜂					黑点瘤姬蜂				
调查日期（月/日）	稻苞虫数（头）	寄生数（头）	自然寄生率（%）	平均自然寄生率（%）	调查日期（月/日）	稻苞虫数（头）	寄生数（头）	自然寄生率（%）	平均自然寄生率（%）
9/30	139	60	43.17		7/9	34	5	14.71	
9/30	121	77	63.64		7/20	20	5	25.00	
9/30	71	28	39.44		7/23	30	12	40.00	
9/30	68	38	55.88	54.00	8/25	21	7	33.33	29.28
9/30	91	51	56.04		8/30	27	8	29.63	
9/30	9	5	55.56		9/10	65	16	24.62	
9/30	14	9	64.29		9/30	183	69	37.70	

四、蚜虫捕食性天敌资源

1973年，为寻找烟草和其他主要粮食作物上蚜虫的优势天敌资源，玉溪县农业科学研究所与云南农业大学合作，开展捕食蚜虫的瓢虫资源种类考察，对海拔1 500～1 750米范围内的玉溪、峨山、通海、华宁和江川蚜虫优势天敌资源瓢虫种类调查，采获瓢虫种、变种和变型16种：

异色瓢虫属显现变种（*Harmonia axyridis* ab. *conspicua*）、显明变种（*Harmo-*

nia axyridis var. *spectabilis*）、十九斑变种（*Harmonia axyridis* var. *novemdecim-punctata*）、鲜明变种（*Harmonia axyridis* var. *aulica*）、暗黄变型（*Harmonia sxyridis* ab. *succinea*）、豹斑变型（*Harmonia dimidiate* ab. *sicardi*）、七星瓢虫（*Coccinella septempunctata*）、多异瓢虫（*Adonia variegate*）、大突肩瓢虫（*Synonycha grandis*）、十斑大瓢虫（*Anisolemnia dilatata*）、环斑瓢虫（*Ballia dianae*）、泡斑瓢虫（*Ballia korschefskyi*）、墨斑瓢虫（*Ballia zsphirinae*）、六斑月瓢虫（*Chilomenes sexmaculata*）、黄缘巧瓢虫（*Oenopia sauzeti*）、纤丽瓢虫（*Callineda sedecimnotata*）。

第三节　云南农作物害虫天敌资源保护利用实践

一、赤眼蜂对稻纵卷叶螟的防控效能

稻纵卷叶螟是一种迁飞性害虫，属鳞翅目螟蛾科，是历经卵、幼虫、蛹、成虫四个虫态的全变态昆虫，分布全国各稻区，主要危害水稻，也危害其他禾本科作物及杂草等。以幼虫吐丝纵向卷曲水稻叶片成虫苞，幼虫藏匿其中取食叶肉留表皮，形成白色条斑，导致水稻秕粒增加，引起水稻减产。一龄幼虫导致水稻叶片产生白点，称为"白点期"，二龄幼虫导致水稻叶片尖部卷曲，称为"卷尖期"，三龄幼虫卷苞束腰，四龄幼虫高峰期取食大量水稻叶肉导致大量枯白叶。温度和湿度是影响稻纵卷叶螟交配产卵的关键因素，世代存活最适温度26～27℃，产卵最适温度22～28℃，相对湿度90%以上。

（一）西双版纳傣族自治州利用螟黄赤眼蜂防治稻纵卷叶螟

螟黄赤眼蜂为膜翅目小蜂总科赤眼蜂属，是小型寄生蜂。全变态昆虫，历经卵、幼虫、蛹和成虫4个阶段。卵至成虫羽化前的发育阶段都在寄主卵内完成，出壳前的成虫多数已在卵内交尾。寄主主要有稻纵卷叶螟、二化螟、米蛾、棉铃虫、亚洲玉米螟等多种农业害虫。

1972年，西双版纳傣族自治州利用螟黄赤眼蜂防治稻纵卷叶螟试验取得良好防治效果。1973年5—7月西双版纳傣族自治州农业科学研究所饲养蓖麻蚕，储备赤眼蜂寄主蓖麻蚕卵。7月下旬从普文农场引入螟黄赤眼蜂蜂种并开始室内扩繁，用玻璃管、灯罩等作为繁蜂工具，蜂各代历期10～12天，室内繁蜂寄生率90%～96%，并进行冷藏试验，冷藏10天左右寄生率下降至60%左右。9月初田间稻纵卷叶螟始盛期，将螟黄赤眼蜂蜂卡装入指形管，并将管捆扎在竹竿上进行田间寄生蜂释放，放蜂点每亩4～6个，S形分布于田间，同时挂稻纵卷叶螟卵调查放蜂效果，即放蜂5天后收回稻纵卷叶螟卵调查寄生率（表4-13）；放蜂后15天调查稻纵卷叶螟的卷叶率（表4-14）。放蜂时间分别为，第一次放蜂为9月2—3日，每亩释放10 000头；第二次放蜂为

9月5—6日，每亩释放 10 000 头；第三次放蜂为 9 月 8—9 日，每亩释放 15 000 头。

结果表明，西双版纳傣族自治州农业科学研究所试验田和曼景兰生产队放蜂区卵寄生率为 20.00%～59.74%，不同释放点螟黄赤眼蜂的寄生率有差异。曼景兰生产队释放点寄生率最高为 59.74%，最低为 31.16%；西双版纳傣族自治州农业科学研究所释放点寄生率最高为 51.02%，最低为第一次放蜂后的 20.00%（表 4-13），两个试验点放蜂区和对照区的卷叶率存在差异，放蜂区和对照区卷叶率分别下降 55.24% 和 47.39%（表 4-14），释放螟黄赤眼蜂对稻纵卷叶螟起到了控制作用，以曼景兰生产队防治效果更好。

表 4-13 释放螟黄赤眼蜂对稻纵卷叶螟卵寄生情况调查

放蜂单位	放蜂情况	调查卵粒数（粒）	寄生卵粒数（粒）	寄生率（%）
曼景兰生产队	第一次放蜂	77	46	59.74
	第二次放蜂	160	89	55.63
	第三次放蜂	199	62	31.16
西双版纳傣族自治州农业科学研究所	第一次放蜂	15	3	20.00
	第二次放蜂	49	25	51.02
	第三次放蜂	79	35	44.30

表 4-14 释放螟黄赤眼蜂后田间水稻卷叶率情况调查

放蜂单位	设置	调查丛数（丛）	总叶数（片）	卷叶数（片）	卷叶率（%）	卷叶率下降（%）
曼景兰生产队	放蜂区	100	3 945	73	1.85	55.24
	对照区	100	3.314	137	4.13	
西双版纳傣族自治州农业科学研究所	放蜂区	100	6 154	49	0.80	47.39
	对照区	100	6 013	91	1.51	

（二）元江县利用赤眼蜂防治稻纵卷叶螟

玉溪地区元江县属北热带干热气候，年平均气温 23.8℃，最冷月平均气温 16.8℃，最热月平均气温 28.6℃，≥10℃年积温 8 700℃，年日照总数 2 291.7 小时，年辐射量 5 295.29 兆焦/米²，年平均降水量 600～800 毫米，年干燥度 1.89，全年盛行东南风，多年平均≥8 级大风天数为 14.3 天。元江县属热坝双季稻区，稻纵卷叶螟为水稻主要害虫，年发生 10 代，晚稻危害尤重。常导致大量叶片枯白，不实粒增加，影响产量。

1. 释放松毛虫赤眼蜂防治稻纵卷叶螟

松毛虫赤眼蜂在稻田中的主要寄主有稻纵卷叶螟、稻苞虫、黏虫等。松毛虫赤眼蜂寄主范围广泛，能寄生夜蛾科、枯叶蛾科、灯蛾科等 12 科昆虫的卵。松毛虫赤眼蜂成虫在羽化交配后即产卵，绝大部分卵在第一天内产出，少数能继续产 2 天卵，极个别在第四天仍能产卵。寿命一般 2 天，最长 7 天。以柞蚕剖腹卵作寄主，1 头雌蜂平均寄生卵数为 1.78 粒，子蜂数 72.60 头。

1971—1972 年，云南省动物研究所与元江县农业技术推广站合作，开展了释放赤眼蜂防治稻纵卷叶螟的田间试验。1973 年，元江县农业技术推广站开展室内寄生蜂扩繁，并在稻纵卷叶螟第七代、第八代产卵盛期和高峰期开展了释放赤眼蜂防治稻纵卷叶螟的试验。

在元江县大水坪，将刚羽化赤眼蜂用指形管悬挂在稻田选定的放蜂点，悬挂高度与水稻植株高度相当，任蜂自由飞入田间。选择放蜂区与对照区相同的水稻品种及栽种期。分批次释放赤眼蜂，每亩每次释放 30 000～40 000 头，隔 3 天放 1 次，连续放蜂 3 次。调查松毛虫赤眼蜂田间卵寄生率和水稻卷叶率，明确松毛虫赤眼蜂对稻纵卷叶螟的防治效果。

结果表明，释放松毛虫赤眼蜂对稻纵卷叶螟起到了较好的控制效果，放蜂区松毛虫赤眼蜂的寄生率达 52.02%（表 4-15），放蜂区和对照区水稻卷叶率有差异，分别为放蜂区 38.00% 和对照区 70.00%（表 4-16），在元江地区晚稻放蜂治虫应着重防治第七代，每亩放蜂量建议不少于 30 000 头。

表 4-15　释放松毛虫赤眼蜂对稻纵卷叶螟卵寄生情况调查（稻纵卷叶螟田间第七代）

项目	放蜂日期	放蜂量（头/亩）	调查日期	调查卵数（粒）	寄生卵数（粒）	卵寄生率（%）
放蜂区	8 月 13—16 日	18 000	8 月 17 日	444	231	52.02
对照区	—	—	8 月 17 日	321	0	0

表 4-16　释放松毛虫赤眼蜂后田间水稻卷叶情况调查

项目	放蜂日期	放蜂量（头/亩）	调查日期	调查叶数（片）	卷叶数（片）	卷叶率（%）
放蜂区	8 月 13—16 日	18 000	9 月 1 日	50	19	38.00
对照区	—	—	9 月 1 日	50	35	70.00

2. 松毛虫赤眼蜂与螟黄赤眼蜂对稻纵卷叶螟卵的室内寄生率

1972 年元江县农业科学研究所开展了两种赤眼蜂室内寄生率效能研究，将田间采回稻纵卷叶螟成虫放入纱笼罩盆栽水稻苗中让其产卵，每天将有虫卵的水稻叶剪下，按 1～4 天不同历期的卵依次排列组合制作成卵箔，然后放入繁蜂指形管内接蜂，供试验用蜂为新羽化寄生蜂，接蜂后，待卵变黑时，在解剖镜下进行寄生率统计。

结果表明，松毛虫赤眼蜂与螟黄赤眼蜂对稻纵卷叶螟卵都有寄生效果，松毛虫赤眼蜂对稻纵卷叶螟卵历期 1～3 天的寄生率分别为 68.38%、59.76%、75.61%，平均为 67.97%，螟黄赤眼蜂对稻纵卷叶螟卵历期 1～3 天的寄生率分别为 81.19%、70.19%、93.81%，对卵历期 4 天的卵（即将孵化的卵）寄生率也达到了 35.58%，但被寄生的卵不能出蜂和孵化出幼虫，寄生率平均为 81.46%，螟黄赤眼蜂对稻纵卷叶螟的平均寄生率比松毛虫赤眼蜂高 13.49%，螟黄赤眼蜂寄生效果相对较好。稻纵卷叶螟的卵历期不同，松毛虫赤眼蜂和螟黄赤眼蜂对稻纵卷叶螟寄生率也不同，两种蜂对不同卵历期的寄生率，第 3 天＞第 1 天＞第 2 天，第 3 天的寄生率均最高，分别为 75.61％和 93.81％，在室内繁殖和田间释放需要做好稻纵卷叶螟的监测，从而提高室内繁殖效率和田间防治效果（表 4 - 17）。

表 4 - 17　松毛虫赤眼蜂与螟黄赤眼蜂对稻纵卷叶螟卵寄生率

卵历期（天）	松毛虫赤眼蜂				螟黄赤眼蜂			
	供试卵数（粒）	寄生卵数（粒）	寄生率（％）	平均寄生率（％）	供试卵数（粒）	寄生卵数（粒）	寄生率（％）	平均寄生率（％）
1	117	80	68.38		101	82	81.19	
2	82	49	59.76		104	73	70.19	
3	82	62	75.61	67.97	97	91	93.81	81.46
4	—	—	—		104	37	35.58	
合计（前 3 天）	281	191	—		302	246	—	

3. 松毛虫赤眼蜂与螟黄赤眼蜂对稻纵卷叶螟的田间防治效果

在室内开展了松毛虫赤眼蜂与螟黄赤眼蜂寄生效能试验研究的基础上，元江县农业科学研究所开展了两种寄生蜂在大田的放蜂试验，以稻纵卷叶螟的卵寄生率为评价指标进行了对比，进一步明确了两种寄生蜂在田间对稻纵卷叶螟的寄生效果。结果表明，螟黄赤眼蜂对稻纵卷叶螟的卵寄生率为 44.57％，防治效果明显高于松毛虫赤眼蜂，其卵寄生率仅为 15.13％（表 4 - 18）。

对于松毛虫赤眼蜂而言，挂卵的卵寄生率为 32.53％，释放成蜂的卵寄生率为 15.13％，所以挂卵的防治效果明显高于释放成蜂的。无论是螟黄赤眼蜂还是松毛虫赤眼蜂，放蜂区的卵寄生率均高于对照区，进一步证明了人工释放赤眼蜂防治稻纵卷叶螟是有效的，防治技术值得推广。

表 4 - 18　2 种赤眼蜂对稻纵卷叶螟的防治效果

处理	放蜂方式	寄生率（％）	
		松毛虫赤眼蜂	螟黄赤眼蜂
放蜂区	挂卵释放	32.53	—
对照区	—	7.14	—
放蜂区	释放成蜂	15.13	44.57
对照区	—	1.90	9.30

我国跨越了寒、温、热三个气候带，包括古北区、东洋区，作物和害虫种类繁多，赤眼蜂的种、品系、生物学特性、类型复杂，在赤眼蜂防治害虫的过程中，赤眼蜂的种型问题是一个重要的问题，选错了种型，将达不到防治害虫的目的。

赤眼蜂的类型受外界环境和营养（寄主）的影响非常显著。据统计，全世界发表的近 30 个种中，不同的种群对不同的环境条件的适应能力和寄主嗜好不同。有人将赤眼蜂按地理活动分布分为林间生态型、田间平原生态型和田间沼泽型，又按其飞翔能力分为爬行和飞翔两种类型。松毛虫赤眼蜂属于林间生态型赤眼蜂，但进行田间释放后，有向上飞行的活动习性，所以用来防治稻纵卷叶螟有一定的局限性，不是防治稻纵卷叶螟理想的蜂种。

4. 螟黄赤眼蜂田间扩散能力

1971 年，元江县农业科学研究所开展了螟黄赤眼蜂田间扩散试验，在田间释放了螟黄赤眼蜂成蜂，放蜂量每亩 33 000 头，释放后，将有稻纵卷叶螟卵的水稻苗按照距离放蜂点 5 米、10 米、20 米、30 米、70 米的距离放置在田间，第四天将带卵水稻苗取回室内，统计稻纵卷叶螟卵寄生率。

结果表明，调查点离放蜂点的距离越远，螟黄赤眼蜂对稻纵卷叶螟的卵寄生率越低。在 5 米、10 米、20 米，卵寄生率分别为 78.4％、67.3％和 70.8％，卵寄生率变化不明显，超过 30 米后，卵寄生率明显下降（图 4-1），所以，螟黄赤眼蜂对稻纵卷叶螟卵的寄生率是随离放蜂点的距离由近到远逐渐降低的。

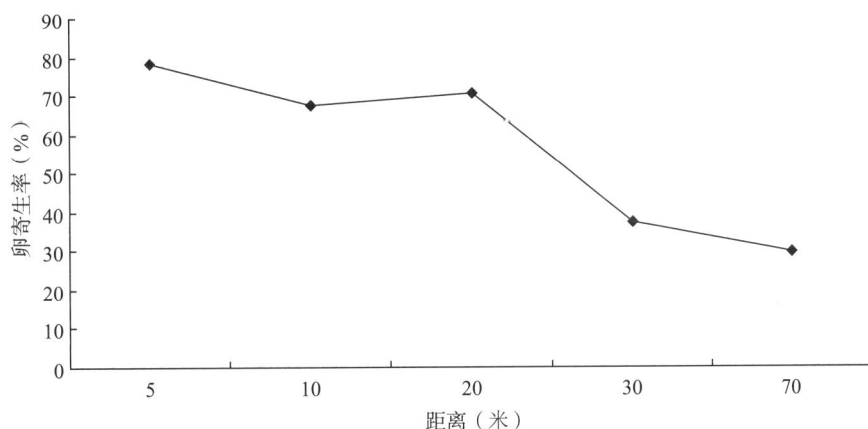

图 4-1 调查点离放蜂点的距离对稻纵卷叶螟卵寄生率的影响

5. 田间释放螟黄赤眼蜂对稻纵卷叶螟的防治效果

1975 年 8—9 月，元江县农业科学研究所在晚稻第六代和第七代稻纵卷叶螟发生期开展了释放螟黄赤眼蜂防治稻纵卷叶螟试验。第六代发生期设 4 个放蜂点，第七代发生期设 2 个放蜂点，每个放蜂点设不放蜂对照区 1 个。每个放蜂点每亩放成蜂 12 600～18 900 头，每 3～4 天放蜂 1 次，共放蜂 4 次。

结果表明，螟黄赤眼蜂对第六代和第七代稻纵卷叶螟的防治效果都非常明显（图 4-2），稻纵卷叶螟第六代发生期放蜂点螟黄赤眼蜂平均卵寄生率达 65.96％，稻纵卷叶螟第七代发生期放蜂点螟黄赤眼蜂平均卵寄生率达 79.10％，对照区平均寄生率仅为 6.97％和 14.44％，分别提高了 58.99％和 64.66％。在放蜂点 a 和放蜂点 c，通过稻纵卷叶螟第六代发生期放蜂后，第七代发生期的寄生率有所提高，放蜂点 a 寄生率由 59.38％提高到 75.44％，放蜂点 c 寄生率由 70.54％提高到 82.76％，分别提高了 16.06％和 12.22％，说明多次放蜂使放蜂区内的寄生率提高，原因在于试验区内的螟黄赤眼蜂随着放蜂次数的增加，自然繁殖率也会不断提高，从而增加放蜂区的螟黄赤眼蜂数量，提高了防治效果。

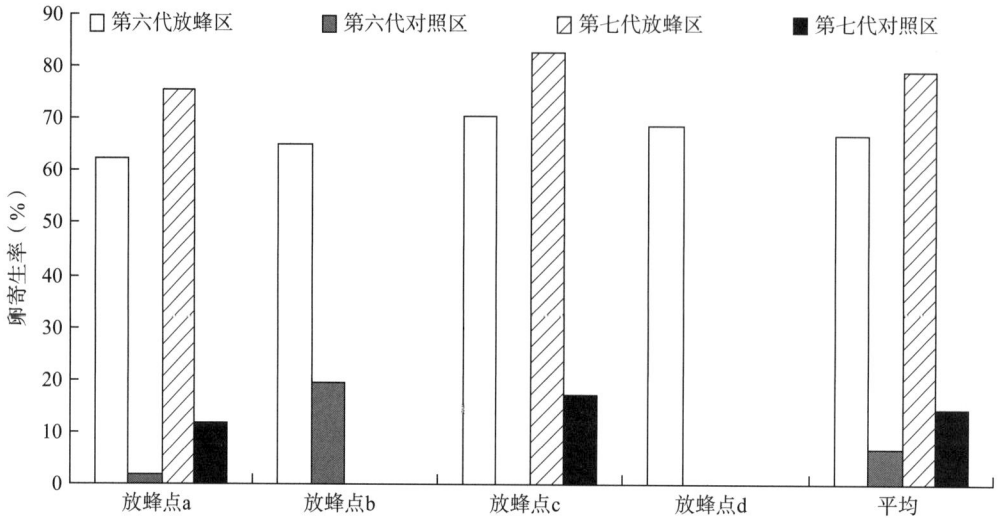

图 4-2 田间释放螟黄赤眼蜂对稻纵卷叶螟防治效果

二、赤眼蜂对水稻二化螟的防控效能

二化螟属鳞翅目螟蛾科，是云南滇中地区水稻主要害虫，也是我国危害水稻的常发性害虫，国内各稻区均有分布，但主要以长江流域及以南方稻区发生较重。幼虫在分蘖期危害水稻造成枯鞘和枯心苗，在穗期危害造成虫伤株和白穗，一般危害减产 3％～5％，严重危害减产 30％以上。二化螟除危害水稻外，还能危害玉米、高粱、甘蔗、蚕豆、油菜、麦类以及芦苇、稗草等。

赤眼蜂是各类鳞翅目害虫卵期的重要天敌昆虫，稻螟赤眼蜂是云南稻区螟虫的优势寄生蜂。

（一）稻螟赤眼蜂繁殖力和产卵习性研究

1974 年，云南省农业科学研究所植保组以米蛾卵为寄主开展了稻螟赤眼蜂繁殖力和产卵习性研究。在一张卵箔用桃胶粘 100 粒左右新鲜饱满的米蛾卵制成卵卡，放入指形管中，接入当天羽化的健康雌蜂 1 头，管口用黑布扎好密闭，置于 23℃，相对湿度 80％，柔和光条件下进行寄生，寄生过程中喂蜂蜜水作为补充营养以提高繁殖力，每天将雌蜂引入装有新的卵箔的指形管内，直至雌蜂死亡。

结果表明，稻螟赤眼蜂雌蜂的产卵期最长 4 天，最短 1 天，未饲喂蜂蜜水的产卵期平均为 2.40 天，饲喂蜂蜜水的产卵期平均为 2.44 天。稻螟赤眼蜂雌蜂的寿命最长 5 天，最短 2 天，未饲喂蜂蜜水的寿命平均为 3.60 天，饲喂蜂蜜水的寿命平均为 3.44 天。说明是否饲喂蜂蜜水对稻螟赤眼蜂的产卵期和寿命无明显影响。稻螟赤眼蜂雌蜂寿命为 3～4 天的约占 85.71%，产卵期为 2～3 天的约占 78.57%。饲喂蜂蜜水情况下 1 头雌蜂最多寄生卵 51 粒，最少 16 粒，平均 31.78 粒。未饲喂蜂蜜水情况下 1 头雌蜂最多寄生卵 36 粒，最少 9 粒，平均 20.60 粒，饲喂蜂蜜水稻螟赤眼蜂的寄生卵数比未饲喂的提高 54.27%，因此，饲喂蜂蜜水可明显提高稻螟赤眼蜂雌蜂的产卵量。雌蜂一生的产卵量分布：第 1 天 77.86%，第 2 天 17.57%，第 3 天 3.87%，第 4 天 0，无论是否饲喂蜂蜜水，90% 以上的雌蜂在第 1 天和第 2 天就完成产卵量的 90% 以上，且 70% 以上的产卵量是在第 1 天完成的（表 4-19）。

表 4-19　补充营养对稻螟赤眼蜂繁殖能力的影响

处理	重复	产卵期（天）	寿命（天）	第1天 寄生卵数（粒）	第1天 比率（%）	第2天 寄生卵数（粒）	第2天 比率（%）	第3天 寄生卵数（粒）	第3天 比率（%）	第4天 寄生卵数（粒）	第4天 比率（%）	总寄生卵数（粒）
未饲喂蜂蜜水	1	2	3	6	66.67	3	33.33	0	0	—	—	9
	2	2	3	9	81.82	2	18.18	0	0	—	—	11
	3	2	4	20	86.96	3	13.04	0	0	0	0	23
	4	3	4	17	70.83	6	25.00	1	4.17	0	0	24
	5	3	4	22	61.11	5	13.89	9	25.00	0	0	36
平均		2.40	3.60	14.80	73.48	3.80	20.69	2.00	5.83	0	0	20.60
饲喂蜂蜜水	6	1	2	16	100.00	0	0	—	—	—	—	16
	7	1	4	24	100.00	0	0	0	0	0	0	24
	8	2	3	20	80.00	5	20.00	0	0	—	—	25
	9	2	3	11	52.38	10	47.62	0	0	—	—	21
	10	3	3	27	77.14	7	20.00	1	2.86	—	—	35
	11	3	3	29	85.29	3	8.82	2	5.88	—	—	34
	12	3	4	29	70.73	8	19.51	4	9.76	—	—	41
	13	3	4	33	84.62	5	12.82	1	2.56	0	0	39
	14	4	5	37	72.55	7	13.73	2	3.92	5	9.8	51
平均		2.44	3.44	25.11	80.30	5.00	15.83	1.25	3.12	0.55	1.09	31.78

注：表中"比率"指寄生卵数占雌蜂一生中产卵数的百分比。

（二）赤眼蜂对寄主卵的寄生效能研究

1. 稻螟赤眼蜂对米蛾卵的寄生效能研究

在室内常温条件下测定稻螟赤眼蜂对米蛾卵寄生效能。结果表明，米蛾卵 7 天的卵期中，前 6 天均能被稻螟赤眼蜂寄生，表明稻螟赤眼蜂对米蛾卵适应能力较强，能在米蛾幼虫孵化前的各个胚胎发育阶段进行寄生。稻螟赤眼蜂对卵龄 1～5

天的米蛾卵寄生适应性较好，平均寄生卵粒数最高为 36.80 粒，平均寄生卵粒数最低 31.23 粒，5 天的平均寄生卵粒数无明显差异。稻螟赤眼蜂对卵龄 6 天的米蛾卵寄生适应性不强，平均寄生粒数为 12.83 粒，约为前 5 天卵龄最高寄生粒数的 1/3，即米蛾卵孵化幼虫前一天，稻螟赤眼蜂对其寄生的适应性明显下降（表 4 - 20）。稻螟赤眼蜂寄生卵龄 1～5 天的米蛾卵平均出蜂比例为 91.56%，表明米蛾卵是人工繁殖稻螟赤眼蜂的优良寄主。稻螟赤眼蜂寄生卵出蜂后雌蜂数量远超雄蜂数量，所以在人工繁殖和田间释放过程中要注意稻螟赤眼蜂雌雄比对繁殖和防治效果的影响。

表 4 - 20　稻螟赤眼蜂对米蛾卵的寄生效能测定

寄主卵龄（天）	寄生卵粒数（粒）			出蜂卵粒数（粒）			性比（%）	
	平均	最高	最低	平均	最高	最低	雌性	雄性
1	31.23	40	18	27.42	35	17	69.62	30.38
2	36.80	39	34	33.83	39	30	89.27	10.73
3	36.44	39	33	34.24	38	30	86.73	13.27
4	32.46	44	25	29.21	43	22	87.78	12.22
5	31.65	58	20	29.80	55	18	79.13	20.87
6	12.83	24	0	12.26	24	0	91.76	8.24

注：表中数据均为稻螟赤眼蜂每天对 100 粒米蛾卵的寄生数。

2. 稻螟赤眼蜂对二化螟不同卵龄寄生能力研究

在室内常温下，将二化螟卵块做成卵箔，放入 14 毫米×7.5 毫米的玻璃管内，接入健康雌蜂 2～4 头，用双层纱布扎好管口，接种雌蜂死后取出，调查统计寄生卵数量和稻螟赤眼蜂成虫数量。结果表明，稻螟赤眼蜂对二化螟卵 1～4 天的卵期均有良好的寄生适应性，对不同卵历期的寄生率，第 2 天＞第 1 天＞第 3 天＞第 4 天，对第 2 天卵的寄生率为 58.43%，第 4 天卵的寄生率为 34.34%，对第 6 天的卵不能寄生。在 1～4 天的卵期内，寄生卵的出蜂率均在 95% 以上，出蜂效果较好（表 4 - 21）。

表 4 - 21　稻螟赤眼蜂对二化螟卵寄生能力测定

寄主卵龄（天）	总卵粒数（粒）	蜂卵比	卵粒寄生数（粒）	卵粒寄生率（%）	出蜂率（%）
1	299	1：16	168	56.19	95.42
2	267	1：17	156	58.43	96.38
3	192	1：16	74	38.54	96.70
4	198	1：18	68	34.34	96.91
6	265	1：33	0	0	0

3. 澳洲赤眼蜂对二化螟不同卵龄寄生能力研究

在室内常温条件下，测定了澳洲赤眼蜂对二化螟卵的寄生效能。结果表明，澳洲赤眼蜂对 1～5 龄二化螟卵均有一定的寄生适应性，在 1～5 天卵期内对不同卵历期的寄生率，第 4 天＞第 2 天＞第 1 天＞第 5 天＞第 3 天，第 4 天卵的寄生率为 23.60％，第 3 天卵的寄生率为 11.23％，澳洲赤眼蜂不能寄生第 6 天和第 7 天的卵。不仅二化螟卵的历期影响寄生率，蜂卵比不同寄生率也存在差异（表 4-22）。适当地增加澳洲赤眼蜂雌蜂的接种数量，有利于提高二化螟的防治效果。

表 4-22 澳洲赤眼蜂对二化螟卵寄生能力测定

寄主卵龄（天）	总卵粒数（粒）	蜂卵比	卵粒寄生数（粒）	卵粒寄生率（％）
1	345	1：22	47	13.62
2	228	1：12	33	14.47
3	285	1：14	32	11.23
4	100	1：10	42	23.60
5	252	1：12	29	11.51
6	431	1：25	0	0
7	145	1：8	0	0

4. 不同赤眼蜂对二化螟的寄生能力比较

稻螟赤眼蜂和澳洲赤眼蜂对二化螟的寄生效果试验结果表明，在一定的蜂卵比相当的情况下，在 1～4 天的卵期内，稻螟赤眼蜂对二化螟的平均卵寄生率为 46.81％，澳洲赤眼蜂为 15.73％，稻螟赤眼蜂的卵寄生率明显高于澳洲赤眼蜂。

（三）赤眼蜂对二化螟的田间防治效果测定

1. 稻螟赤眼蜂

稻螟赤眼蜂蜂种来源于玉溪本地，蜂种经过 7～8 代的繁殖后进行田间释放。秧苗田进行 2 次放蜂，放蜂时间均为上午 11：00，间隔时间为 5 天，放蜂总面积为 20.75 亩。第 1 次放蜂在螟蛾的始盛期进行，每亩放蜂量为 2 960 头，每亩设 5 个放蜂点，放蜂面积为 9.25 亩。第 2 次放蜂，早播秧苗每亩放蜂量为 7 000 头，每亩设 5 个放蜂点；中播秧苗每亩放蜂量为 3 500 头，每亩设 3 个放蜂点，第 2 次放蜂面积为 11.5 亩。早栽本田进行 1 次放蜂，放蜂 1 亩，在螟蛾的盛末期进行，每亩放蜂量为 6 000 头，每亩设 4 个放蜂点，放蜂时间为上午 11：00。

2. 澳洲赤眼蜂

澳洲赤眼蜂蜂种引自广西农学院（现更名为广西农业大学），引进后开展短期适应性锻炼后进行田间释放。总放蜂量约 20 万头，每亩放蜂点 16 个，放蜂时间为上午 9：00～11：00，放蜂面积为 2.5 亩。

3. 螟黄赤眼蜂

螟黄赤眼蜂蜂种引自元江县农业科学研究所，放蜂时，蜂种繁殖到 30～31 代进行田间释放。秧苗田进行 2 次放蜂，放蜂时间均为上午 11：00，间隔时间为 5 天，放蜂总面积为 41.44 亩。第 1 次放蜂在螟蛾的始盛期进行，每亩放蜂量为 1.54 万头，放蜂面积为 20.94 亩；第 2 次放蜂面积为 20.5 亩，每亩放蜂量为 1.04 万头。放蜂点，早播秧苗每亩设 6 个，中播秧苗每亩设 4 个。早栽本田进行 1 次放蜂，放蜂总面积为 30.2 亩，每亩放蜂量为 1.04 万头，每亩放蜂点 4 个，放蜂时间为上午 11：00。

3 种赤眼蜂放蜂试验，除澳洲赤眼蜂外，放蜂量均按寄生卵在田间的实际羽化率进行折算。每次放蜂均在顺风上方，离放蜂区 300 米以外设不释放寄生蜂的对照区，赤眼蜂释放后，在田间放置二化螟卵块，放蜂 5 天后取回放置的卵块，统计寄生率。结果表明（表 4-23），释放 3 种赤眼蜂对稻田二化螟卵均具有一定的寄生作用。秧田第 1 次放蜂，对二化螟卵粒寄生率最高的是澳洲赤眼蜂（20.66%），其次是螟黄赤眼蜂（3.67%），最低的是稻螟赤眼蜂（2.30%）。秧田同一放蜂点，稻螟赤眼蜂和螟黄赤眼蜂第 2 次放蜂的卵粒寄生率为 12.73% 和 14.20% 均明显高于第 1 次放蜂的寄生率，主要是因为增加放蜂次数等于间接增加放蜂数量，由此可见，稻螟赤眼蜂对二化螟卵的寄生率与放蜂的次数和数量有直接关系，增加放蜂量能明显提高稻螟赤眼蜂对二化螟卵的寄生率，提高防治效果。在早栽本田放蜂 1 次时，稻螟赤眼蜂的卵块寄生率为 80.95% 和卵粒寄生率 68.83%，明显高于螟黄赤眼蜂的卵块寄生率 10.72% 和卵粒寄生率 4.96%。就 3 种赤眼蜂而言，虽然螟黄赤眼蜂的第 1 次放蜂数量每亩 1.04 万头，明显高于稻螟赤眼蜂的每亩 2 960 头，但无论是在秧田还是早栽本田，对二化螟卵的寄生效果，稻螟赤眼蜂强于螟黄赤眼蜂，放蜂量达到每亩约 8 万头时澳洲赤眼蜂防治效果最好，但放蜂量变大后，会大大地增加防治成本，所以最适放蜂量与最好的防治效果之间的关系还有待进一步研究。

表 4-23 3 种赤眼蜂田间释放效果

蜂种	田块类型	放蜂次数	卵块寄生率（%）	卵粒寄生率（%）
稻螟赤眼蜂	秧田	第 1 次	5.41	2.30
		第 2 次	38.10	12.73
		对照	0	0
	早栽本田	第 1 次	80.95	68.83
		对照	0	0
澳洲赤眼蜂	秧田	第 1 次	52.50	20.66
		对照	0	0
螟黄赤眼蜂	秧田	第 1 次	4.35	3.67
		第 2 次	12.50	14.20
		对照	0	0
	早栽本田	第 1 次	10.71	4.96
		对照	0	0

（四）稻螟赤眼蜂稻田释放扩散能力测定

1. 稻螟赤眼蜂本田释放测定扩散能力

蜂种为稻螟赤眼蜂 F_{21}，放蜂量为 5 000 头/亩，放蜂时间为上午 10：00。方位和距离：以放蜂点为中心，分为东、东南、南、西南、西、西北、北、东北共 8 个方位，每个方位设 2 米、5 米、10 米、15 米、20 米 5 个距离点，顺风的东向增设 25 米距离点，在放蜂时，每距离点挂二化螟卵 1～3 块，共挂卵 48 块，放蜂 5 天后，收回卵块，分别进行检查。

结果表明（表 4 - 24 和表 4 - 25），收回卵块 43 块，总卵粒数为 1 144 粒，总寄生卵粒数 394 粒。稻螟赤眼蜂在本田中释放扩散的有效距离为 20 米，但寄生卵粒数量集中在 2～10 米，此区间内合计寄生卵粒数量为 361 粒，占整个试验区寄生卵的 91.62%，其中 2 米距离点占 28.93%、5 米距离点占 34.52%、10 米距离点占 28.17%，15 米距离点没有调查到卵粒寄生，20 米距离点仅占试验区总寄生卵的 8.38%。

稻螟赤眼蜂在本田的扩散受到风向和风速的影响。平均风速在 3.3 米/秒和 6.3 米/秒之间时，顺风方向的东、东北和东南方向，卵粒寄生数占整个试验区的 68.54%，其中，东向的稻螟赤眼蜂可顺风扩散到 20 米，寄生率达到 86.84%。

表 4 - 24　放蜂期试验区气候

田块类型	项目	日期					
		A	B	C	D	E	F
本田	平均气温（℃）	20.8	19.7	21.0	22.4	20.4	19.8
	平均湿度（%）	66	71	66	61	71	73
	降水量（毫米）	0.6	0	0	0	0	0
	平均风速（米/秒）	3.7	3.3	3.7	6.3	3.7	5.0
秧田	平均气温（℃）	18.0	17.6	17.4	18.1	16.7	20.1
	平均湿度（%）	72	75	75	74	67	63
	降水量（毫米）	0.1	8.2	0.2	0	0	0
	平均风速（米/秒）	2.75	1.75	2.25	2.25	2.5	2.0

注：本田的日期 A、B、C、D、E、F 分别为 5 月 15、16、17、18、19、20 日；秧田的日期 A、B、C、D、E、F 分别为 5 月 4、5、6、7、8、9 日。

表 4 - 25　稻螟赤眼蜂在本田的扩散效能

距离点（米）	卵寄生率（%）									占试验区寄生卵的比率（%）
	东	东南	南	西南	西	西北	北	东北	综合	
2	0	0	63.44	—	70.49	—	50.00	—	47.11	28.93
5	47.06	70.93	0	—	0	—	0	76.09	38.20	34.52
10	96.97	94.87	13.33	—	0	—	0	74.42	47.23	28.17

（续）

距离点	卵寄生率（%）									占试验区寄生卵的比率（%）
（米）	东	东南	南	西南	西	西北	北	东北	综合	
15	0	—	0	—	0	—	0	—	0	0
20	86.84	—	0	—	0	—	—	—	50.77	8.38
25	0	—	—	—	—	—	—	—	0	0
综合寄生率（%）	35.84	71.01	30.15	—	19.63	—	6.82	75.28	34.44	—
卵粒寄生数占比（%）	26.67	24.86	17.51	—	10.91	—	3.04	17.01	—	100

2. 稻螟赤眼蜂秧田释放测定其扩散能力

蜂种为稻螟赤眼蜂 F_7，放蜂量为 10 000 头/亩，放蜂时间为上午 11：00。方位同本田，每个方位设 1 米、5 米、10 米、15 米、20 米、25 米 6 个距离点，顺风的东北和东南向增设 35 米距离点，在放蜂时，8 个方位的 1 米和 5 米距离点挂二化螟 1 天卵龄的卵块，其余均挂 2 天卵龄的卵块，共挂 61 块。放蜂 5 天后，收回卵块，统计寄生率。

结果表明（表 4-26），收回卵块 49 块，总卵粒数为 1 180 粒，总寄生卵粒数 413 粒。稻螟赤眼蜂在秧田中释放扩散的有效距离为 15 米，但寄生卵数量和寄生率主要集中在 1～5 米范围内。从各距离点挂卵的卵寄生情况看，1 米距离点的卵寄生率达 96.25%，5 米距离点为 62.50%，10 米距离点显著下降至 11.18%。从寄生卵粒数量看，1 米和 5 米距离点合计寄生卵粒数量为 339 粒，卵粒寄生数占比 82.08%，1 米距离点 37.29%、5 米距离点 44.79%、10 米距离点 4.12%、15 米距离点 13.80%。

表 4-26 稻螟赤眼蜂在秧田的扩散效能

距离点	卵寄生率（%）									卵粒寄生数占比（%）
（米）	东	东南	南	西南	西	西北	北	东北	综合	
1	86.67	100.00	100.00	—	100.00	87.10	100.00	100.00	96.25	37.29
5	100.00	85.71	0	55.67	98.49	0	100.00	91.18	62.50	44.79
10	0	0	0	80.95	—	0	—	0	11.18	4.12
15	92.86	90.00	—	0	0	0	65.39	0	32.02	13.80
20	0	—	0	0	0	0	0	—	0	0
25	0	0	—	0	0	0	0	0	0	0
30	0	—	—	—	—	—	0	0	0	0
35	0	—	—	—	—	—	0	0	0	0

距离点（米）	卵寄生率（%）									卵粒寄生数占比（%）
	东	东南	南	西南	西	西北	北	东北	综合	
综合寄生率	34.17	63.71	7.14	37.17	73.33	13.30	40.77	27.75	35.00	—
卵粒寄生数占比（%）	9.93	19.10	1.69	17.20	18.60	6.54	12.80	14.00	—	100

5 米范围内风力在 1.75～2.75 米/秒时，扩散距离受风向和风速影响小，稻螟赤眼蜂可随顺风方向扩散到 15 米距离点，比风力在 3.3～6.3 米/秒顺风向最远距离 20 米缩短了 5 米，进一步证明了风向和风速对稻螟赤眼蜂田间扩散效能有一定的影响，且风速小扩散距离相对就会缩短。风力较弱（1.75～2.75 米/秒）时，风向对稻螟赤眼蜂卵寄生率无明显影响，8 个方位各自占总寄生卵数的百分比无明显差异规律。

三、赤眼蜂对玉米螟的防控效能

玉米螟是玉溪县玉米上的主要害虫，1981 年玉溪县农业科学研究所在玉溪县右所、刘总旗和小石桥等地调查，发现其危害株率一般达 18%～64%，每亩卵块密度达 312～407 块。玉溪县农业科学研究所通过云南省农业科学院植物保护研究所从山东引入玉米螟赤眼蜂，从文山州农业科学研究所引入松毛虫赤眼蜂，在室内扩繁后于 8 月 2 日至 8 月 14 日在玉溪县洛河、高仓及春和三个公社开展两种赤眼蜂的田间大面积释放应用工作。

根据繁蜂计划预计赤眼蜂羽化当天将制作的蜂卡固定在玉米叶片背后，避免雨淋，每亩设 5 个放蜂点，每亩放蜂 2 次，每次放蜂 10 000～20 000 头/亩。放蜂面积 4 290 亩，玉米生育期为抽雄期。

放蜂前分别设置放蜂田和对照田，分别标记设置新鲜玉米螟卵块 20 块，放蜂后 4 天取回，编号装入指形管内，用湿润的脱脂棉塞好管口避免玉米螟幼虫孵化后逃逸和赤眼蜂羽化后逃逸，待孵化玉米螟幼虫和赤眼蜂成虫死后，用 30% 氢氧化钠溶液浸泡，使卵间胶质溶解后进行镜检计数，计算卵粒寄生率（表 4 - 27）。

表 4 - 27　两种赤眼蜂田间释放防治玉米螟效果调查

蜂种	放蜂次数	放蜂量（头）	总卵块数（块）	寄生卵块数（块）	卵块寄生率（%）	总卵粒数（粒）	寄生卵粒数（粒）	卵粒寄生率（%）
松毛虫赤眼蜂	第 1 次	20 000	23	19	82.61	473	401	84.78
	对照	0	19	2	10.53	744	4	0.54
	第 2 次	10 000	28	20	71.43	723	380	52.56
	对照	0	21	3	14.29	643	10	1.56

（续）

蜂种	放蜂次数	放蜂量（头）	总卵块数（块）	寄生卵块数（块）	卵块寄生率（%）	总卵粒数（粒）	寄生卵粒数（粒）	卵粒寄生率（%）
玉米螟赤眼蜂	第1次	20 000	28	27	96.43	585	524	89.57
	对照	0	19	4	21.05	506	42	8.30
	第2次	10 000	12	10	83.3	164	139	84.8
	对照	0	13	0	0	110	0	0

四、赤眼蜂对松毛虫的防控效能

1973年，云南省林业科学研究所从浙江引进松毛虫赤眼蜂，用蓖麻蚕作为寄主进行扩繁，扩繁后，4月26日至5月29日，分7次在红河州石岩寨林场开展松毛虫赤眼蜂的田间大面积释放应用工作。林场海拔1 720米，为云南松8年生人工撒播纯林，每亩1 158.84株，树高均2.87米，胸径平均0.36米。林场松毛虫种群数量变化很大，越冬前调查，虫蛀率100%，平均每株55头。越冬后，幼虫种群下降，平均每株幼虫和蛹分别为16.6头和14.3头，虫态参差不齐。

松毛虫赤眼蜂释放时分批次从冷库取出冷藏蜂卡，控制在放蜂第2天羽化，避免蜂卡被蚂蚁、蜘蛛等取食。将蜂卡用树叶卷成圆筒包住，用细麻线捆扎悬吊在松枝上。每亩放蜂30万头，根据林地地形地势，划分为16个放蜂带，每亩设6个放蜂点，设置对照区，对照区不放蜂。放蜂期间日平均温度20.1℃，日平均相对湿度69.8%，下过5次阵雨。最后一次放蜂后分别在放蜂区和对照区抽取松毛虫卵块带回室内检查卵寄生率。

结果表明，松毛虫赤眼蜂释放后对松毛虫发挥了较好寄生作用，放蜂区寄生率达到43.38%，明显高于对照区的16.22%（表4-28）。

表4-28 赤眼蜂防治松毛虫效果

处理	总卵粒数（粒）	寄生卵粒数（粒）	卵粒寄生率（%）
放蜂区	9 843	9 715	43.38
对照区	3 001	2 959	16.22

五、赤眼蜂对甘蔗黄螟的防控效能

开远蔗区危害甘蔗的螟虫主要有大螟、二点螟和黄螟3种，甘蔗苗期受害造成枯心，重者枯心率达30%～40%，使有效穗减少，拔节后蛀食甘蔗茎秆，造成产量降低。为了有效控制害虫对甘蔗的危害，云南省农业科学院甘蔗研究所在云南农业大学农学系昆虫教研室协助下，开展利用赤眼蜂防治甘蔗黄螟的生物防治技术应用工作。

前期赤眼蜂蜂种从广东引进，引进后在室内采用蓖麻蚕卵在试管内初步繁殖，并注明蜂种来源、代次和接蜂日期。待 2～3 代赤眼蜂量较大时，采用繁蜂箱大量扩繁；蜂种与蓖麻蚕的比例控制在 2∶1 为宜。蜂种保存应先让其在自然温湿度条件下发育两天，冷藏前需要一个预冷过程，即先置于 10～15℃下 24 小时再移入冰箱内 3～5℃下冷藏，当需要取出冷藏的蜂卡时，也需要一个预热过程，即从冰箱取出后置于 10～15℃下 24 小时后，再将蜂卡放入百叶箱中锻炼蜂种，直至羽化前进行田间放蜂，以提高其生活力，使其适应田间气候条件。

（一）田间放蜂技术

每亩设置 5 个放蜂点，用直径 3 厘米左右的竹筒锯成斜口（起防雨作用），中间用钉子钉在插入田间的木插杆上，将蜂卡置入竹筒中任赤眼蜂羽化飞出。放蜂时间宜安排在上午，每亩每次放蜂量 20 000 头左右，放蜂面积 32 亩，6—9 月，每隔 10 天释放 1 次，共放蜂 7 次。

（二）放蜂效果调查

从放蜂效果来看，地下部分差异不显著，地下部分的坏芽数和虫孔数放蜂区与对照区没有明显差别；放蜂区地上部分的坏芽数为 92.5 个，虫孔数为 220.0 个，而对照区地上部分的坏芽数为 170.0 个，虫孔数为 297.5 个，两者存在明显差别，说明赤眼蜂的释放对甘蔗黄螟发挥了控制作用（表 4 - 29）。

表 4 - 29　释放赤眼蜂对甘蔗黄螟的防治效果

处理	地下部分			地上部分		备注
	总芽数（个）	坏芽数（个）	虫孔数（个）	坏芽数（个）	虫孔数（个）	
放蜂区	247.0	118.0	325.5	92.5	220.0	地上部分调
对照区	318.0	155.0	265.5	170.0	297.5	查 100 株

六、螟卵啮小蜂对水稻三化螟的防控效能

三化螟属鳞翅目螟蛾科，是我国水稻主产区的重要害虫，可危害水稻，在分蘖期危害造成枯心苗，孕穗后期至抽穗期危害造成枯孕穗和白穗。通常早稻区螟卵啮小蜂为三化螟优势天敌，晚稻区稻螟赤眼蜂则是优势天敌，对三化螟种群发生危害均有一定控制作用。

（一）螟卵啮小蜂生物学特性观察

1. 寄生特点

螟卵啮小蜂隶属寡节小蜂科，除寄生于三化螟卵外，还可寄生席草白螟、荸荠白螟、莎草白螟等的卵，来源于不同寄主的螟卵啮小蜂在室内可以用上述 4 种螟卵交互培养繁殖。

2. 形态特征

螟卵啮小蜂体型较小，全体金绿色，可见青色闪光，触角柄节黄色，其余褐色。足淡黄色，前足基节基部和后足基节大部呈绿色，爪褐色。头横宽，复眼后很短，单眼排列呈钝三角形，侧单眼有浅沟与复眼缘相连。中胸盾片中纵沟很浅，近前端不明显，小盾片与中胸盾片等长，上有两条明显的细纵沟。并胸腹节有中纵脊及 2 个侧褶。翅大，超过腹部末端，缘毛短，亚缘脉有 1 毛，缘脉长于亚缘脉，痣脉为缘脉长的 1/3。雌蜂体长 0.9～1.5 毫米，触角 10 节，生于颜面中部，柄节短，偶有超过中单眼，梗节长不及柄节的 1/2，环状节 2 节，索节 3 节，长度相近，棒节 3 节，狭而长，与前 2 索节之和约等长。腹部尖叶形，不宽于胸幅而略长于头、胸部之和。雄蜂体长 0.8～1.3 毫米，触角 11 节，狭小，柄节上有狭长的感觉器，几乎与柄节等长，索节 4 节，其中第一节最小，约与梗节等长，腹部卵形，比胸部略长。

3. 生活习性及发生规律

螟卵啮小蜂产卵寄生于寄主卵块表层卵粒中，幼虫孵化后先在寄生卵内取食，随后幼虫爬出并取食附近卵粒。一头螟卵啮小蜂幼虫平均可取食 4 粒三化螟卵或 7 粒荸荠白禾螟卵，取食量与卵块大小和蜂产卵数有关，偶尔也取食已经被其他蜂寄生的卵粒，若寄生时间较晚，啮小蜂幼虫也会取食已形成蚁螟的螟卵，且残留蚁螟头部。1966 年 5 月初至 6 月中旬调查显示，该蜂寄生率可达 77.26%～99.86%，能有效控制螟虫种群增长和发生危害。

（二）螟卵啮小蜂对三化螟的防治效果

1977 年，马关县农业技术推广站在马白公社的晚稻田开展了释放螟卵啮小蜂控制三化螟的试验示范工作。在第三代三化螟始盛期后，野外采集席草白螟卵，分装于繁蜂指形管内，用纱布和皮筋封口，内用棉球保湿，置于室内，收集羽化螟卵啮小蜂，进行室内繁殖后进行田间释放。田间放蜂时将羽化的成蜂补充 20% 蜂蜜水后，放入放蜂器进行释放。平均每亩放蜂数量 15 000 头，每亩放置放蜂器 5 个，分 4 次释放，设置对照区，对照区不放蜂。放蜂后，将室内收集的三化螟卵块分插于放蜂区和对照区，放蜂区挂卵 49 块，对照区挂卵 42 块，放蜂 8 日后，取回放置田间卵块，调查统计寄生率、白穗率和三化螟幼虫数，明确螟卵啮小蜂对三化螟的控制作用。

结果表明（表 4-30 和表 4-31），释放螟卵啮小蜂能成功寄生三化螟卵块，寄生率达 42.20%，在对照区寄生率仅为 0.16%，放蜂区和对照区螟卵啮小蜂对三化螟卵的寄生率存在明显的差异；同时放蜂区的白穗率为 3.33%，三化螟幼虫数量为 3 041 头/亩，对照区的白穗率为 5.05%，三化螟幼虫密度为 3 975 头/亩，白穗率放蜂区比对照区下降 34.06%，释放螟卵啮小蜂对三化螟发生发挥了控制作用。放蜂区白穗率和虫口密度与对照区差异不明显，主要原因是放蜂仅在三化螟卵高峰期进行，始盛期及高峰期后未进行释放，蜂量不足，导致寄生防治效果未能持续。为了提高防治效果，在螟卵啮小蜂的释放过程中，需增加释放次数和把握释放时间。

表 4 - 30　螟卵啮小蜂对第三代三化螟卵的寄生率

处理	调查卵粒总数（粒）	卵粒寄生数（粒）	卵粒寄生率（%）
放蜂区	2 597	1 096	42.20
对照区	2 487	4	0.16

表 4 - 31　螟卵啮小蜂对第三代三化螟的防治效果

处理	白穗率（%）	三化螟幼虫密度（头/亩）
放蜂区	3.33	3 041
对照区	5.05	3 975

七、伏虎茧蜂对小地老虎的防控效能

小地老虎（*Agrotis ipsilon*）为昭通市旱地作物主要害虫，分布广、种类多，每亩种群密度高达 50 000 头以上，是旱粮作物生产的一大障碍。1964 年，昭通县农业技术推广站从田间采回 400 多头小地老虎幼虫在室内持续饲养观察，发现伏虎茧蜂自然寄生率达 80% 以上。为寻求防治地老虎的新途径，1972 年，昭通县农业技术推广站开始进行伏虎茧蜂室内繁蜂和田间释放技术等应用研究工作。

（一）伏虎茧蜂生物学特性观察

伏虎茧蜂（*Meteorus* sp.）属茧蜂科，为小地老虎幼虫体内寄生蜂，自然寄生率一般可达 40%～60%，最高可达 80% 以上，一般最低不低于 20%，是一种很有利用前景的天敌资源。一般每头被寄生的小地老虎可繁育 30～50 头伏虎茧蜂，最高可达 108 头，成活率高。伏虎茧蜂经室内饲养温度 18℃，相对湿度 63%，完成一个世代需 23～28 天。

伏虎茧蜂成虫寿命一般为 5～7 天，通常雄蜂先羽化，待雌蜂羽化后即交配，交配后即寻找小地老虎产卵繁殖后代。小地老虎幼虫被寄生后不动不食尚可维持生命达 10 天左右。伏虎茧蜂成虫有较强的趋光性，嗜好甜食，可取食花蜜、蜂蜜、葡萄糖和红糖等，喂蜂蜜水可延长成虫寿命 1 个多月。雌蜂交尾当天即可寻觅小地老虎幼虫产卵，或随小地老虎潜入隧道产卵寄生，1 头雌蜂一生可产卵 700～800 粒。老熟幼虫一般经过数小时从寄主体内钻出，群集于小地老虎躯体旁结茧化蛹，随之小地老虎死亡。成蜂在茧内羽化破茧而出，不久可求偶交尾，通常可交尾 2 次以上。经试验证明，小地老虎幼虫可被伏虎茧蜂多次产卵寄生，这个特性在伏虎茧蜂人工繁殖上有重要的利用价值。

伏虎茧蜂卵和幼虫发育在小地老虎体内完成，约需 11 天。

伏虎茧蜂老熟幼虫即从寄主体内钻孔而出，经 40～60 分钟即在虫体外吐丝结茧，蛹茧初期为橙黄色，将羽化时为黑色，蛹期 7～10 天。

（二）伏虎茧蜂对不同龄期小地老虎幼虫的寄生率

室内条件下，提供 1～5 龄小地老虎幼虫让伏虎茧蜂寄生，统计寄生率。结果显示，伏虎茧蜂除对 1 龄小地老虎幼虫没有寄生外，对其余龄期小地老虎幼虫均有寄生能力，对 2～5 龄小地老虎幼虫的寄生能力均较强（表 4－32）。由于伏虎茧蜂对不同龄期小地老虎幼虫的寄生无明显的选择性，这将为伏虎茧蜂的繁殖和利用提供极为有利的条件。

表 4－32　伏虎茧蜂对不同龄期小地老虎幼虫的寄生率

小地老虎幼虫龄期	调查幼虫数量（头）	寄生数量（头）	寄生率（%）
1	10	0	0
2	10	7	70.00
3	30	28	93.33
4	30	29	96.67
5	22	20	90.91

（三）出蜂时间与气温的相关性

准确地把握出蜂时间，对伏虎茧蜂的自然保护、人工大量繁殖以及释放用于小地老虎的防治有重要意义。伏虎茧蜂出蜂的高峰期与气温关系密切，气温越高，出蜂时间越早。在自然条件下，1973 年 3～4 月平均气温比 1974 年高约 3.5℃，伏虎茧蜂成蜂羽化盛期出现在 4 月上旬，1974 年出现在 6 月中旬，提前了 60～70 天（表 4－33）。由此可见，气温是影响伏虎茧蜂出蜂的重要因子。

表 4－33　伏虎茧蜂出蜂时间与气温相关性

项目	年份	3月			4月			5月			6月			7月
		上	中	下	上	中	下	上	中	下	上	中	下	上
气温（℃）	1973	12.7	7.9	14.5	15.3	11.3	18.0	16.6	16.0	18.5	16.3	16.6	19.6	19.8
	1974	7.9	3.1	9.5	11.8	13.2	13.4	14.9	11.7	17.2	16.5	17.8	15.7	18.7
出蜂率（%）	1973	1	3	21	52	23	—	—	—	—	—	—	—	—
	1974	0	0	0	0	0	1.0	2.0	1.4	0.6	4.7	29.0	13.0	6.0

（四）伏虎茧蜂饲养技术

1. 寄主小地老虎的采集

被寄生的小地老虎体色黄浑，行动迟缓，拒食或食量下降，体内可透见幼蜂，待幼蜂准备羽化钻出时，小地老虎虫体开始皱缩。未被寄生的小地老虎幼虫，虫体清亮，肠道清晰可见，行动活泼，食量大。从自然界采回的小地老虎幼虫要进行区分，并分开饲养管理,便于收茧保种、人工接种和繁殖。

2. 小地老虎幼虫的饲养管理

饲养场可设置在室内或室外,饲养场地以沙性土壤为宜,也可掺一层沙,便于收茧。场地要采取必要的措施防止小地老虎逃逸以及被其他天敌寄生或者取食。未寄生小地老虎幼虫要分龄期饲养,并控制好饲养密度,补给充足营养,并及时调节温、湿度,防止小地老虎幼虫相互残杀和生病死亡。饲养过程中,由于寄生初期,寄生与未寄生的小地老虎幼虫不易区分,为便于收茧,保证出蜂整齐度和蜂种健壮,要尽量减少复寄生现象。对自然状态下采集的小地老虎,要定期分批检查寄生情况,及时取出被寄生小地老虎幼虫,分龄期集中饲养管理。养小地老虎的养虫室和接种繁蜂室要严格隔离。

3. 伏虎茧蜂采集、饲养技术

技术关键点:被寄生和未被寄生小地老虎幼虫要分开饲养管理;被寄生小地老虎幼虫,分龄期集中饲养管理;养小地老虎的养虫室和接种繁蜂室要严格隔离。

(1) 蜂种采集　为了利于伏虎茧蜂蜂种的积累和接种繁殖,要选择在小地老虎密度较高的地块进行采集。秋季采集蜂种时间较佳,采集后的蜂种用室内人工饲养的小地老虎幼虫进行冬季保种和扩繁,翌年春季即可放蜂。伏虎茧蜂蜂种采集最佳时间为秋季,冬季保种扩繁,翌年春季放蜂。1973 年 3 月从地块中采回小地老虎幼虫 20 000多头,移入室内饲养,至 4 月中旬获得伏虎茧蜂 30 000 多头。

(2) 蛹茧分级特征　掌握伏虎茧蜂成蜂羽化的整齐度是保证放蜂时间和放蜂质量的一个重要环节,所以,应在收茧时将不同发育程度的蛹茧分级,集中管理。据观察,按蛹茧的特征和发育历期,可初步划分为 5 级:一级,黄白透明,历时 1 天;二级,黄色不透明,历时 2 天;三级,茧色黄褐,一头部现黑点,历时 2.8 天;四级,茧棕色,两头现黑点,历时 3.4 天;五级,茧黑褐色,两头黑点更显,历时 3~5 天。

(五)伏虎茧蜂放蜂技术

放蜂前做好虫情、苗情和气象调查,适时释放伏虎茧蜂。放蜂量按蜂(雌蜂)虫比 1 : 5 进行释放。放蜂时期把握在大部分小地老虎幼虫处于 4 龄前,此时的小地老虎幼虫较集中,还未开始进入暴食期和分散迁移,可在其危害严重发生前完成寄生,提高防治效果。放蜂时间以 15 : 00 后为宜。

蛹茧分级,集中管理,保证伏虎茧蜂成蜂羽化的整齐度;放蜂区设置 10 个,每点放置蛹茧 2 250 个,同时释放一些成蜂。

放蜂器制作:用土砂锅装水防蚂蚁侵害伏虎茧蜂蛹,中间放置盛少许湿沙土的碗,将伏虎茧蜂蛹放在湿沙土上,砂锅上盖上瓦片防日晒雨淋。

(六)伏虎茧蜂释放对小地老虎幼虫的控制作用

1973 年,昭通县农业技术推广站和新城大队科技组在新城开展了释放伏虎茧蜂控制小地老虎的试验示范工作。在野外采集小地老虎幼虫,饲养收集伏虎茧蜂蛹进行田间释放。放蜂面积 3.7 亩，每亩设置 10 个放蜂点，每点释放蛹 2 250 头，设置对照区，对照区不放蜂。释放 13 天后，采集田间小地老虎幼虫，调查统计幼虫寄生率，明确伏虎茧蜂对小地老虎幼虫的控制作用。

结果表明，释放伏虎茧蜂能成功寄生小地老虎幼虫，寄生率达 84.21%，在对照区寄生率仅为 26.09%，放蜂区和对照区伏虎茧蜂对小地老虎幼虫的寄生率存在明显差异；释放伏虎茧蜂对小地老虎发生发挥了控制作用（表 4 - 34）。

表 4 - 34　田间释放伏虎茧蜂对小地老虎幼虫的寄生情况

处理	幼虫数（头）	寄生数（头）	寄生率（%）
放蜂区	38	32	84.21
对照区	23	6	26.09

1976 年，由云南省农业科学院植物保护研究所和昆明动物研究所专家作为技术指导，峨眉电影制片厂拍摄科教片《伏虎茧蜂防治地老虎》，因其他原因未能公映。

八、烟蚜茧蜂对烟蚜的防控效能

烟蚜（*Myzus persicae*）危害严重地影响了烟叶品质和商品性。为了提高蚜虫防治效果，寻找蚜虫防治的新途径，1975 年，由云南省动物研究所、玉溪县科学技术委员会、玉溪县农业科学研究所、玉溪城关公社郑井大队农科站组成的蚜虫科研协作组开展了利用烟蚜茧蜂防治烟蚜的试验研究。

（一）烟蚜生物学特性观察

1. 发生特点观察

云南省气候温暖，烟蚜的发生有明显的地区生态特征。调查和试验结果如下：

①烟蚜在云南省终年以孤雌胎生方式在蔬菜、油菜和烤烟上转迁交替繁殖危害，未发现两性蚜，冬季没有明显滞育现象。

②蔬菜上烟蚜能直接转迁到烟株上繁殖危害。

③烟蚜除全年可在蔬菜上危害外，随作物更替，也能形成一定的危害轨迹。11 月上旬，烟蚜从蔬菜或田间烟株转移到出土后的油菜上生活繁殖，翌年 3 月下旬后，转入苗床危害，9 月中旬后，烟株老化，又转入蔬菜上生活繁殖。

④烟蚜在甘蓝和油菜上的危害情况调查结果见表 4 - 35。

表 4 - 35　烟蚜在甘蓝和油菜上的危害情况

作物名称	危害株率（%）	平均每株烟蚜数量（头）	最高烟蚜数量（头）
甘蓝	72%	32.8	344
油菜	22%	14.3	48

2. 发育周期观察

烟蚜在云南省终年可繁殖危害，无滞育现象，但发育周期的长短，会因气温不同而有很大差异，在适合温度范围内，气温越高，发育周期越短。根据室内饲养观察结果，夏季室温下 7～8 天可繁殖一代，一年可持续繁殖 22～23 代。

3. 生殖能力和寿命调查

根据室内饲养观察结果，每头成蚜一生平均可产 70.1 头若蚜，最多产 97 头，平均每天产 3.4 头，最多产 12 头，平均寿命 19.35 天，最长 31 天。

（二）烟蚜茧蜂生物学特性观察

云南省气候复杂，环境多样，寄生蚜虫的茧蜂种类多，分布广，自然寄生率高，烟蚜茧蜂（*Aphidius gifuensis*）自然寄生率平均可达 36.5%。烟蚜茧蜂属膜翅目姬蜂总科小茧蜂亚科，是蚜虫体内寄生蜂。

1. 生活习性观察

雌蜂将卵产于蚜虫体内，卵孵化幼虫后，取食蚜虫体液和内脏，被寄生的蚜虫在存活期间能继续危害植物，吸取植物汁液，并不断为蜂幼虫供给营养。蜂幼虫发育成熟进入蛹期后，蚜虫死亡，呈褐黄色，称为"僵蚜"，蜂羽化后开孔爬出。

烟蚜茧蜂有较强的趋光性和向上性，气温低时常躲藏于杂草和落叶等处不活动，但晴天静风即使气温低，仍可见其活动。夏季高温多在早晨和下午活动，气温高时多停息在叶背等阴凉处，夜间和黑暗时停止活动。田间以飞翔、爬行方式扩散，蚜虫寄主多时，常围绕寄主飞翔、爬行、取食、交配，寻找寄主产卵。

烟蚜茧蜂在自然界中常以蚜虫蜜露、花蜜、果汁为食。室内观察寿命受食物和温度等因子影响显著。夏季不提供食物存活 2～3 天，喂蜂蜜水可存活 7～8 天，最长 11 天。冬季室温下平均寿命 13.6 天，最长存活 40 天。温度超过 30℃时，平均寿命 1.7 天，最长 3 天。通常雌蜂寿命长于雄蜂，未交配的雌蜂比交配过的雌蜂寿命长，未交配的雌蜂平均寿命 15.1 天，最长 40 天，交配过的雌蜂平均寿命 9.1 天，最长 12 天。

2. 发育周期观察

烟蚜茧蜂在云南省全年可发育，无滞育现象，但发育周期的长短与气温显著相关。低温下发育缓慢，周期长，气温高，发育周期短，15℃发育周期 29.1 天，27.9℃发育周期 8.3 天。但气温过高后，又会变缓慢，30℃时发育周期为 10.4 天。

夏季室温繁殖，一代历期为 9～13 天，卵期 1～2 天，幼虫期 4～5 天，预蛹期 1～2 天，蛹期 3～4 天。

3. 生殖能力观察

刚羽化的成蜂即可交配产卵。夏季室温下，成虫产卵期 10 天，逐日产卵规律不明显，波动性大，但前 6 天的日产卵量较高，占总产卵量的 83%，之后产卵量逐渐下降。

雌蜂可寄生各种虫态的蚜虫，一般寄生若蚜。通常，每头蚜虫内寄生 1 粒卵，极少为 3 粒，无论寄生几粒卵，每头蚜虫内都只能羽化 1 头蜂。1 头雌蜂平均寄生蚜虫 108.8 头，最多 204 头，雌蜂不交配也能进行孤雌生殖，但子代雄多雌少，雌雄比为 1：20，而交配后雌雄比为 2：1。

（三）烟蚜茧蜂防治烟蚜效果

1. 室内条件下烟蚜茧蜂对烟蚜寄生效果

室内条件下，在盆栽烟株接上烟蚜，烟蚜繁殖后，设置放蜂组和对照组。放蜂组取 30 株烟株，进行烟蚜茧蜂的释放，释放总量为 60 头，对照组不放蜂，放蜂 7 天后，调查统计寄生率。结果表明，烟蚜茧蜂对烟蚜有寄生作用，寄生率为 68.44%，对照组寄生率为 0（表 4 - 36）。

表 4 - 36　室内烟蚜茧蜂对烟蚜的寄生效果

处理	烟蚜总数（头）	寄生数量（头）	寄生率（%）
放蜂组	4 502	3 081	68.44
对照组	3 161	0	0

2. 田间条件下烟蚜茧蜂对烟蚜的寄生效果

1975 年，在玉溪郑井开展释放烟蚜茧蜂控制烟蚜的试验示范工作。烟蚜茧蜂室内繁殖，成蜂羽化后收集并补充蜂蜜水，然后进行大田释放。放蜂面积 2 亩，进行流动放蜂，与 6 月 29 日开始放蜂后连续放蜂，合计放蜂 30 次，合计释放烟蚜茧蜂 43 000 头，第一次释放后每隔 10 天调查蚜虫总数和寄生总数，每次调查 100 株，统计寄生率，明确烟蚜茧蜂释放对烟蚜的控制作用。

结果表明，释放烟蚜茧蜂后，试验区烟蚜数量不断下降，烟蚜茧蜂寄生率逐渐升高，最后一次调查，烟蚜茧蜂对烟蚜的寄生率为 93.3%，每株蚜量 0.5 头，约是放蜂前的 1/250，烟蚜茧蜂对烟蚜发挥了较好的控制作用。

3. 药剂防治与释放烟蚜茧蜂对烟蚜防治效果比较

结果表明，第一次调查，放蜂区每株蚜量 110.00 头，约是施药区的 1/4，寄生率 48.94%，约是施药区的 53.19 倍。第二次调查，放蜂区每株蚜量 29.50 头，寄生率 87.16%，是施药区的 8.29 倍（表 4 - 37）。释放烟蚜茧蜂的防治效果明显优于药剂防治效果，释放过烟蚜茧蜂的烟田，在一定时期内寄生率会不断提高，能有效地抑制烟蚜的数量。

表 4 - 37　药剂防治与释放烟蚜茧蜂对烟蚜的防治效果比较

调查次数	施药区		放蜂区	
	每株蚜量（头）	寄生率（%）	每株蚜量（头）	寄生率（%）
第一次调查	462.15	0.92	110.00	48.94
第二次调查	128.46	10.52	29.50	87.16

九、瓢虫和蚜茧蜂对蚜虫的防控效能

(一)人工助迁瓢虫防治蚜虫

1978年是嵩明县蚕豆田瓢虫发生量最大的一年,4月8日在杨桥乡调查,蚕豆田有瓢虫8 658~25 974头/亩,其中成虫占0.7%、幼虫占60.0%、蛹占39.3%。此时蚕豆即将收割,会对瓢虫种群数量造成很大影响,而麦蚜正值危害高峰期,为充分利用此时蚕豆田的瓢虫,嵩明县农业科学研究所于4月17日将蚕豆田里的瓢虫,助迁转移了33 537头至20亩麦田中防治麦蚜,平均每亩助迁1 677.8头,其中成虫占64%、蛹30%、幼虫6%,助迁前百株蚜量为7 600头,平均每平方米1.1头,助迁4天后百株蚜量为1 460头,防治效果达80%以上,每平方米有瓢虫11~17头,对照区百株蚜量为5 400头,每平方米有瓢虫2~4头。

(二)薄膜、纱布大棚繁殖瓢虫防治蚕豆蚜虫

1978年1月上旬,嵩明县农业科学研究所尝试在田间搭建薄膜纱布瓢虫扩繁棚。棚内种植蚕豆,并接上豆蚜,相对湿度保持在85%左右,旬平均温度比棚外高5℃。2月6日以雌雄1:2比例进行瓢虫繁殖。结果表明,棚内繁殖瓢虫比室内用瓶养或笼养效果更好,死亡率低,产卵量高,棚内瓢虫2月中旬达到产卵高峰期,此时卵期为7~8天、幼虫期21~23天、蛹期7~8天。在蚕豆蚜发生第二个高峰期的3月13日,从棚内助迁瓢虫到蚕豆田中,助迁释放瓢虫前百株蚜量为389头,瓢虫和蚜虫数量比为1:100~1:150,助迁释放瓢虫后10天,即3月24日调查,百株蚜量为105头,防治效果达73%,有效控制了田间蚜虫种群数量的增长。

(三)蚜茧蜂防治蚕豆蚜效果

当地蚕豆田间采集到一种未鉴定种名的蚜茧蜂,于2月中旬放入田间的薄膜纱布棚内扩繁,于3月14~16日连续三天进行田间释放,于3月28~29日进行田间调查。结果表明,放蜂区蚜茧蜂寄生率由释放前的2.53%上升到释放后的83.01%,对照区蚜茧蜂寄生率由释放前的0上升到释放后的10.29%,释放蚜茧蜂对蚕豆蚜发挥了较好的控制作用(表4-38)。

表4-38　释放蚜茧蜂对蚕豆蚜的防治效果

调查情况	放蜂区			对照区		
	百株蚜量(头)	寄生数(头)	寄生率(%)	百株蚜量(头)	寄生数(头)	寄生率(%)
放蜂前	316	8	2.53	296	0	0
放蜂后	1 242	1 031	83.01	884	91	10.29

十、人工助迁七星瓢虫对油菜蚜虫的防控效能

双柏县农业技术推广站许华香等利用当地田间七星瓢虫优势天敌资源开展人工助

迁防治蚜虫。七星瓢虫是双柏县蚜虫的优势天敌昆虫，占各类瓢虫种群的80%～90%。为利用这一优势天敌资源，从1979年起，在双柏县妥甸大队连续三年进行瓢虫人工助迁，用于防治小春作物蚜虫。

双柏县位于云南高原中部，年均温为14.9℃，七星瓢虫无明显越冬现象，周年均可在田间采集到成虫。七星瓢虫一年发生3～4代，冬季以成虫在作物根部集聚。根据对瓢虫发生规律的研究，以及结合小春油菜蚜虫的始盛期，利用低海拔与高海拔七星瓢虫发生期的时间差，从海拔1 000米的马龙河正处于瓢虫发生盛期的小春作物上捕捉七星瓢虫，人工助迁释放到海拔1 900米的蚜虫始盛期的油菜田中。1979年捕捉瓢虫17 000头，释放面积25亩，七星瓢虫与蚜虫数量比为1：83；1980年捕捉瓢虫42 000头，释放127亩，七星瓢虫与蚜虫数量比为1：101；1981年捕捉瓢虫52 000头，释放140亩，七星瓢虫与蚜虫数量比为1：110。

释放瓢虫前先调查田间蚜虫数量，确定释放七星瓢虫数量，百株蚜量超过600头的田块，人工摘除中心蚜枝或喷药一次，压低蚜虫基数，喷药田块，7天后再释放瓢虫，并设置了施药区做对照。结果表明（表4-39），人工助迁瓢虫防治蚜虫后，田间有蚜枝率为36.00%，远远低于药剂防治区的64.95%；瓢虫释放区蚜情指数为10.43，远低于药剂防治区的47.30，人工助迁瓢虫防治蚜虫的效果，远远高于使用农药的防治效果，通过提高瓢虫的释放数量和次数，油菜田可实现基本不施用农药。

表4-39 油菜角果期释放七星瓢虫控制蚜虫效果调查

处理	有蚜枝率（%）	蚜情指数
瓢虫释放区	36.00	10.43
药剂防治区	64.95	47.30

十一、异色瓢虫对苹果绵蚜的防控效能

苹果绵蚜（*Eriosoma lanigerum*）是通过作物引种不慎带入云南省，之后不断蔓延，遍及全省，成为影响苹果生产的主要害虫。

借鉴吉林、福建、湖南、广西、江西等省份利用瓢虫防治蚜虫的经验，根据1972—1974年观察发现异色瓢虫能大量取食苹果绵蚜，1975年，从吉林省长春市引进了两批异色瓢虫，但由于各种原因，导致引种失败，随后在本地采集异色瓢虫进行释放，采集时间以上午8：00～10：00最佳。

（一）异色瓢虫形态和生活史观察

异色瓢虫体长5～5.4毫米，体宽3～3.8毫米，是蚜虫的重要天敌。成虫群居于山洞、土石缝等场所越冬和越夏，有自相残杀的习性。异色瓢虫在昆明地区一年繁殖2～3代，一头雌虫可产卵250～300粒，卵期2～5天，幼虫期8～12天，蛹期3～5天，成虫寿命30～200天。幼虫和成虫均捕食蚜虫，一头幼虫一天捕食量为23～24

头蚜虫，一生可捕食 5 200 头。异色瓢虫喜欢通风透光的环境条件，苹果园附近或院内间作有蔬菜、麦类、高粱、大豆等，有利于异色瓢虫的定居和对苹果绵蚜的防治。

（二）异色瓢虫防治苹果绵蚜

昆明地区苹果绵蚜发生有三个高峰期，分别为 3 月中下旬至 5 月上旬、6—7 月、8—9 月。在苹果绵蚜的第一个高峰期释放异色瓢虫，平均每株释放异色瓢虫 50 头，于傍晚或清早风速低时进行释放。结果表明，果园释放异色瓢虫防治苹果绵蚜的防治效果最低为 66.08%，最高为 92.03%，防治效果较好（表 4 - 40）。

表 4 - 40　果园释放异色瓢虫对苹果绵蚜的防治效果

调查时间	3 月 20 日	3 月 27 日	4 月 3 日	4 月 17 日	4 月 25 日
防治效果（%）	92.03	84.05	74.42	74.89	66.08

第五章

云南外来入侵害虫的
生物防治

第一节　南美斑潜蝇生物防治

一、南美斑潜蝇入侵发生及危害

南美斑潜蝇（*Liriomyza huidobrensis*）属双翅目、潜叶蝇科、斑潜蝇属。1994年南美斑潜蝇随花卉引种传入我国昆明花卉场，逐渐蔓延到农田。由于南美斑潜蝇具有寄主广泛、危害能力强、防治困难等特点，因而蔓延扩展十分迅速。1995年，南美斑潜蝇在云南部分地区发生严重，昆明缤纷园艺有限公司花卉大棚直接受害面积27公顷，经济损失达30万元人民币；兴海花卉公司66个满天星花棚，植株受害率达100%，叶片受害率达90%，经济损失40万元。据统计，1997年云南省作物受害面积达33.5万公顷，其中蚕豆15.1万公顷，蔬菜6.7万公顷，马铃薯2.5万公顷，花卉、烤烟等9.3万公顷。1997年云南全省油菜被害面积达1.76万公顷，麦类被害面积达1.64万公顷。1998年在青岛蔬菜基地发现，其中芹菜遭到南美斑潜蝇的毁灭性危害，随后在北京、四川、河北、天津、河南、内蒙古等省份都有不同程度暴发危害。目前，南美斑潜蝇已成为蔬菜、花卉及小春作物上的主要害虫。

南美斑潜蝇是一种典型的多食性害虫，寄主范围十分广泛，是一种危害多种蔬菜和观赏植物的检疫性害虫。据昆明市植保植检站调查，其寄主植物达41科百余种，包括豆科、茄科、葫芦科、菊科、十字花科、石竹科、伞形科、蓼科、天南星科、大戟科、车前草科、锦葵科、禾本科等多种蔬菜、花卉、粮食作物及杂草等。嗜食作物有芹菜、生菜、菠菜、黄瓜、蚕豆、马铃薯等。

二、南美斑潜蝇发生危害特点

南美斑潜蝇在云南一年四季均可危害，世代重叠，每年发生10～12代。滇中3—4月和10—11月是危害高峰，发生危害适温22℃左右。主要以幼虫危害，成虫用产卵器把卵产在叶中，卵孵化后幼虫开始取食叶片并在叶片上形成许多白色小斑点，幼虫活动于上下表皮的潜道，多数在叶脉周围，潜道两侧有排列不整齐的黑色粪便，多个潜道沿叶脉连接形成大片褐腐区，常造成幼苗或植株枯死，危害极大。

三、天敌种群对南美斑潜蝇的控制

（一）南美斑潜蝇天敌资源调查

1998—2002年，云南省农业科学院植物保护研究所在南美斑潜蝇危害严重的昆明、玉溪、曲靖、大理、德宏、楚雄和丽江等地的蚕豆等作物上开展了南美斑潜蝇的寄生性天敌资源调查工作。以普查与重点系统调查、田间调查与室内饲养相结合等方法收集了南美斑潜蝇寄生性天敌资源，经鉴定获得 20 种天敌资源隶属于 1 个纲、1 个目、4 个科（表 5-1）。

表 5-1　南美斑潜蝇寄生性天敌资源

科	种
姬小蜂科 Eulophidae	豌豆潜蝇姬小蜂 *Diglyphus isaea*
	潜蝇姬小蜂 *Diglyphus* sp.
	半瘤潜蝇姬小蜂 *Hemiptarsenus varicornis*
	半胞潜蝇姬小蜂 *Hemiptasenus uguicellis*
	派特金潜蝇姬小蜂 *Chrysochairs pentheus*
	毛金潜蝇姬小蜂 *Chrysocharis pubicornis*
	奥小金潜蝇姬小蜂 *Neochrysocharis okazakii*
	台湾小金潜蝇姬小蜂 *Neochrysocharis formasa*
	小金潜蝇姬小蜂 *Neochrysocharis* sp.
	胯姬小蜂 *Quadrastichus* sp.
	得囊姬小蜂 *Asecodes delucchii*
茧蜂科 Braconidae	萨离颚茧蜂 *Dacnusa sasakawai*
	色蝇茧蜂 *Opius chromatomyiae*
	潜蝇茧蜂 *Opius* sp.
瘿蜂科 Eucoilidae	穴隆瘠瘤瘿蜂 *Gronotoma* sp.
	盾隆嵴瘿蜂 *Ganasipdium* sp.
金小蜂科 Pteromalidae	圆形赘须金小蜂 *Halticiptera circulus*
	赘须金小蜂 *Halticiptera* sp.
	底诺金小蜂 *Thinodytes cyzicus*
	特里金小蜂 *Tcichomalopsis* sp.

云南省南美斑潜蝇的天敌资源中，以豌豆潜蝇姬小蜂和色蝇茧蜂为优势天敌种群，两种蜂分别在不同季节对南美斑潜蝇起到较好的自然控制作用，局部地区萨离颚茧蜂也是优势种群。

（二）南美斑潜蝇优势天敌豌豆潜蝇姬小蜂的研究

1. 豌豆潜蝇姬小蜂的简易繁殖技术

（1）繁殖条件　温度 15～25℃，湿度 50%～65%，自然光照条件下。

（2）寄主植物的选取与种植　蚕豆作为繁殖南美斑潜蝇的寄主作物。其特点是生长快，易于盆栽和管理，为南美斑潜蝇的嗜好作物，利于豌豆潜蝇姬小蜂的大量繁殖，而且还可周年栽培和管理。

在无虫笼（130 厘米×130 厘米×140 厘米，120 目纱网制成）中，用塑料盆（30 厘米×20 厘米×15 厘米）分批播种蚕豆，每周播种 8 盆，每盆 12 株蚕豆。待其长至 3～4 片叶时，移入有南美斑潜蝇成虫的养虫笼中，以繁殖南美斑潜蝇。

(3) 南美斑潜蝇的采集与繁殖 从田间采集有南美斑潜蝇虫道的蚕豆叶，放于保鲜袋中带回室内并保持干燥，待幼虫化蛹后用玻璃管收集蛹，蛹羽化后把一定数量的成虫放入养虫笼内（每个养虫笼保证有南美斑潜蝇成虫约 600 头），每周移入 8 盆蚕豆苗，其中 4 盆移出，另 4 盆用于供南美斑潜蝇取食以建立南美斑潜蝇虫源地，并定期补充田间虫源。每 4 盆蚕豆苗可获得南美斑潜蝇成虫 600～1 000 头，周期为 25～30 天。

(4) 豌豆潜蝇姬小蜂的繁殖 把豌豆潜蝇姬小蜂成虫放入繁蜂笼中，当盆栽蚕豆上南美斑潜蝇幼虫处于 2 龄末至 3 龄（幼虫体为绿色）时移入繁蜂笼中，繁蜂笼中豌豆潜蝇姬小蜂成虫数量保持在 500 头左右。5～7 天后采集有虫道的叶片放入 120 目纱网袋中，置于 25℃光照培养箱中，成虫羽化后利用其向光性用养虫管收集豌豆潜蝇姬小蜂的成虫，并提供 10％蜂蜜水，继续饲养或供试验用，并定期补充田间虫源。每 4 盆蚕豆苗可收集约 500 头豌豆潜蝇姬小蜂成虫，周期为 20～25 天。

(5) 寄生蜂的收集 利用玻璃管置于纱网袋口，用橡皮筋扎紧向光放置。用木板自制成收集箱（30 厘米×30 厘米×30 厘米）四周密闭，其中一面开一圆形小口，直径 3 厘米，把玻璃管（3 厘米×14 厘米）口置于其上向光放置；在其对面亦开一口（15 厘米×5 厘米×15 厘米），利用黑色纱布覆盖便于放入带虫叶片及操作。

(6) 注意事项 在养虫笼中，南美斑潜蝇成虫量要有所控制，以免蚕豆苗生长受限或枯死；蚕豆苗移入接蜂笼时要掌握南美斑潜蝇幼虫适宜龄期；采集后的叶片要注意保持干燥，可先放在纱网袋中 3～5 天后再置于收集箱中。

2. 豌豆潜蝇姬小蜂在露地蔬菜上的发生规律

(1) 试验方法 1998 年 2 月至 1999 年 12 月在昆明 3 个不同生态区进行系统调查。昆明关上常年轮作各种蔬菜，南美斑潜蝇危害严重，农药使用频繁；云南省农业科学院试验大棚通过人为放蜂建立起寄生蜂种群，种植莴笋和芹菜，不施农药供取样调查；昆明桃园村以水稻和蚕豆进行轮作，蚕豆属于粗放管理，不施用任何农药。采用 5 点取样法随机取样，每 7 天调查一次，叶片装入 100 目的纱网袋中带回室内记录收集到的豌豆潜蝇姬小蜂的数量。昆明关上的各种作物每次采叶 50 片，每月采叶量为 200～250 片叶，统计每月每片叶上的平均虫量；云南省农业科学院试验大棚的各种作物每次采叶 10 片，每月采叶量为 40～50 片，统计每月每片叶上的平均虫量；昆明桃园村每次采蚕豆叶 100 片，统计每次调查每片叶上的平均虫量。

(2) 试验结果 从图 5-1 可以看出，豌豆潜蝇姬小蜂在 1—5 月出现一个春季高峰。1999 年 3 月豌豆、芹菜、莴笋上每片叶的平均虫量分别为 2.9、1.08、0.13 头，对作物嗜食顺序为豌豆、芹菜、莴笋，可看出豌豆潜蝇姬小蜂对寄主也有选择性。

3. 蚕豆田豌豆潜蝇姬小蜂白昼活动规律

(1) 试验方法 昆明郊区选择一块未实施任何防治措施的蚕豆田，在 1999 年 1 月 21、25、28 日共 3 天，以笼罩法对豌豆潜蝇姬小蜂白昼 12 小时取样监测。具体做

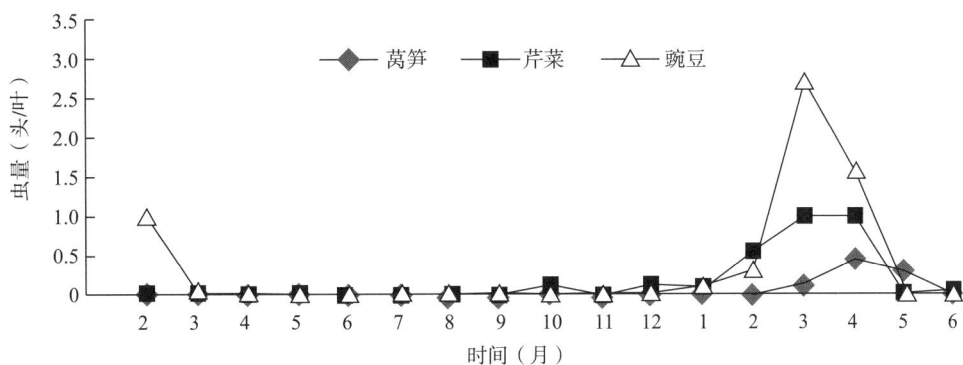

图 5-1　豌豆潜蝇姬小蜂在 3 种蔬菜上的消长规律

法如下：用大小为 60 厘米×60 厘米×60 厘米且上方留有直径 10 厘米圆孔的黑布笼罩，罩在蚕豆苗上，轻轻拍打笼子，20 分钟后收虫。从 8：00 开始，每小时测一次，直至 19：00 时结束，共测 12 个点，统计每次所采南美斑潜蝇和豌豆潜蝇姬小蜂的数量。

（2）试验结果　3 天调查的结果表明（表 5-2），从 8：00 至 19：00 豌豆潜蝇姬小蜂数量随温度升高而增加，随温度降低而降低。

表 5-2　豌豆潜蝇姬小蜂数量动态

时间	8：00	9：00	10：00	11：00	12：00	13：00	14：00	15：00	16：00	17：00	18：00	19：00
温度（℃）	2.8	4.3	6.7	9.7	12.3	14.0	16.0	17.0	18.0	18.1	17.3	15.0
碗豆潜蝇姬小蜂数量（头）	0	0	0.7	0.3	0.7	1.3	4.3	4.0	3.0	3.0	0.3	0

把 3 天调查所得的豌豆潜蝇姬小蜂的平均数量进行回归分析，得出一元二次方程（表 5-3），结果表明，豌豆潜蝇姬小蜂的白昼活动模式符合一元二次回归方程，为抛物线，豌豆潜蝇姬小蜂曲线转折点为 7.3。

表 5-3　豌豆潜蝇姬小蜂和南美斑潜蝇白昼活动的回归分析

	一元二次回归方程	相关系数	曲线转折点
豌豆潜蝇姬小蜂	$Y=-2.41+1.38X-0.09X^2$	0.722 1**	7.3

注：Y 为豌豆潜蝇姬小蜂数量，X 为时间，**表示相关系数在 0.01 水平上的显著性。

4. 杀虫剂对豌豆潜蝇姬小蜂室内寄生率的影响

（1）试验药剂和方法

①供试药剂。1.8% 阿维菌素乳油（害极灭），瑞士诺华（Novartis）公司生产；

1.8%阿维菌素乳油（爱福丁），北京农业大学新技术开发公司生产；1.0%阿维菌素乳油（7051 杀虫素），浙江海门化工厂生产；50%灭蝇胺粉剂，瑞士诺华（Novartis）公司生产；1.0%印楝制剂，缅甸引进；98%巴丹原粉，日本武田药品工业株式会社生产；20%吡虫啉乳油（康复多），德国拜尔公司生产；2.5%联苯菊酯乳油（天王星），美国食品机械化学公司（FMC）生产；5%氟虫脲可分散浓缩液（卡死克），美国氰胺公司生产；50%甲胺磷乳油，石家庄化工厂生产。

②试验方法。繁殖一批南美斑潜蝇幼虫，幼虫发育为 2～3 龄时，采用喷雾法用小型喷雾器将不同推荐浓度的杀虫剂药液喷于蚕豆叶上，设清水对照，3 次重复，每个重复设置 3 株蚕豆苗。后移入有豌豆潜蝇姬小蜂的养蜂笼中（温度 15～25℃，相对湿度 50%～65%），24 小时后移出，5 天后采收蚕豆叶，每株自下而上采 3～4 片叶，放入 120 目的纱网袋中，在 25℃的光照培养箱中使其自然羽化后统计南美斑潜蝇和豌豆潜蝇姬小蜂成虫数量，计算寄生率。

（2）试验结果 在养虫笼中（温度 15～25℃，相对湿度 50%～65%）测得杀虫剂对豌豆潜蝇姬小蜂寄生率的影响（表 5 - 4），结果表明，经甲胺磷、爱福丁、7051杀虫素、天王星处理后未收集到豌豆潜蝇姬小蜂成虫，故寄生率为 0，与其他处理间差异显著；巴丹的寄生率为 5.3%，与其他处理间差异亦显著；灭蝇胺、害极灭、印楝制剂、康复多、卡死克的寄生率分别为 14.8%、14.3%、13.8%、12.9%、12.0%，处理间无差异，与清水对照差异显著。甲胺磷、爱福丁、7051 杀虫素、天王星与巴丹对豌豆潜蝇姬小蜂毒杀作用强，对寄生率影响较大；而灭蝇胺、害极灭、印楝制剂、康复多、卡死克对豌豆潜蝇姬小蜂的影响较小。

表 5 - 4 杀虫剂对豌豆潜蝇姬小蜂寄生率的影响

杀虫剂	稀释倍数	豌豆潜蝇姬小蜂成虫数（头）	南美斑潜蝇成虫数（头）	寄生率（%）
灭蝇胺	6 000	4	23	14.8b
害极灭	3 000	3	18	14.3b
印楝制剂	200	4	25	13.8b
康复多	3 000	4	27	12.9b
卡死克	1 000	3	22	12.0b
巴丹	2 000	1	18	5.3c
甲胺磷	2 000	0	29	0c
天王星	3 000	0	33	0c
7051 杀虫素	3 000	0	20	0c
爱福丁	3 000	0	24	0c
对照		5	24	17.2a

注：不同小写英文字母表示差异显著（$P < 0.05$），余同。

5. 杀虫剂对豌豆潜蝇姬小蜂田间寄生率的影响

（1）试验药剂和方法

①试验药剂及使用浓度。1.8%阿维菌素乳油（爱福丁），北京农业大学新技术开发公司生产，3 000倍液；1.8%阿维菌素乳油（害极灭），瑞士诺华公司生产，4 000倍液；50%灭蝇胺粉剂，瑞士诺华公司生产，6 000倍液；1.0%缅甸印楝制剂，200倍液；5%氟虫脲可分散浓缩液（卡死克），美国氰胺公司生产，1 000倍液；20%吡虫啉乳油（康复多），德国拜尔公司生产，3 000倍液；2.5%联苯菊酯乳油（天王星），美国食品机械化学公司（FMC）生产，3 000倍液；98%巴丹原粉，日本武田药品工业株式会社生产，2 000倍液；50%甲胺磷乳油，石家庄化工厂生产，2 000倍液。

②试验方法。随机区组试验。小区面积12.5米²，每个处理3次重复，10个处理，合计30个小区。各处理均喷施2次，每次间隔5天，每次施药前均进行采叶。施药前采叶1次，药后24小时再采1次叶，以后每5天调查1次，共计5次。每小区采叶20复叶（每复叶计4～5片单叶），采集蚕豆植株中段叶片，各小区采叶部位、叶数均要求一致。采叶后立即放入120目的纱网袋（15厘米×15厘米）后扎紧，带回室内，任其自然羽化。待南美斑潜蝇和寄生蜂均完全羽化后，进行分类计数，分别记载豌豆潜蝇姬小蜂和南美斑潜蝇的成虫数量，并计算药后豌豆潜蝇姬小蜂的寄生率。

（2）试验结果 田间连续施用2次杀虫剂后，豌豆潜蝇姬小蜂的寄生率变化如表5-5所示。结果表明，豌豆潜蝇姬小蜂的寄生率在使用灭蝇胺与印楝制剂后，不断上升，与其他杀虫剂有明显差异，与清水对照亦有差异。甲胺磷与爱福丁处理的寄生率处在较低的水平上，药后15天后有所回升；天王星与巴丹处理的寄生率在药后1天均有所下降，在药后5天又略有上升，15天亦达最高值；卡死克处理的寄生率在药后5天略有上升，药后15天亦达最高值。灭蝇胺与印楝制剂对豌豆潜蝇姬小蜂田间寄生率影响较小，寄生率在药后有明显上升，说明灭蝇胺与印楝制剂对豌豆潜蝇姬小蜂较为安全。

表5-5 药后豌豆潜蝇姬小蜂田间寄生率

药剂	田间寄生率（%）				
	药前	药后1天	药后5天	药后10天	药后15天
卡死克	27.6	31.9	44.6	48.4	56.4
灭蝇胺	34.3	77.5	78.9	77.1	80.3
印楝制剂	29.8	72.5	76.2	82.7	81.3
害极灭	29.4	35.2	39.1	45.4	59.5
巴丹	32.5	31.4	31.7	36.5	51.2
康复多	30.7	35.3	31.1	36.8	61.4

（续）

药剂	田间寄生率（%）				
	药前	药后 1 天	药后 5 天	药后 10 天	药后 15 天
天王星	27.3	24.8	28.7	39.9	60.3
爱福丁	26.0	19.6	21.2	21.1	37.9
甲胺磷	26.8	18.5	22.5	21.5	41.3
对照	34.5	38.9	46.1	54.9	67.8

6. 杀虫剂对豌豆潜蝇姬小蜂幼虫、蛹、成虫和卵的毒性

（1）试验药剂和方法

①试验药剂。1.8%阿维菌素乳油（害极灭），瑞士诺华公司生产；1.8%阿维菌素乳油（爱福丁），北京农业大学新技术开发公司生产；1.0%7051 杀虫素乳油，浙江海门化工厂生产；1.0%印楝制剂，缅甸引进；50%灭蝇胺粉剂，瑞士诺华公司生产；5%氟虫脲可分散浓缩液（卡死克），美国氰胺公司生产；20%康复多乳油，德国拜尔公司生产；2.5%联苯菊酯乳油（天王星），美国食品机械化学公司生产；98%巴丹原粉，日本武田药品工业株式会社生产；50%甲胺磷乳油，石家庄化工厂生产。

②试验方法。杀虫剂对豌豆潜蝇姬小蜂卵的毒性：采用喷雾法。盆栽蚕豆，每盆12 株，待长至 3～4 片叶时，移入有南美斑潜蝇成虫的养虫笼中 48 小时后移入无虫笼中，待南美斑潜蝇幼虫处于 3 龄时，移入有豌豆潜蝇姬小蜂的繁蜂笼中 24 小时（温度 15～25℃，相对湿度 50%～65%）后移出，将推荐浓度的不同杀虫剂药液喷雾于蚕豆叶上，设清水对照，3 次重复，每个重复设置 6 株蚕豆苗，5 天后采集蚕豆叶，每株自下而上采 3 片叶，放入 100 目尼龙网袋中，置于 25℃的光照培养箱中使其自然羽化，统计南美斑潜蝇和豌豆潜蝇姬小蜂成虫数，计算寄生蜂卵的孵化率，卵孵化率（%）=蜂成虫数/（蝇成虫数＋蜂成虫数）。

杀虫剂对豌豆潜蝇姬小蜂幼虫的毒性：采用浸叶法。繁殖一批豌豆潜蝇姬小蜂，待其处于 3 龄时，采叶后分别浸入各杀虫剂中 5 秒，后取出晾干，设清水为对照，3 次重复，每个重复 20 片叶，放入保鲜袋中保存，置于 20℃的光照培养箱内。24 小时后在体视显微镜（20 倍）下观察，用镊子从蚕豆叶背基部向上轻轻撕开叶表皮，即可观察到寄生蜂的幼虫（虫体为天蓝色），随后用昆虫针尖轻触幼虫体（头部），以是否有反应为判别幼虫死活的标准，以此记载各处理的活虫和死虫数，并计算幼虫死亡率，每重复观察 10～15 头幼虫，死亡率（%）=死虫数/（活虫数＋死虫数）。

杀虫剂对豌豆潜蝇姬小蜂蛹的毒性：采用浸叶法。试验方法同幼虫试验方法，24 小时后在体视显微镜（15 倍）下用昆虫针挑出寄生蜂的蛹（复眼为无色或淡红色，蛹体为绿色），分别移入指形管中，用棉球塞紧。待各处理的蛹完全羽化后，利用手持放大镜记载成虫数，并计算各处理的成虫羽化率，羽化率（%）=成虫数/总蛹数。

杀虫剂对豌豆潜蝇姬小蜂成虫的毒性：采用药膜法。将配好的药液倒入养虫管（4 厘米×13 厘米）中，停留 5 秒，然后将养虫管倾斜并不断转动，然后缓缓倒出药液，斜放于瓷盘内自然晾干，使药液在管壁上均匀形成药膜。在 20℃，相对湿度50%～65%的室内通风条件下，每管接入刚羽化 2～3 天的成虫 10～15 头，设 3 次重复，每个处理 40～45 头成虫。处理后分别于 0.25、0.5、1、2、4、8、12、24、48 小时，利用手持放大镜（8 倍）检查统计成虫存活数与死亡数，以成虫的触角和足不动为判断死亡的标准。

（2）试验结果　杀虫剂对豌豆潜蝇姬小蜂卵的毒性：结果表明（表 5-6），杀虫剂对豌豆潜蝇姬小蜂卵的毒性较小，与清水对照相比差异不显著。说明豌豆潜蝇姬小蜂卵对杀虫剂相对不敏感。

表 5-6　杀虫剂对豌豆潜蝇姬小蜂卵的毒性

杀虫剂	稀释倍数	南美斑潜蝇成虫数（头）	豌豆潜蝇姬小蜂数（头）	卵孵化率（%）
天王星	3 000	31	6	16.2a
爱福丁	3 000	25	5	16.7a
印楝制剂	200	32	7	17.9a
害极灭	4 000	22	5	18.5a
甲胺磷	2 000	39	9	18.8a
7051 杀虫素	3 000	22	5	18.5a
巴丹	2 000	30	7	18.9a
康复多	3 000	29	7	19.4a
卡死克	1 000	37	10	21.3a
灭蝇胺	6 000	18	5	21.7a
对照	—	34	8	19.0a

杀虫剂对豌豆潜蝇姬小蜂幼虫的毒性：结果表明（表 5-7），不同杀虫剂对潜蝇姬小蜂幼虫的毒性不同。

表 5-7　杀虫剂对豌豆潜蝇姬小蜂幼虫的毒性

杀虫剂	稀释倍数	药后 24 小时幼虫数量（头）		死亡率（%）
		死亡数量	存活数量	
爱福丁	3 000	50	5	90.9a
天王星	3 000	26	31	45.6b
7051 杀虫素	3 000	22	29	43.1bc
康复多	3 000	12	20	37.5bc

（续）

杀虫剂	稀释倍数	药后 24 小时幼虫数量（头）		死亡率（%）
		死亡数量	存活数量	
巴丹	2 000	13	26	33.3bc
甲胺磷	2 000	19	61	23.8bcd
灭蝇胺	6 000	10	49	16.9cde
卡死克	1 000	3	41	6.8de
印楝制剂	200	2	33	5.7de
害极灭	4 000	4	69	5.5de
对照	—	2	47	4.8e

杀虫剂对豌豆潜蝇姬小蜂蛹的毒性：结果表明（表 5-8），不同杀虫剂对豌豆潜蝇姬小蜂蛹的毒性差异不显著，蛹的羽化率在 80.3%～93.6%，与清水对照相比亦差异不显著。说明豌豆潜蝇姬小蜂蛹对杀虫剂相对不敏感。

表 5-8　杀虫剂对豌豆潜蝇姬小蜂蛹的毒性

杀虫剂	稀释倍数	总蛹数量（头）	羽化成虫数量（头）	羽化率（%）
天王星	3 000	60	56	93.3a
卡死克	1 000	73	66	90.4a
巴丹	2 000	66	58	87.9a
灭蝇胺	6 000	66	58	87.9a
7051 杀虫素	3 000	47	44	93.6a
爱福丁	3 000	54	46	85.2a
印楝制剂	200	65	56	86.2a
害极灭	4 000	68	56	82.4a
康复多	3 000	66	53	80.3a
甲胺磷	2 000	78	63	80.8a
对照	—	80	66	82.5a

杀虫剂对豌豆潜蝇姬小蜂成虫的毒性：结果表明（表 5-9），杀虫剂对豌豆潜蝇姬小蜂成虫的毒性有差异，其中，印楝制剂、灭蝇胺、卡死克、康复多、害极灭在处理后 24 小时成虫的死亡率分别为 10.0%、15.6%、17.8%、20.0%、26.6%。根据农药对天敌安全性的测定方法的评价标准，这 5 种杀虫剂对豌豆潜蝇姬小蜂安全；而天王星、7051 杀虫素、爱福丁、巴丹、甲胺磷在处理后 24 小时成虫的死亡率为 100%，对豌豆潜蝇姬小蜂高毒，其中，爱福丁、巴丹、甲胺磷在处理后 0.5 小时，成虫就开始有死亡，4 小时内死亡率均达 100%；7051 杀虫素处理后 1 小时成虫有死亡，4 小时内死亡率亦达 100%。

表 5-9　杀虫剂对豌豆潜蝇姬小蜂成虫的毒性

药剂	稀释倍数	死亡率（%）								
		0.25	0.5	1	2	4	8	12	24	48
卡死克	1 000	0	0c	0e	0e	0c	0c	6.7b	17.8bc	57.8a
灭蝇胺	6 000	0	0c	0e	0e	0c	2.2bc	4.4b	15.6bc	64.4a
印楝制剂	200	0	0c	0e	0e	0c	2.5bc	7.5b	10.0c	57.5a
害极灭	4 000	0	0c	0e	0e	0c	6.7b	6.7b	26.6b	66.7a
康复多	3 000	0	0c	0e	0e	2.2c	4.4bc	6.7bc	20.0b	73.3a
天王星	3 000	0	0c	4.5e	61.4d	61.4b	88.6a	88.6a	100a	
7051 杀虫素	3 000	0	0c	70.0c	77.5c	100a				
甲胺磷	2 000	0	4.4bc	35.6d	91.1b	100a				
爱福丁	3 000	0	11.1ab	88.9b	100a					
巴丹	2 000	0	13.3a	97.8a	100a					
对照	—	0	0c	0e	0e	0c	0c	0c	0d	2.0b

第二节　斑翅果蝇生物防治

一、斑翅果蝇入侵发生及危害

斑翅果蝇（*Drosophila suzukii*）又名铃木氏果蝇、樱桃果蝇，隶属双翅目、环列亚目、果蝇科、果蝇属。1916 年在日本山梨县首次报道其发生，随着贸易的全球化，加之斑翅果蝇的繁殖能力强、世代周期短、传播速度快、环境适应性强等特点，斑翅果蝇在北美洲、欧洲、大洋洲等区域相继报道，并且传播扩散速度不断增快，目前在亚洲、北美洲、欧洲、大洋洲和南美洲的 30 多个国家都有发现。我国在 1937 年报道其发生，目前广西、贵州、云南、四川、湖北、江苏、浙江、山东、河南、辽宁、黑龙江等省份均有其发生危害。

二、斑翅果蝇发生危害特点

斑翅果蝇世界分布较广，寄主范围广泛，主要危害浆果类和核果类等软皮水果，涉及 18 个科 60 余种植物，包括蓝莓、黑莓、红树莓、樱桃、草莓、李、桃、葡萄、无花果、猕猴桃、梨等，斑翅果蝇雌虫产卵器外形较大、坚硬锋利，可刺破果皮产卵于果实内，幼虫在果实内部取食从而使水果产生直接经济损失。同时被危害的水果迅速腐烂，引发真菌、细菌二次侵染，导致水果产量下降，品质变劣，安全性和商品价值受到严重影响。

三、天敌种群对斑翅果蝇的控制

（一）云南斑翅果蝇天敌资源调查

斑翅果蝇由于其发生和危害特点，导致其防治非常困难。目前，化学防治被认为是最有效的防治方法，对其成虫采用以化学防治为主，物理防治和农业防治为辅的综合防治方法。但是斑翅果蝇的成虫暴露的时间有限，给化学防治和物理防治增加了困难，影响防治效果。而且，化学杀虫剂的大量使用，在增加生产成本的同时，还造成食品安全、环境安全等严重问题。因此，开展斑翅果蝇生物防治的研究工作，可为绿色可持续防控提供技术支撑。

云南以生物资源丰富著称，其中包含了丰富的天敌昆虫资源。为了提升斑翅果蝇的可持续控制效果，2013—2020年云南省农业科学院农业环境资源研究所在中美合作项目和国家项目的资助下持续开展了斑翅果蝇天敌资源的调查采集工作。

在云南的昆明、玉溪、大理等地，从每年的4月开始，每隔10天定期采集蓝莓、杨梅、西南草莓等浆果的果实，将采集的果实带回实验室后称重，每份果实重30克，将称好的果实放在培养皿中，然后再将其放入养虫盒中让斑翅果蝇在果实中发育，大约15天后收集羽化的寄生性天敌昆虫。

通过收集整理，并通过查询文献和请专家鉴定，在蓝莓、西南草莓、杨梅等浆果上共调查得到斑翅果蝇的天敌昆虫4种，分别为：臂反颚茧蜂（Asobara spp.）、细毛环腹瘿蜂（Leptopilina spp.）、丽匙胸瘿蜂（Ganaspis spp.）、锤角细蜂（Trichopria spp.）。

（二）斑翅果蝇天敌锤角细蜂的研究

1. 不同果蝇蛹对锤角细蜂繁殖的影响

（1）试验方法 设置斑翅果蝇、黑腹果蝇、拟果蝇3个处理，每个处理4个重复，每个重复100头蛹。分别取斑翅果蝇、黑腹果蝇、拟果蝇的蛹放在培养皿中，每个重复接入1对锤角细蜂（羽化1天后进行群体交配，选择雌雄配对的），让其寄生2天后，除去锤角细蜂，让果蝇蛹继续发育。待有锤角细蜂成蜂羽化后，统计每天的成蜂羽化数量和雌雄数量。

（2）试验结果 结果表明（表5-10），锤角细蜂对不同果蝇蛹都能寄生，对黑腹果蝇和拟果蝇蛹的寄生量高于斑翅果蝇蛹，经差异显著性检验：对黑腹果蝇和拟果蝇蛹的寄生量差异不显著，但黑腹果蝇蛹和拟果蝇蛹的寄生量与斑翅果蝇蛹的寄生量差异显著；寄生斑翅果蝇蛹后锤角细蜂后代的雌性比率高于寄生黑腹果蝇和拟果蝇蛹的雌性比率，而且两者之间差异显著。

表5-10 锤角细蜂寄生不同果蝇蛹寄生量和雌性比率

果蝇蛹种类	寄生量（头）	雌性比率（%）
斑翅果蝇蛹	49.32±3.72a	60%a

（续）

果蝇蛹种类	寄生量（头）	雌性比率（%）
黑腹果蝇蛹	62.73±5.46b	45%b
拟果蝇蛹	61.52±3.43b	46%b

2. 不同果蝇蛹数量对锤角细蜂繁殖的影响

（1）试验方法 设置 10 头、20 头、30 头、40 头、50 头斑翅果蝇蛹 5 个处理，每个处理 4 个重复。分别取不同处理的果蝇蛹数量放入培养皿中，每个重复接入 1 对锤角细蜂（羽化 1 天后进行群体交配，选择雌雄配对的），让其寄生 2 天后，除去锤角细蜂，让果蝇蛹继续发育。待有锤角细蜂成蜂羽化后，统计每天的成蜂羽化数量和雌雄数量。

（2）试验结果 结果表明（表 5-11），锤角细蜂的寄生量随着果蝇蛹数量的增加而增加，果蝇蛹数量为 10 头、20 头、30 头时其成蜂数量差异不显著，但与果蝇蛹数量为 40 头和 50 头，两者之间存在显著性差异。寄生不同数量的果蝇蛹对锤角细蜂后代的性比无显著性差异。

表 5-11 不同果蝇蛹数量下锤角细蜂的成蜂数量和性比

蜂蛹比	成蜂数量（头）	后代性比
1∶10	8.75±1.07Aa	1∶1Aa
1∶20	18.64±1.82Aa	1∶1Aa
1∶30	21.04±0.67Aa	1∶1Aa
1∶40	22.67±2.85Bb	1∶1Aa
1∶50	24.78±1.79Bb	1∶1Aa

注：不同小写英文字母表示差异显著（$P<0.05$），不同大写英文字母表示差异极显著（$P<0.01$），余同。

3. 不同果蝇蛹龄期对锤角细蜂繁殖的影响

（1）试验方法 设置 1 日龄、2 日龄、3 日龄、4 日龄、5 日龄的斑翅果蝇蛹 5 个处理，每个处理 4 次重复。分别取不同处理的果蝇蛹 50 头放入培养皿中，每个重复接入 1 对锤角细蜂（羽化 1 天后进行群体交配，选择雌雄配对的），让其寄生 2 天后，除去锤角细蜂，让果蝇蛹继续发育。待有锤角细蜂成蜂羽化后，统计每天的成蜂羽化数量。

（2）试验结果 结果表明（表 5-12），锤角细蜂的寄生数量随着果蝇蛹龄期的增加而减少，果蝇蛹为 1 日龄、2 日龄时其寄生数量无显著性差异，但与果蝇蛹龄期为 3 日龄、4 日龄、5 日龄的寄生数量有显著性差异。锤角细蜂的羽化数量随着果蝇蛹龄期的增加而减少，果蝇蛹龄期为 3 日龄时其羽化率显著降低，5 日龄时不能正常羽化。果蝇蛹为 1 日龄、2 日龄时其羽化率无显著性差异，但与果蝇蛹龄期为 3 日龄、4 日龄、5 日龄的羽化率有显著性差异。

表 5-12　不同果蝇蛹龄期对锤角细蜂寄生和羽化的影响

果蝇蛹日龄	被寄生蛹的数量（头）	成蜂羽化数量（头）
1	30.2±1.34Aa	22±1.67Aa
2	31.0±1.41Aa	19±1.59Aa
3	25.8±1.89Bb	10±1.75Bb
4	15.4±1.78Cc	2±1.69Cc
5	5.8±1.67Dd	0

4. 锤角细蜂室内扩繁技术

（1）半人工饲料的制作　将香蕉去皮切成长 2～3 厘米的香蕉段，每段的重量约为 20 克，先放入冰箱−4℃的环境下进行冷冻，冷冻一天（24 小时）后取出使用。在实验室内利用直径 9 厘米培养皿，底部垫上 3 毫米厚的干燥细沙（细沙提前用清水洗净，用 60 目滤网过滤掉石块，在高温灭菌锅内消毒晾干），在培养皿正中放入 2 或 3 段冷冻过的香蕉，待香蕉解冻后，在表面撒上 3 克酵母细粉，促进果蝇取食产卵，并帮助幼虫发育。在培养皿内加入蒸馏水，使细沙和香蕉段充分湿润，加入的蒸馏水以不滴出为宜。

（2）斑翅果蝇的饲养　选用尺寸为 50 厘米×50 厘米×30 厘米的养虫笼，温度 25℃±1℃，湿度 80%±5%，将 300 只斑翅果蝇成虫（雌∶雄＝1∶1）释放于养虫笼内，使成虫进行交配，并将制作好的半人工饲料放在养虫笼中，让斑翅果蝇产卵，在养虫笼的顶部和角落放置浸湿蒸馏水的脱脂棉（提供水分），每周补充 50～100 头果蝇成虫（雌∶雄＝1∶1），保证养虫笼内有足够多的成虫产卵，5 天后取出放入的人工饲料（已经有斑翅果蝇的蛹）备用。

（3）锤角细蜂的饲养　取出备用的人工饲料（含有斑翅果蝇蛹），将其放入 50 厘米×50 厘米×30 厘米的养虫笼中，再将充分交配后的锤角细蜂接入养虫笼中，果蝇蛹和雌蜂的比例为 20∶1，放入一小团棉花，滴入 2～3 滴 50% 的蜂蜜水，保持温度 25℃、湿度 80%，5 天后将待羽化的斑翅果蝇蛹清理出来，余下的果蝇蛹继续发育，20 天后，锤角细蜂羽化，收集锤角细蜂。

第三节　草地贪夜蛾生物防治

一、草地贪夜蛾入侵发生及危害

草地贪夜蛾（*Spodoptera frugiperda*）在昆虫分类上隶属鳞翅目、夜蛾科，原产于美洲热带和亚热带地区，是联合国粮农组织全球预警的重大迁飞性害虫。草地贪夜蛾于 2019 年 1 月确认入侵我国云南，截至 2019 年 10 月 8 日就已扩散蔓延到我国西南、华南、西北、华北等地区的 26 省（自治区、直辖市），1 518 个县（区、市），在玉米上的发生面积约 106.5 万公顷。草地贪夜蛾已经成为我国农业生产上的一种新的常发性重大害虫，2020 年 9 月，被农业农村部列为《一类农作物病虫害名录》之首。

二、草地贪夜蛾发生危害特点

草地贪夜蛾为多食性昆虫，已记载危害的植物共计 186 种、42 属，以取食谷类和禾本科牧草为主。在我国玉米是草地贪夜蛾最嗜好的寄主植物，除危害玉米以外，也危害甘蔗、高粱、谷子、小麦等 15 种作物以及皇竹草、马唐、牛筋草、苏丹草 4 种禾本科杂草。草地贪夜蛾幼虫在玉米田聚集危害，从玉米苗期、拔节期、大喇叭口期、抽雄期、开花抽丝期以及成熟期均可危害，但偏好取食苗期至大喇叭口期的玉米。草地贪夜蛾 1～3 龄幼虫多隐藏在叶片背面取食，取食后剩下叶表皮，形成半透明薄膜状"窗孔"，4～6 龄幼虫对玉米的危害更为严重，不仅取食叶片后形成不规则的长形孔洞，还可将整株玉米的叶片取食光，甚至还会蛀食玉米雄穗和雌穗，对玉米生产造成严重影响。

三、天敌种群对草地贪夜蛾的控制

（一）云南草地贪夜蛾天敌资源调查

草地贪夜蛾入侵中国后，在短时间内完成了外来入侵生物的传入、定殖、潜伏、扩散与危害的整个过程，对玉米生产造成严重影响。为了应对草地贪夜蛾的发生，中国科研机构迅速行动起来，在草地贪夜蛾的入侵生物学特性、发生危害、迁飞规律、监测预警和综合防控技术等方面开展了研究工作，并取得了一系列成果。云南作为草地贪夜蛾入侵第一站，多样的地理和气候条件以及丰富的食物，为草地贪夜蛾入侵、暴发提供了优厚的条件，但同时其蕴含丰富的生物防治资源，为草地贪夜蛾的绿色可持续防控提供了资源条件。

从 2019 年草地贪夜蛾入侵之初，云南省农业科学院农业环境资源研究所在农业农村部"草地贪夜蛾应急防控"项目和云南省专项项目"云南省草地贪夜蛾绿色防控技术研究"的支持下持续开展了草地贪夜蛾天敌资源的调查和收集工作。

根据草地贪夜蛾的发生情况，分别在西双版纳、普洱、临沧、大理、玉溪、昆明、保山、德宏、曲靖、红河、文山等地开展草地贪夜蛾的天敌资源调查和收集（表 5 - 13）。

表 5 - 13 草地贪夜蛾天敌资源调查情况

采集地点	草地贪夜蛾采集虫态	天敌资源类型
昆明	幼虫、卵	寄生性、捕食性、病原微生物
曲靖	幼虫、卵	寄生性、病原微生物
文山	幼虫、卵	寄生性、捕食性

（续）

采集地点	草地贪夜蛾采集虫态	天敌资源类型
玉溪	幼虫、卵	寄生性、捕食性、病原微生物
红河	幼虫、卵	寄生性、捕食性
普洱	幼虫、卵	寄生性、捕食性
版纳	幼虫、卵	寄生性、捕食性
临沧	幼虫、卵	寄生性、捕食性
大理	幼虫、卵	寄生性、捕食性
保山	幼虫、卵	寄生性、捕食性、病原微生物
德宏	幼虫、卵	寄生性、捕食性、病原微生物

采集并明确云南省草地贪夜蛾天敌昆虫资源 2 类 21 种，其中，寄生性天敌昆虫 8 种，捕食性天敌昆虫 13 种。并筛选获得草地贪夜蛾的卵、幼虫和蛹 3 个发育阶段的重要优势天敌昆虫，包括卵寄生性天敌夜蛾黑卵蜂、幼虫捕食性天敌叉角厉蝽和蛹寄生性天敌夜蛾环金小蜂（表 5-14）。

表 5-14 云南省草地贪夜蛾天敌昆虫资源

目	科	种	寄主寄生阶段
膜翅目	赤眼蜂科	赤眼蜂 *Trichogramma* sp.	卵
膜翅目	缘腹细蜂科	夜蛾黑卵蜂 *Telenomus remus*	卵
膜翅目	马蜂科	侧沟茧蜂 *Microplitis* sp.	1～2 龄幼虫
膜翅目	茧蜂科	盘绒茧蜂（2 种）*Cotesia* sp.	3～6 龄幼虫
膜翅目	姬蜂科	齿唇姬蜂 *Campoletis* sp.	1～2 龄幼虫
膜翅目	姬蜂科	黏虫白星姬蜂 *Vulgichneumon leucaniae*	3～6 龄幼虫
膜翅目	金小蜂科	夜蛾环金小蜂 *Coelopisthia* sp.	蛹
半翅目	花蝽科	小花蝽 *Orius* sp.	幼虫
半翅目	益蝽亚科	益蝽 *Picromerus lewisi*	幼虫
半翅目	猎蝽科	大红犀猎蝽 *Sycanus falleni*	幼虫
半翅目	猎蝽科	侧刺蝽 *Andrallrs spinidens*	幼虫
半翅目	猎蝽科	叉角厉蝽 *Cantheconidae furcellata*	幼虫
半翅目	长蝽科	大眼长蝽 *Geocoris pallidipennis*	幼虫
脉翅目	草蛉科	草蛉 *Chrysopidae* sp.	1～2 龄幼虫、卵
膜翅目	胡蜂科	小胡蜂 *Vespula* sp.	幼虫
膜翅目	蚁科	蚂蚁 *Formicidae* spp.	幼虫、卵
膜翅目	蚁科	红火蚁 *Solenopsis invicta*	幼虫
革翅目	肥螋科	灰足肥螋 *Euborellia pallipes*	幼虫
鞘翅目	瓢甲科	瓢甲 *Coccinellidae* spp.	幼虫
鞘翅目	步甲科	双斑青步甲 *Chlaenius bioculatus*	幼虫

（二）寄生性天敌昆虫对草地贪夜蛾的控制作用

1. 夜蛾黑卵蜂

夜蛾黑卵蜂是一种卵寄生性天敌昆虫，雌性成蜂将卵产在害虫卵中获取营养进行发育。夜蛾黑卵蜂被认为是草地贪夜蛾的优势天敌。调查显示，夜蛾黑卵蜂对草地贪夜蛾卵田间寄生率高达 92.8%。

（1）不同温度下夜蛾黑卵蜂的发育历期

①研究方法。设置温度为 17℃、20℃、23℃、26℃、29℃和 32℃，共 6 个处理，每个处理 4 个重复。饲养在相同的人工气候箱里，相对湿度 65%±5%，光周期 L∶D＝14∶10，每个处理采用当天收集的新鲜草地贪夜蛾卵块让夜蛾黑卵蜂寄生，记录不同温度处理条件下夜蛾黑卵蜂整个世代的发育历期。

②研究结果。在 17℃、20℃、23℃、26℃、29℃、32℃温度条件下，夜蛾黑卵蜂寄生草地贪夜蛾卵，随着温度的升高发育历期逐渐缩短，不同温度下夜蛾黑卵蜂的发育历期呈显著性差异（$F=405.473\,9$，$P<0.05$），温度（T）与发育历期（N）呈负相关（$r=-0.969\,0$），回归方程为 $N=-4.412T+31.81$（图 5-2）。通过不同温度下夜蛾黑卵蜂的发育历期，计算出夜蛾黑卵蜂世代发育起点温度为 13.36℃，有效积温为 146.04℃。

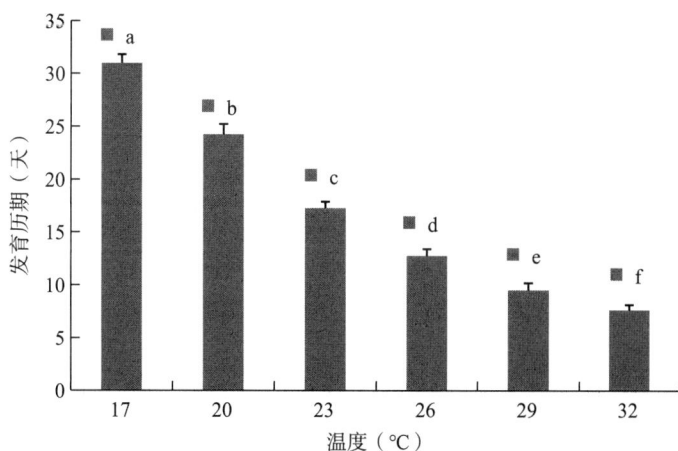

图 5-2　不同温度下夜蛾黑卵蜂发育历期*

（2）低温冷藏夜蛾黑卵蜂寄生卵块对其羽化率、发育历期的影响

①研究方法。低温（6℃）条件下，冷藏夜蛾黑卵蜂寄生卵块 5、10、15、20、25、30 天对夜蛾黑卵蜂羽化率的影响，不冷藏为对照，本试验共 7 个处理，每个处理设 4 个重复，记录夜蛾黑卵蜂蛹的羽化数量。

---

* 图中不同英文小写字母代表显著性差异（$P<0.05$），余同。

采集当天新鲜的草地贪夜蛾卵块让夜蛾黑卵蜂寄生，放于温度25℃±1℃、相对湿度65%±5%、光周期L：D＝14：10的人工气候箱内，寄生2天后，把寄生过的卵块放在23℃、相对湿度65%±5%、光周期L：D＝14：10的人工气候箱饲养2天，之后将夜蛾黑卵蜂寄生卵块放在6℃冷藏箱保存5、10、15、20、25、30天，分别取出寄生过的卵块让其羽化，记录夜蛾黑卵蜂卵块寄生率、卵粒寄生率，低温冷藏不同时间的发育历期，不冷藏为对照。

②研究结果。低温冷藏夜蛾黑卵蜂寄生卵块对其卵块羽化率的影响：不同冷藏时间的夜蛾黑卵蜂卵块羽化率呈显著性差异（$F＝859.5236$，$P<0.05$），随着冷藏时间的延长卵块羽化率逐渐降低，低温冷藏的夜蛾黑卵蜂卵块羽化率明显低于对照，15天以内卵块羽化率在86.25%以上，20天以上卵块羽化率为7.88%以下（图5-3），冷藏25天、30天夜蛾黑卵蜂蛹不羽化。

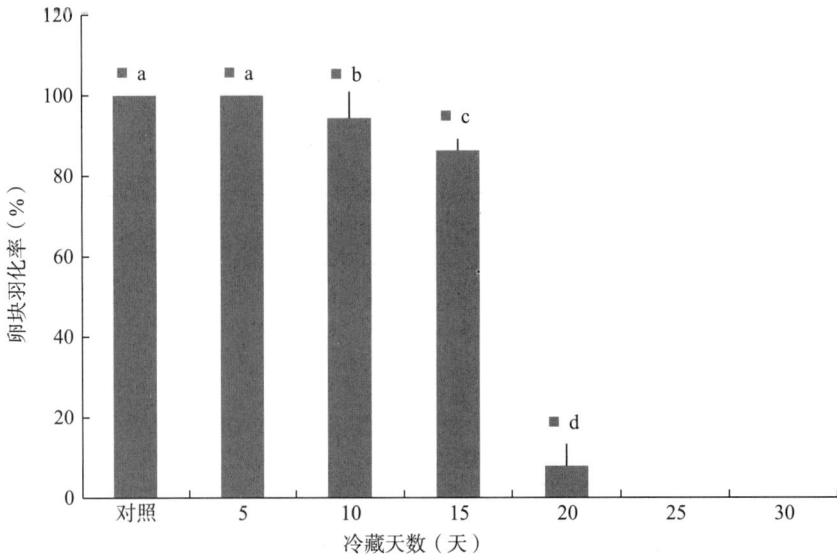

图5-3　低温冷藏夜蛾黑卵蜂寄生卵块对其卵块羽化率的影响

低温冷藏夜蛾黑卵蜂寄生卵块对其卵粒羽化率的影响：不同处理的卵粒羽化率呈显著性差异（$F＝308.9265$，$P<0.05$），5天以内卵粒羽化率最高为75.58%，10～20天羽化率为1.63%～14.32%，随着冷藏时间的延长，夜蛾黑卵蜂卵粒羽化率逐渐减低，低温冷藏不同时间与卵粒羽化率呈负相关，回归方程为$Y＝-14.879X＋85.517$，其中Y为冷藏天数，X为卵的羽化率，相关系数为0.8629（图5-4）。低温冷藏夜蛾黑卵蜂寄生卵块建议冷藏5天以内较理想。

低温冷藏夜蛾黑卵蜂寄生卵块对其发育历期影响：从寄生至羽化的发育历期，冷藏25天、30天蛹没有羽化，冷藏5、10、15、20天的发育历期呈显著性差异（$F＝688.5491$，$P<0.05$），冷藏时间与发育历期呈正相关（$r＝0.9891$）（图5-5）。

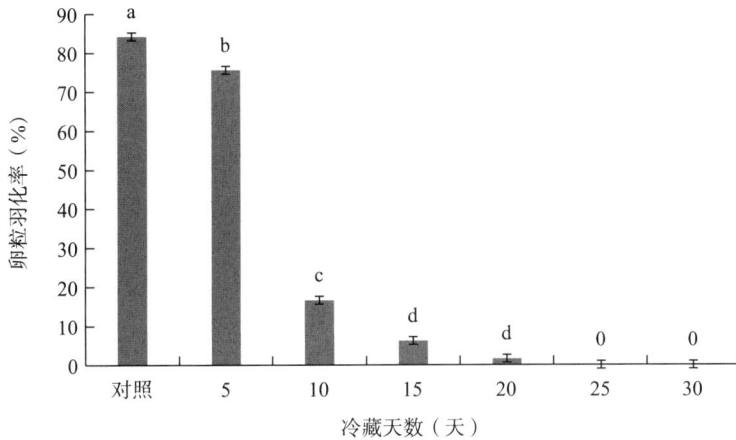

图 5-4　低温冷藏夜蛾黑卵蜂卵块对其卵粒羽化率的影响

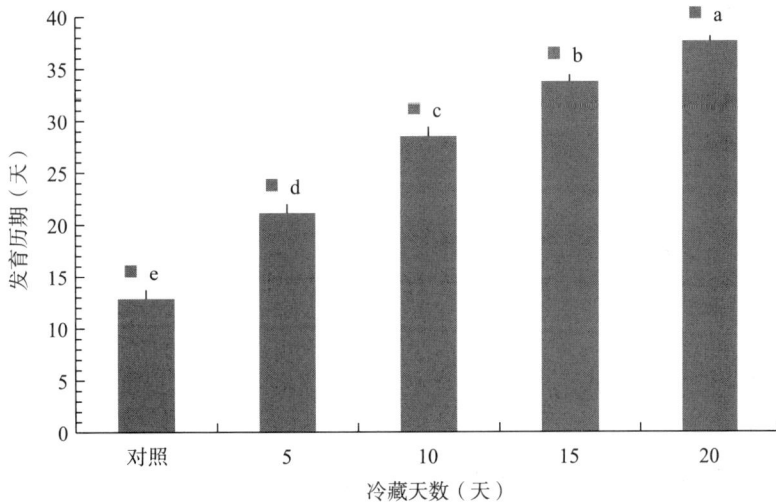

图 5-5　低温冷藏夜蛾黑卵蜂卵块对其发育历期的影响

（3）低温冷藏草地贪夜蛾卵对夜蛾黑卵蜂羽化的影响

①研究方法。低温 6℃条件下，冷藏草地贪夜蛾卵对夜蛾黑卵蜂羽化的影响。设置低温冷藏草地贪夜蛾卵 1、2、3、4、5、6、7、8、9、10 天 10 个处理，不保存为对照，每个处理 4 个重复。

将当天采集的新鲜的草地贪夜蛾卵块放在低温（6℃）冷藏箱冷藏，冷藏不同天数的卵取出放入寄生盒内让夜蛾黑卵蜂寄生 2 天后，取出寄生的卵块，在温度25℃±1℃、相对湿度 65％±5％、光周期 L：D＝14：10 的人工气候箱内发育，观察记录夜蛾黑卵蜂羽化数。

②研究结果。不同处理的夜蛾黑卵蜂羽化率为 33％～89.82％，呈显著性差异（$F=37.010\ 2$，$P<0.05$），低温冷藏 2 天羽化率最高（89.82％），冷藏 9 天羽化率最低（33％），低温冷藏 2 天和 3 天羽化率高于对照，冷藏 1 天和 5 天与对照差异不显著，其余处理羽化率显著低于对照（图 5-6）。低温冷藏草地贪夜蛾卵繁殖夜蛾黑卵蜂，其羽化率与保存天数呈负相关（$r=-0.859\ 9$），回归方程为 $Y=-4.924\ 3X+92.751$，其中，Y 代表羽化率，X 代表冷藏天数。繁殖夜蛾黑卵蜂建议低温保存草地贪夜蛾卵在 5 天以内。

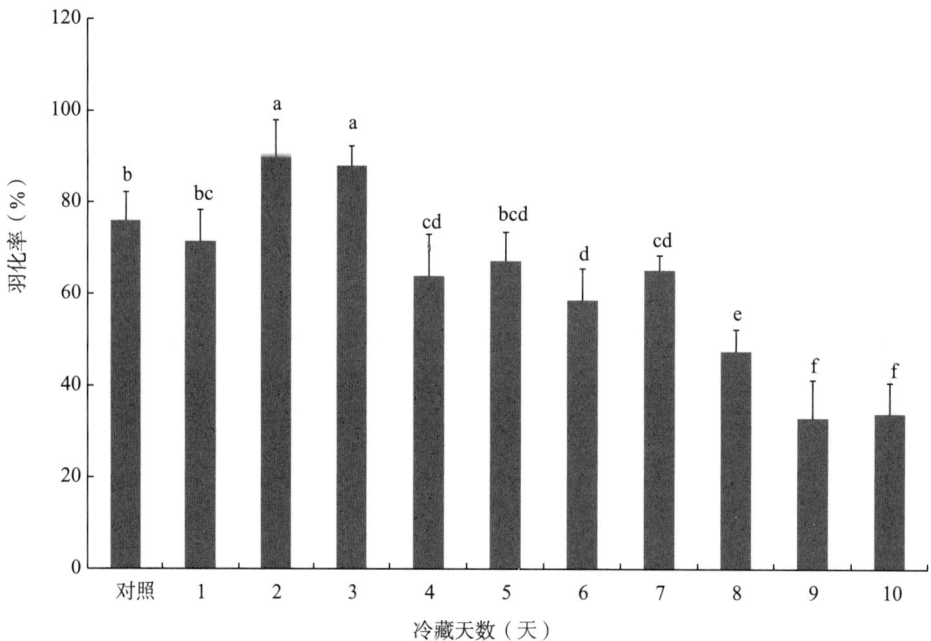

图 5-6　低温冷藏草地贪夜蛾卵对夜蛾黑卵蜂羽化的影响

(4) 草地贪夜蛾卵粒数对夜蛾黑卵蜂繁殖的影响

①研究方法。采用草地贪夜蛾卵繁殖夜蛾黑卵蜂，设置 10 个处理，卵粒数分别为 10、20、30、40、50、60、70、80、90、100 粒，明确草地贪夜蛾不同卵粒数下夜蛾黑卵蜂的寄生率、羽化率和雌性比例。

②研究结果。草地贪夜蛾不同卵粒数对夜蛾黑卵蜂寄生率的影响（图 5-7）：不同卵粒数的夜蛾黑卵蜂寄生率呈显著性差异 [$F_{(9, 30)}=14.848\ 4$，$P<0.000\ 5$]，1 头雌蜂寄生草地贪夜蛾卵的寄生率为 58.06％～83.42％，40、50、60、70 粒寄生率较高，差异不显著，50 粒寄生率最高（83.42％），其次为 60 粒，其寄生率为 82.93％。

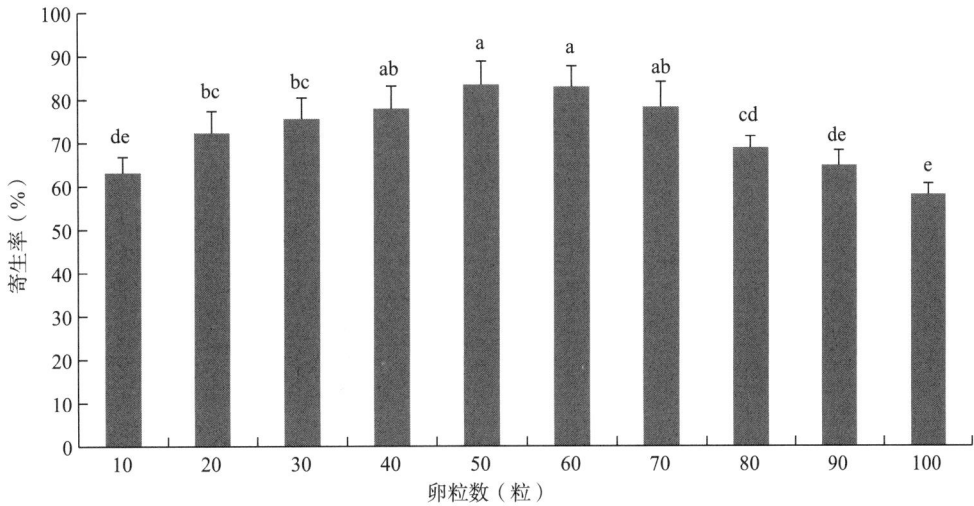

图 5-7　草地贪夜蛾不同卵粒数对夜蛾黑卵蜂寄生率的影响

草地贪夜蛾不同卵粒数对夜蛾黑卵蜂羽化率的影响（图 5-8）：不同卵粒数的夜蛾黑卵蜂羽化率呈显著性差异 $[F(9, 30)=14.9623, P<0.0005]$，1 头雌蜂寄生草地贪夜蛾卵的羽化率为 $60.65\%\sim84.71\%$，寄生 30、40、50、60 粒羽化率较高，没有显著性差异，寄生 50 粒羽化率最高（84.71%），其次为 40 粒，其羽化率为 84.61%。

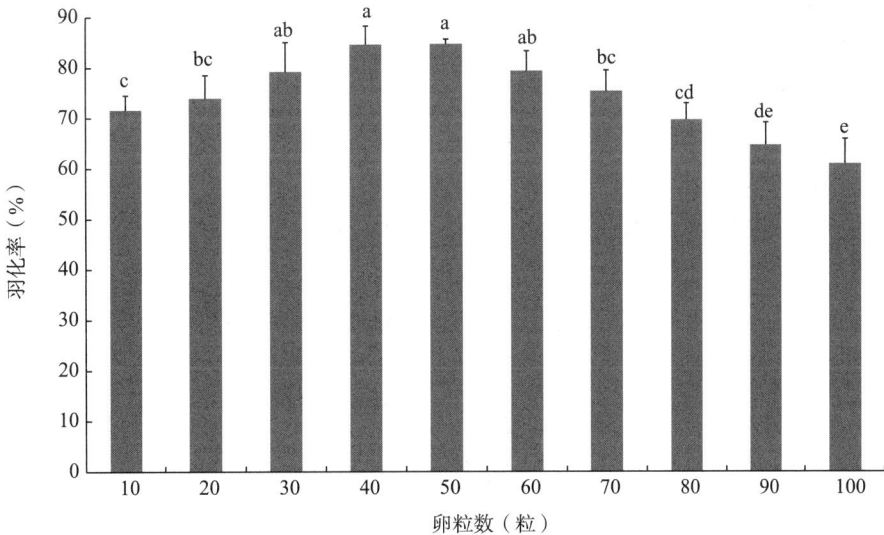

图 5-8　草地贪夜蛾不同卵粒数对夜蛾黑卵蜂羽化率的影响

草地贪夜蛾不同卵粒数对夜蛾黑卵蜂雌性比例的影响（图 5-9）：不同卵粒数的夜蛾黑卵蜂雌性比例呈显著性差异 $[F(9, 30)=29.8719, P<0.0005]$，1 头雌蜂寄生草地贪夜蛾卵的雌性比例为 $41.63\%\sim75.59\%$，40、50、60 粒雌性比例分别为

60.10％、64.25％、72.51％。

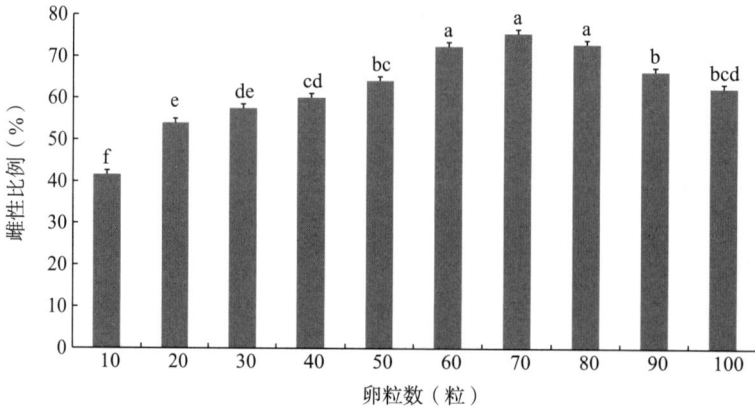

图 5-9 草地贪夜蛾不同卵粒数对夜蛾黑卵蜂雌性比例的影响

研究结果表明，夜蛾黑卵蜂寄生草地贪夜蛾卵粒数 50、60 粒，夜蛾黑卵蜂寄生率、羽化率、雌性比例较理想，采用草地贪夜蛾卵繁殖夜蛾黑卵蜂，建议雌蜂数与卵粒数比为 1：（50～60）。

（5）夜蛾黑卵蜂室内扩繁技术　夜蛾黑卵蜂的室内繁殖包括寄主植物种植管理技术、寄主草地贪夜蛾室内扩繁技术、夜蛾黑卵蜂的室内繁殖技术三方面集成创新。

①寄主植物种植管理技术。取花盆（直径 9 厘米、高 1.5 厘米），每个花盆播种 50 粒玉米种子，播种后注意水肥管理和温度控制。出苗后 15 天玉米苗高约 20 厘米。

②寄主草地贪夜蛾室内扩繁技术。在养虫笼中放入 50 头草地贪夜蛾蛹，当草地贪夜蛾蛹羽化为成虫后，提供 15％蜂蜜水作为成虫的补充营养；在养虫笼内放置一盆备用的玉米苗，5 天后可以观察到有卵出现，每天进行检查，将有卵块的玉米植株叶片取下用于室内饲养。

草地贪夜蛾卵的孵化和保存方法：取收集到的草地贪夜蛾卵放入养虫盒中，在温度 25℃±2℃、相对湿度 65％、光周期 L：D＝14：10 的条件下让其发育，3 天后有幼虫出现，取备用的玉米苗放在养虫笼中，将孵化的幼虫转移到玉米苗上，多余的卵块放在 4℃冰箱内保存。

草地贪夜蛾幼虫的饲养方法：每盆玉米苗接上初孵幼虫后，在温度 25℃±2℃、相对湿度 65％、光周期 L：D＝14：10 的条件下让其发育；在这个过程中注意玉米苗的保水，当幼虫发育到 3 龄后，将备用的玉米苗割下后直接放在养虫笼中让其取食发育，每天必须有新鲜的玉米苗饲喂幼虫，以保证其正常发育。

草地贪夜蛾蛹的收集方法：每天观察室内幼虫的发育情况，发现有蛹时，3 天后统一收集蛹。收集的蛹一部分用于新一轮的繁殖，一部分放在 4℃冰箱内保存。

③夜蛾黑卵蜂室内繁殖技术。收集新鲜的草地贪夜蛾卵块放入养虫盒内，接入夜蛾黑卵蜂，让其在温度 25℃±1℃、相对湿度 65％、光周期 L：D＝14：10 的条件下寄生，

同时提供蜂蜜水以补充成蜂的营养，寄生2天后，取出卵块放入养虫盒里，在相同的条件下让其发育，待12～14天羽化为成虫，收集成蜂进行新一轮的繁殖。

（6）夜蛾黑卵蜂示范应用　试验设在有纱网笼罩条件下的玉米地进行，地块播种玉米，行距80厘米，株距30厘米，待玉米生长到小喇叭口期后安置纱网笼罩（200厘米×200厘米×200厘米），每个笼罩（小区）之间的距离为200厘米，每个笼罩（小区）4个重复，2020年、2021年不同试验处理见表5-15至表5-17。

表5-15　2020年夜蛾黑卵蜂成蜂田间释放情况

处理	释放夜蛾黑卵蜂（对）	释放草地贪夜蛾卵（块）
1	80	2
2	80	6
3	80	10
4	80	14

表5-16　2021年夜蛾黑卵蜂卵块田间释放情况

处理	释放夜蛾黑卵蜂卵块数（块）	释放草地贪夜蛾卵块数（块）
1	1	0
2	1	1
3	1	2
4	1	3
5	1	4

表5-17　2021年夜蛾黑卵蜂雌蜂田间释放情况

处理	释放夜蛾黑卵蜂雌蜂数量（头）	第1次释放草地贪夜蛾卵块数（块）	第2次释放草地贪夜蛾卵块数（块）
1	40	2	2
2	40	6	6
3	40	10	10
4	40	14	14

2020年7月17日在玉米地笼罩内释放夜蛾黑卵蜂和卵块，7月22日收回卵块，寄生率50%～92.86%，田间释放14块草地贪夜蛾卵块和80对夜蛾黑卵蜂成蜂寄生率最高（92.85%），说明通过室内饲养及田间释放，夜蛾黑卵蜂在玉米地能成功寄生草地贪夜蛾卵块（表5-18）。

表 5 - 18   2020 年夜蛾黑卵蜂成蜂田间释放效果

处理	释放夜蛾黑卵蜂数 （对）	释放草地贪夜蛾卵 （块）	卵块寄生率（％）
1	80	2	50.00
2	80	6	79.50
3	80	10	82.25
4	80	14	92.85

2021 年 7 月 9 日在玉米地笼罩内释放夜蛾黑卵蜂卵块和草地贪夜蛾卵块，不同处理和效果见表 5 - 19。7 月 12 日调查草地贪夜蛾卵块，发现有部分卵块已经孵化为草地贪夜蛾幼虫，7 月 13 日第二次释放夜蛾黑卵蜂卵块，7 月 15 日收回田间释放的草地贪夜蛾卵块，发现田间释放夜蛾黑卵蜂卵块没有寄生草地贪夜蛾卵，这有待于进一步深入研究。

表 5 - 19   2021 年夜蛾黑卵蜂卵块释放效果

处理	释放夜蛾黑卵蜂卵块数 （块）	释放草地贪夜蛾卵块数 （块）	卵块寄生率 （％）
1	1	0	0
2	1	1	0
3	1	2	0
4	1	3	0
5	1	4	0

2021 年 8 月 7 日第 1 次在玉米地笼罩内释放夜蛾黑卵蜂雌蜂和草地贪夜蛾卵块，不同处理和效果见表 5 - 20。8 月 11 日取回，卵块寄生率在 0～50％；8 月 17 日第 2 次田间再次在相同的笼罩内释放相同的草地贪夜蛾卵块，8 月 19 日取回，寄生率均为 0，说明夜蛾黑卵蜂在田间释放 10 天后，需要继续释放，让其建立田间自然种群。

表 5 - 20   2021 年夜蛾黑卵蜂成蜂释放效果

处理	雌性夜蛾 黑卵蜂数量 （头）	第 1 次释放草地 贪夜蛾卵块数 （块）	第 1 次卵块 寄生率（％）	第 2 次释放草地 贪夜蛾卵块数 （块）	第 2 次卵块 寄生率（％）
1	40	2	0	2	0
2	40	6	50	6	0
3	40	10	20	10	0
4	40	14	43	14	0

田间释放夜蛾黑卵蜂卵块和成蜂试验表明，田间释放夜蛾黑卵蜂成蜂比释放其卵块对草地贪夜蛾卵块寄生率高。

2. 夜蛾环金小蜂

夜蛾环金小蜂（*Coelopisthia* sp.）是一种蛹寄生性天敌昆虫，雌性成蜂将卵产在害虫蛹中获取营养进行发育。夜蛾环金小蜂对草地贪夜蛾蛹的寄生率达80%以上。

（1）夜蛾环金小蜂寄生对寄主蛹的影响

①研究方法。将1～2日龄的斜纹夜蛾及黏虫蛹单头放入塑料杯中，接入体型大小一致的夜蛾环金小蜂雌虫1头，放入18℃培养箱内，寄生48小时后取出夜蛾环金小蜂。斜纹夜蛾及黏虫蛹每2～3天称重一次并记录，未被寄生成功羽化的寄主蛹作对照。

②研究结果。斜纹夜蛾蛹被寄生后，蛹重下降速率高于未寄生的蛹，表明夜蛾环金小蜂的幼虫对寄主营养物质的消耗速度快，18℃下20天后，未寄生的斜纹夜蛾蛹可自然羽化，而被寄生的蛹需要30天才能羽化出蜂（图5-10）。

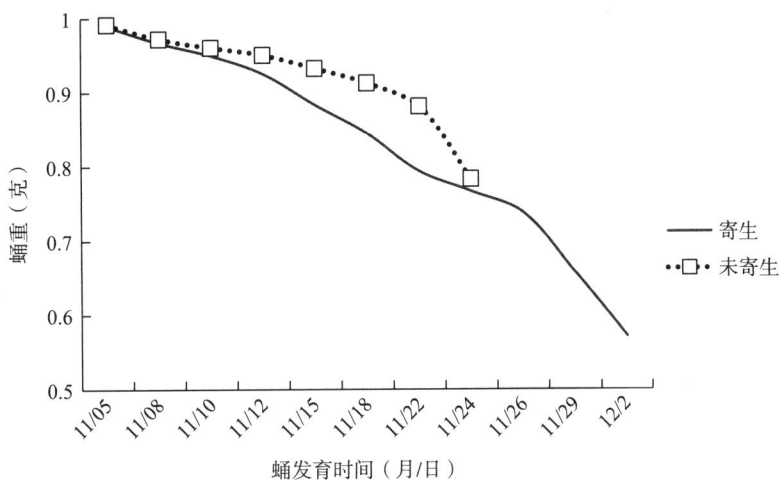

图5-10 夜蛾环金小蜂寄生对斜纹夜蛾蛹重的影响

黏虫蛹被寄生后，蛹重下降趋势和斜纹夜蛾一致（图5-11），表明夜蛾环金小蜂的幼虫对寄主营养物质的消耗速度快，18℃下16天后，未寄生的黏虫蛹可自然羽化，而被寄生的蛹需要30天才能羽化出蜂。黏虫的羽化速度快于斜纹夜蛾。

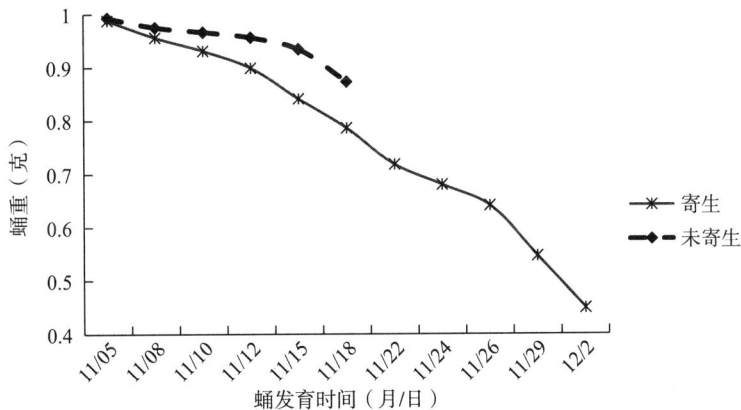

图5-11 夜蛾环金小蜂寄生对黏虫蛹重的影响

(2) 不同寄主蛹对夜蛾环金小蜂繁殖力的影响

①研究方法。将单头相同日龄的斜纹夜蛾及黏虫蛹放入塑料杯中，接入体型大小一致的夜蛾环金小蜂雌虫 1 头，放入 18℃培养箱内，寄生 48 小时后取出夜蛾金小蜂，取出后让其发育，羽化出蜂后统计每个杯中的夜蛾环金小蜂的雌雄数量。

②研究结果。不同寄主蛹对夜蛾环金小蜂出蜂量的影响：从图 5-12 中可以看出，斜纹夜蛾蛹作为寄主，雌蜂量 44.6 头，总蜂量 60.8；黏虫蛹作为寄主，雌蜂量 14.8 头，总蜂量 27.4 头。从数量看利用斜纹夜蛾蛹作为寄主更有利于夜蛾环金小蜂繁殖。

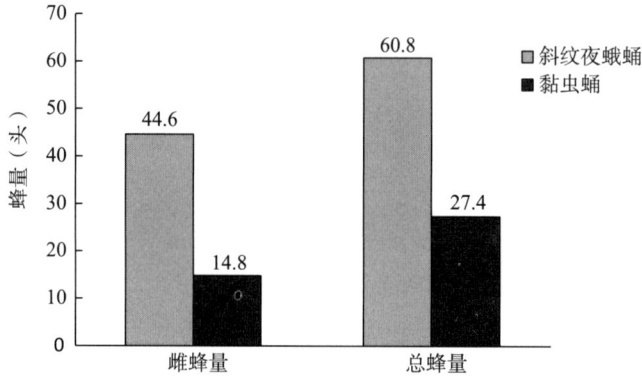

图 5-12 不同寄主对夜蛾环金小蜂出蜂量的影响

不同寄主蛹对夜蛾环金小蜂雌性占比的影响：从图 5-13 中可以看出，斜纹夜蛾蛹为寄主时，夜蛾环金小蜂的雌性占比为 81.9%；黏虫蛹为寄主时，夜蛾环金小蜂的雌性占比为 42.1%。

综合出蜂数量和性比，在繁殖夜蛾环金小蜂时选择斜纹夜蛾作为寄主蛹更有利于夜蛾环金小蜂繁殖。

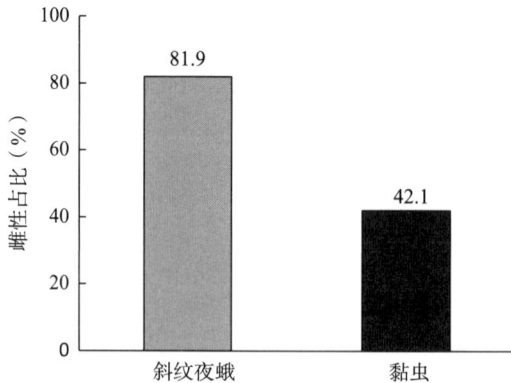

图 5-13 不同寄主对夜蛾环金小蜂雌性占比的影响

(三) 捕食性天敌昆虫对草地贪夜蛾的控制作用

1. 蠋蝽成虫对草地贪夜蛾不同龄期幼虫的捕食能力评估

蠋蝽（*Arma chinensis*）作为一种重要的捕食性天敌，成虫和若虫对害虫都有捕食作用，通过口针刺吸害虫体液获得营养导致害虫死亡。螳蟖对草地贪夜蛾幼虫捕食食率达 80％以上，每头成虫每天可捕食草地贪夜蛾 3 龄幼虫 60 头。

（1）研究方法　选取室内饲养的螳蟖雌雄成虫各 90 头，试验前将其置于培养皿（直径 9 厘米、高 1.5 厘米）内饥饿，每皿放入 1 头螳蟖成虫和一块浸湿的脱脂棉。24 小时后将草地贪夜蛾 3、4、5 龄幼虫和饥饿的螳蟖成虫一起放入养虫盒内，同时在养虫盒内放入少量玉米叶，避免草地贪夜蛾幼虫互相残杀。草地贪夜蛾 3 龄幼虫密度梯度设为 15、20、40、60、100、140 头/盒；4 龄幼虫密度梯度设为 5、10、20、30、40、50 头/盒，5 龄幼虫密度梯度设为 4、6、8、10、15、20 头/盒，每处理设置 5 个重复。分别观察螳蟖雌雄成虫对草地贪夜蛾不同龄期幼虫的捕食行为，24 小时后检查不同龄期草地贪夜蛾幼虫的存活数量。

（2）研究结果　螳蟖雌成虫对草地贪夜蛾 3、4、5 龄幼虫的捕食功能反应见表 5 - 21，捕食功能反应符合 Holling Ⅱ模型（图 5 - 14 至图 5 - 16）。结果表明，雌成虫对草地贪夜蛾各个龄期幼虫都能捕食，对 3 龄幼虫的捕食量最大，为 59.666 头，并随着龄期的增加捕食量降低，对 4 龄幼虫的瞬时攻击率最高，为 1.247，对 3 龄幼虫的处理时间最短，为 0.017 天，并随着龄期的增加处理时间增加。

表 5 - 21　螳蟖雌成虫对草地贪夜蛾不同龄期幼虫的捕食功能反应

龄期	相关系数	捕食功能方程	瞬时攻击率	处理时间（天）	日最大捕食量（头）
3	0.911	$Na = 1.081N/(1+0.018N)$	1.081 ± 0.133	0.017 ± 0.001	59.666
4	0.958	$Na = 1.247N/(1+0.053N)$	1.247 ± 0.116	0.043 ± 0.002	23.441
5	0.853	$Na = 0.984N/(1+0.110N)$	0.984 ± 0.159	0.111 ± 0.014	8.985

注：其中 Na 表示供试猎物密度，N 表示捕食者捕食量，余同。

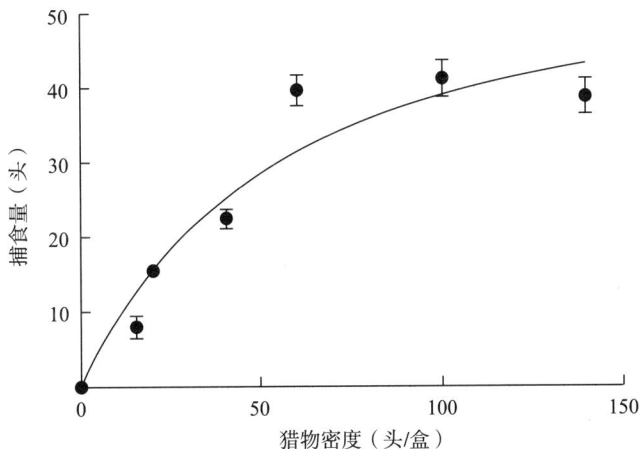

图 5 - 14　螳蟖雌成虫对草地贪夜蛾 3 龄幼虫的捕食功能反应

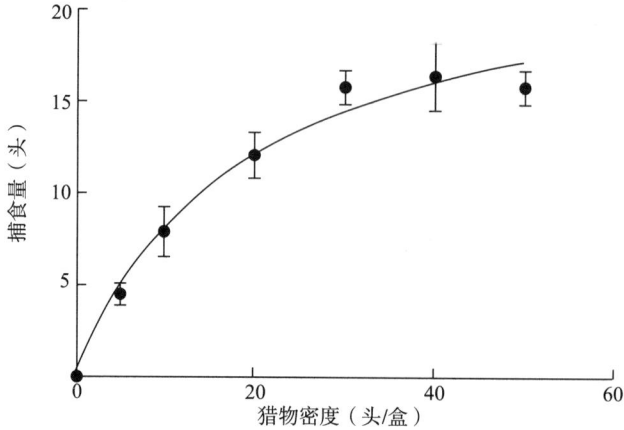

图 5-15　螳蜉雌成虫对草地贪夜蛾 4 龄幼虫的捕食功能反应

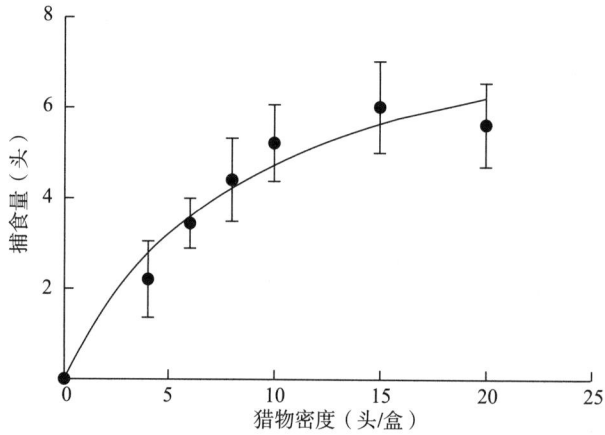

图 5-16　螳蜉雌成虫对草地贪夜蛾 5 龄幼虫的捕食功能反应

根据 $S = a / (1 + aThN)$ 公式计算出螳蜉雌成虫对草地贪夜蛾 3、4、5 龄幼虫的搜寻效应，其中 S 为搜寻效应值，a 为捕食者的瞬时攻击率，Th 为捕食者对猎物的处理时间，N 为猎物密度。由图 5-17 至图 5-19 看出，螳蜉雌成虫对草地贪夜蛾 3、

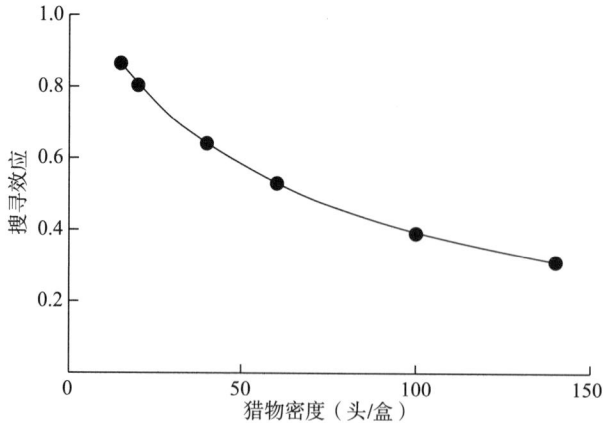

图 5-17　螳蜉雌成虫对草地贪夜蛾 3 龄幼虫的搜寻效应

4、5 龄幼虫的搜寻效应随着草地贪夜蛾幼虫密度的增加而降低。蠋蝽对养虫盒内草地贪夜蛾 3、4、5 龄幼虫的搜寻效应拟合度较好。

图 5-18 蠋蝽雌成虫对草地贪夜蛾 4 龄幼虫的搜寻效应

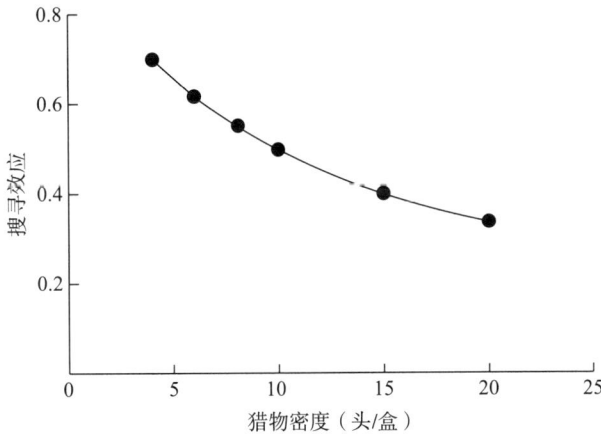

图 5-19 蠋蝽雌成虫对草地贪夜蛾 5 龄幼虫的搜寻效应

　　蠋蝽雄成虫对草地贪夜蛾 3、4、5 龄幼虫的捕食功能反应见表 5-22，捕食功能反应符合 Holling Ⅱ 模型（图 5-20 至图 5-22）。结果表明，雄成虫对草地贪夜蛾各个龄期幼虫都能捕食，对 3 龄幼虫的捕食量最大，为 58.928 头，随着龄期的增加捕食量降低，对 4 龄幼虫的瞬时攻击率最高，为 1.248，对 3 龄幼虫的处理时间最短，为 0.017 天，随着龄期的增加处理时间增加。

表 5-22　蠋蝽雄成虫对草地贪夜蛾不同龄期幼虫的捕食功能反应

龄期	相对系数	捕食功能方程	瞬时攻击率	处理时间（天）	日最大捕食量（头）
3	0.913	$Na=0.964N/(1+0.016N)$	0.964 ± 0.118	0.017 ± 0.002	58.928
4	0.972	$Na=1.248N/(1+0.055N)$	1.248 ± 0.095	0.044 ± 0.002	22.507
5	0.832	$Na=1.025N/(1+0.012N)$	1.025 ± 0.183	0.121 ± 0.015	8.285

图 5-20　蠋蝽雄成虫对草地贪夜蛾 3 龄幼虫的捕食功能反应

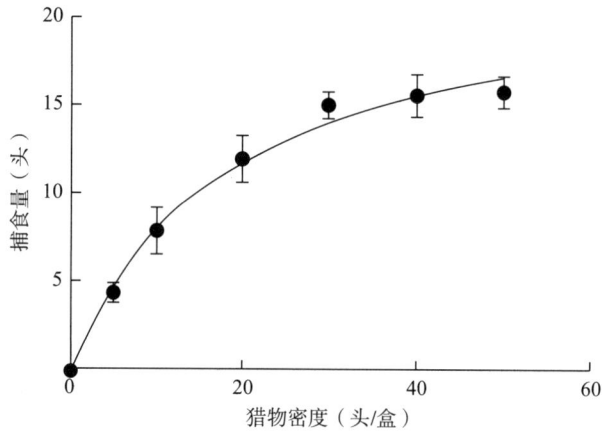

图 5-21　蠋蝽雄成虫对草地贪夜蛾 4 龄幼虫的捕食功能反应

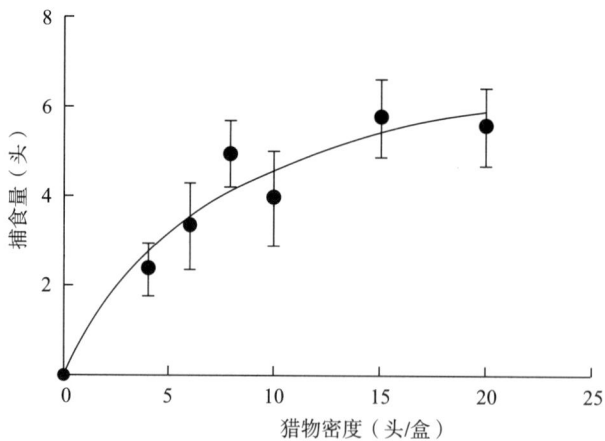

图 5-22　蠋蝽雄成虫对草地贪夜蛾 5 龄幼虫的捕食功能反应

　　根据 $S = a/(1 + aT_hN)$ 公式计算出蠋蝽雄成虫对草地贪夜蛾 3、4、5 龄幼虫的搜寻效应，由图 5-23 至图 5-25 看出蠋蝽雄成虫对草地贪夜蛾 3、4、5 龄幼虫的搜寻效应随着草地贪夜蛾幼虫密度的增加而降低。蠋蝽对养虫盒内草地贪夜蛾 3、4、5 龄幼虫的搜寻效应拟合度较好。

图 5 - 23　蠋蝽雄成虫对草地贪夜蛾 3 龄幼虫的搜寻效应

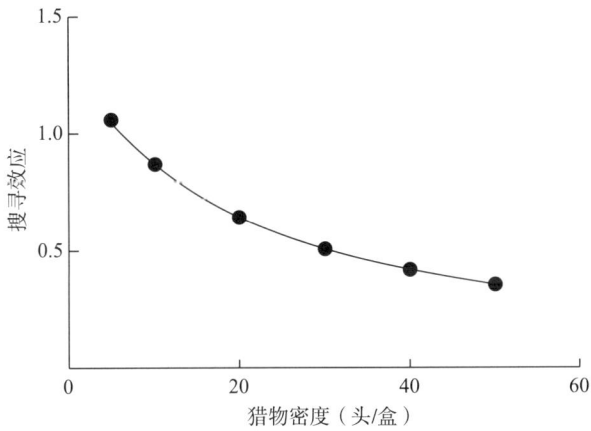

图 5 - 24　蠋蝽雄成虫对草地贪夜蛾 4 龄幼虫的搜寻效应

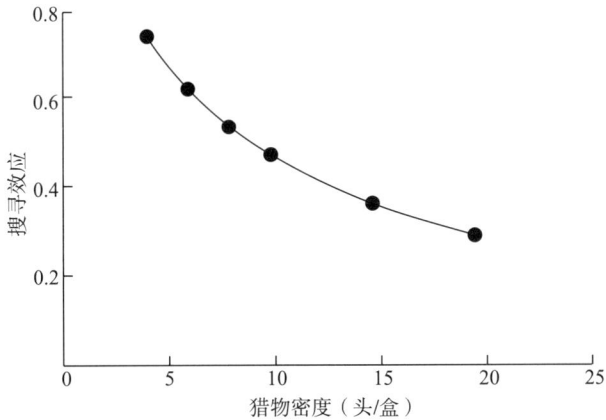

图 5 - 25　蠋蝽雄成虫对草地贪夜蛾 5 龄幼虫的搜寻效应

2. 益蝽对草地贪夜蛾不同龄期幼虫的捕食能力评估

益蝽（*Picromerus lewisi*）作为一种重要的捕食性天敌，成虫和若虫对害虫都有捕食作用，通过口针刺吸害虫体液获得营养导致害虫死亡。益蝽成虫对草地贪夜蛾幼虫捕食率达80%以上，每头成虫每天可捕食草地贪夜蛾3龄幼虫61头。

（1）益蝽成虫对草地贪夜蛾不同龄期幼虫的捕食能力评估

①研究方法。试验前将益蝽置于培养皿（直径9厘米、高1.5厘米）内饥饿，每皿放置1头益蝽成虫和一块浸湿的脱脂棉。24小时后将草地贪夜蛾3、4、5龄幼虫和饥饿的益蝽成虫一起放入养虫盒内，同时在养虫盒内放入玉米叶，避免草地贪夜蛾幼虫互相残杀。草地贪夜蛾3龄幼虫密度梯度为15、20、40、60、100、140头/盒；4龄幼虫密度梯度为5、10、20、30、40、50头/盒，5龄幼虫密度梯度为4、6、8、10、15、20头/盒，每个处理设置5个重复。观察益蝽成虫对草地贪夜蛾不同龄期幼虫的捕食能力，24小时后检查草地贪夜蛾不同龄期幼虫的存活数量。

②研究结果。益蝽雌成虫对草地贪夜蛾3、4、5龄幼虫的捕食功能反应见表5-23，捕食功能反应符合Holling Ⅱ模型（图5-26至图5-28）。益蝽雌成虫对草地贪夜蛾4龄幼虫的瞬时攻击率最高，为1.441，对草地贪夜蛾3龄幼虫的处理时间最短并且相关系数最大（0.917），益蝽雌成虫日最大捕食量为61.013头。

表5-23　益蝽雌成虫对草地贪夜蛾不同龄期幼虫的捕食功能反应

龄期	捕食功能方程	相关系数	瞬时攻击率	处理时间（天）	日最大捕食量（头）
3	$Na=1.093N/(1+0.018N)$	0.917	1.093 ± 0.130	0.016 ± 0.001	61.013
4	$Na=1.441N/(1+0.048N)$	0.882	1.441 ± 0.239	0.033 ± 0.004	30.057
5	$Na=0.964N/(1+0.094N)$	0.886	0.964 ± 0.131	0.098 ± 0.012	10.251

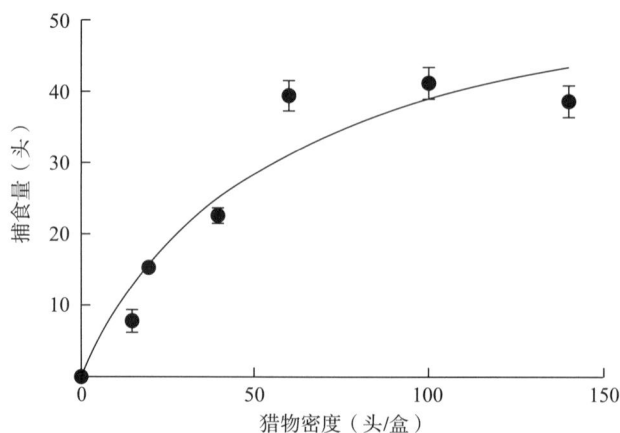

图5-26　益蝽雌成虫对草地贪夜蛾3龄幼虫的捕食功能反应

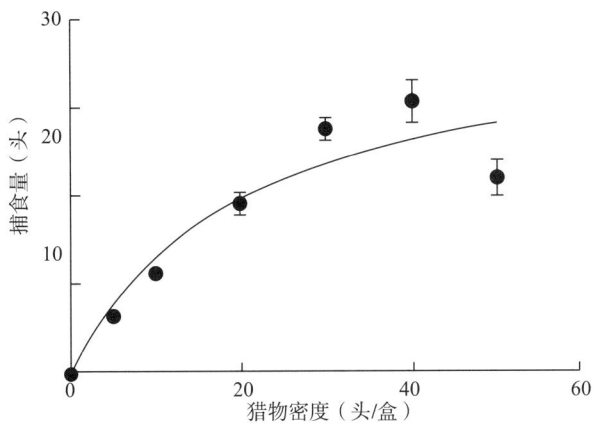

图 5-27 益蝽雌成虫对草地贪夜蛾 4 龄幼虫的捕食功能反应

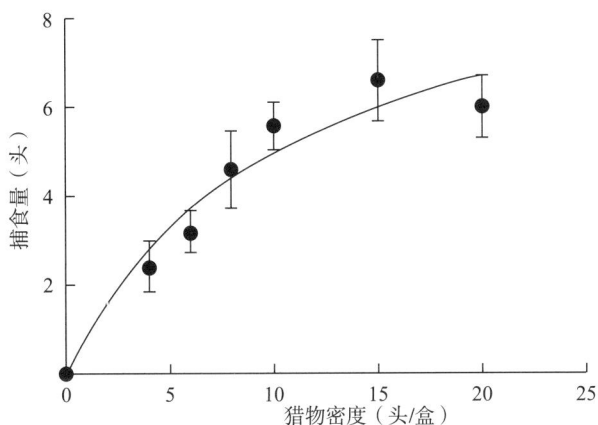

图 5-28 益蝽雌成虫对草地贪夜蛾 5 龄幼虫的捕食功能反应

根据 $S=a/（1+aThN）$ 公式计算出益蝽雌成虫对草地贪夜蛾 3、4、5 龄幼虫的搜寻效应，图 5-29 至图 5-31 显示益蝽雌虫对草地贪夜蛾幼虫的搜寻效应随着草地贪夜蛾幼虫密度的增加而降低。

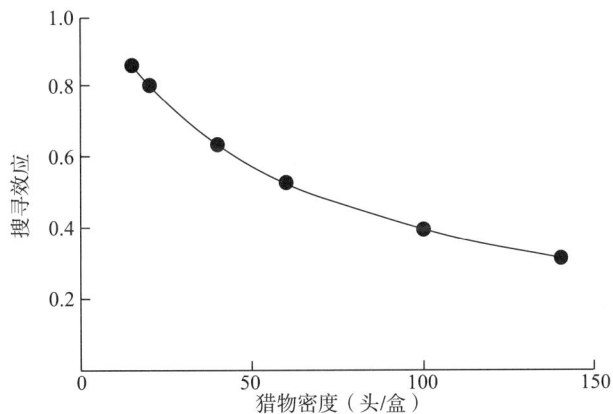

图 5-29 益蝽雌成虫对草地贪夜蛾 3 龄幼虫的搜寻效应

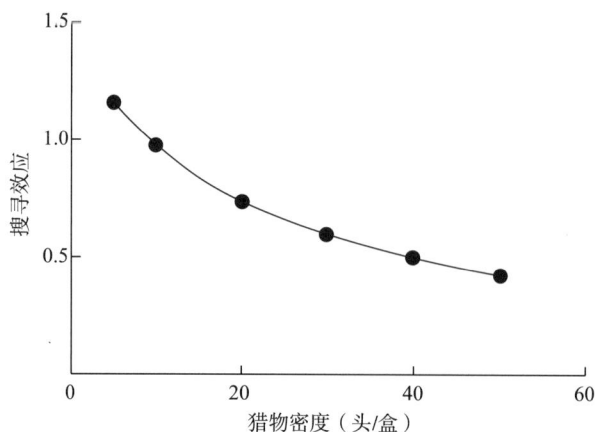

图 5 - 30　益螨雌成虫对草地贪夜蛾 4 龄幼虫的搜寻效应

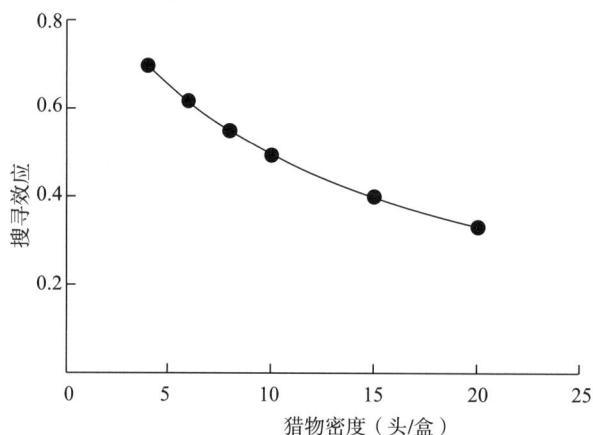

图 5 - 31　益螨雌成虫对草地贪夜蛾 5 龄幼虫的搜寻效应

　　益螨雄成虫对草地贪夜蛾 3、4、5 龄幼虫的捕食功能反应见表 5 - 24，捕食功能反应符合 Holling Ⅱ 模型（图 5 - 32 至图 5 - 34），益螨雄成虫对草地贪夜蛾 4 龄幼虫的瞬时攻击率最高，为 1.365，对草地贪夜蛾 3 龄幼虫的处理时间最短，为 0.017 天，益螨雄成虫日最大捕食量为 58.824 头。

表 5 - 24　益螨雄成虫对草地贪夜蛾不同龄期幼虫的捕食功能反应

龄期	捕食功能方程	相关系数	瞬时攻击率	处理时间 （天）	日最大捕食量 （头）
3	$Na=0.996N/(1+0.017N)$	0.909	0.996 ± 0.126	0.017 ± 0.002	58.824
4	$Na=1.365N/(1+0.056N)$	0.954	1.365 ± 0.135	0.041 ± 0.002	24.522
5	$Na=1.210N/(1+0.154N)$	0.834	1.210 ± 0.227	0.128 ± 0.014	9.302

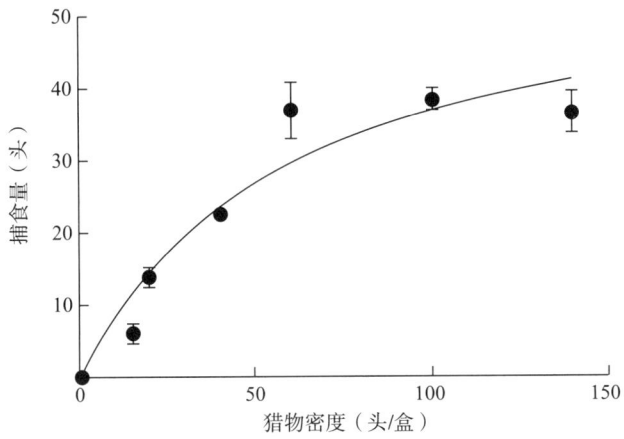

图 5-32　益蝽雄成虫对草地贪夜蛾 3 龄幼虫的捕食功能反应

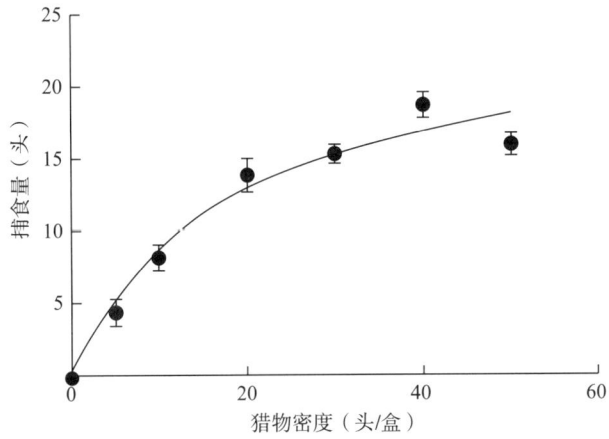

图 5-33　益蝽雄成虫对草地贪夜蛾 4 龄幼虫的捕食功能反应

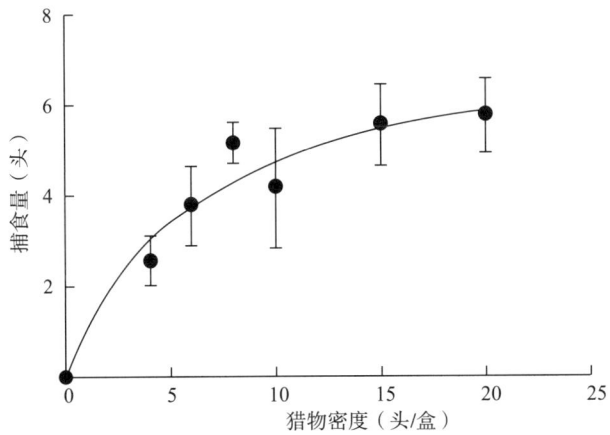

图 5-34　益蝽雄成虫对草地贪夜蛾 5 龄幼虫的捕食功能反应

根据 $S=a/(1+aThN)$ 公式计算出益蝽雄成虫对草地贪夜蛾 3、4、5 龄幼虫的搜寻效应，由图 5 - 35 至图 5 - 37 看出，益蝽雄成虫对草地贪夜蛾幼虫的搜寻效应随着草地贪夜蛾幼虫密度的增加而降低。

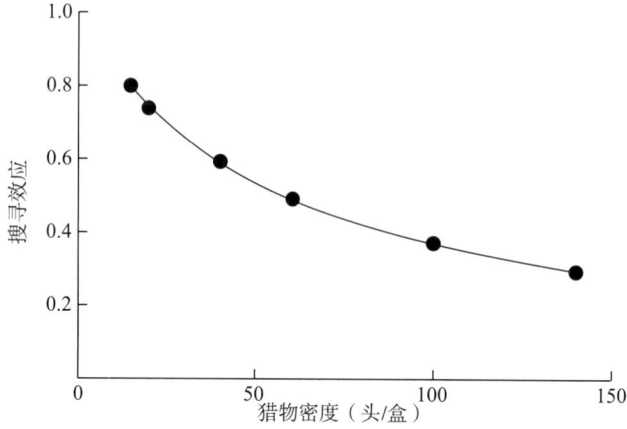

图 5 - 35　益蝽雄成虫对草地贪夜蛾 3 龄幼虫的搜寻效应

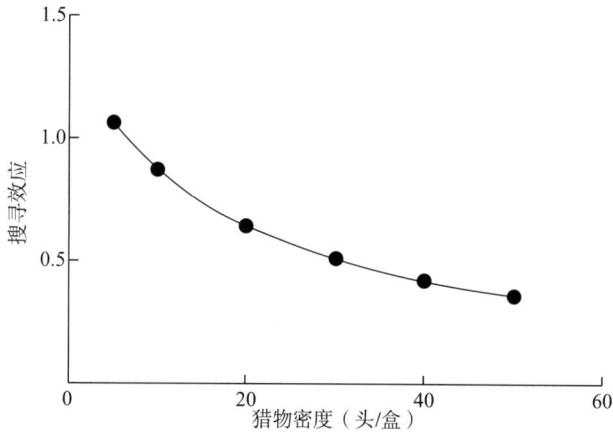

图 5 - 36　益蝽雄成虫对草地贪夜蛾 4 龄幼虫的搜寻效应

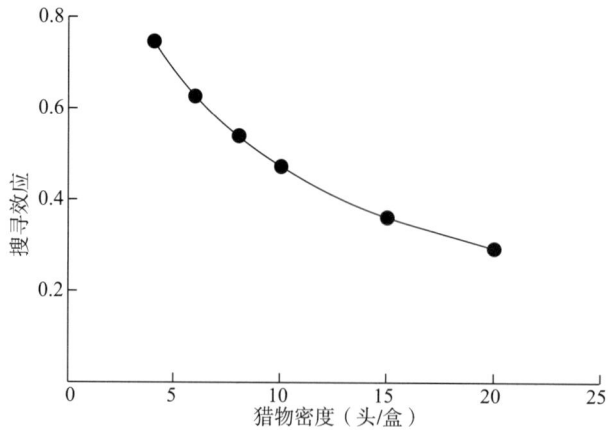

图 5 - 37　益蝽雄成虫对草地贪夜蛾 5 龄幼虫的搜寻效应

（2）益螨若虫对草地贪夜蛾不同龄期幼虫的捕食能力

①研究方法。试验前将益螨不同龄期若虫置于培养皿（直径9厘米、高1.5厘米）内，每皿放置1头益螨若虫和一块浸湿的脱脂棉。不同龄期益螨若虫饥饿24小时后，将其和3、4、5龄的草地贪夜蛾幼虫一起放入养虫盒内，同时在养虫盒内放入玉米叶，避免草地贪夜蛾幼虫互相残杀。草地贪夜蛾3龄幼虫密度梯度为15、20、40、60、100、140头/盒，4龄幼虫密度梯度为5、10、20、30、40、50头/盒，5龄幼虫密度梯度为4、6、8、10、15、20头/盒，每个处理设置5个重复。分别观察益螨若虫对草地贪夜蛾不同龄期幼虫的捕食能力，24小时后检查草地贪夜蛾不同龄期幼虫的存活数量。

②研究结果。益螨3龄若虫对草地贪夜蛾3、4、5龄幼虫的捕食功能反应见表5-25，捕食功能反应符合Holling Ⅱ模型。益螨3龄若虫对草地贪夜蛾4龄幼虫的瞬时攻击率最高，为1.826，对草地贪夜蛾3龄幼虫的处理时间最短，益螨3龄若虫日最大捕食量为55.556头。

益螨4龄若虫对草地贪夜蛾3、4、5龄幼虫的捕食功能反应见表5-25，捕食功能反应符合Holling Ⅱ模型，对草地贪夜蛾4龄幼虫的瞬时攻击率最高，为1.664，对草地贪夜蛾3龄幼虫的处理时间最短，为0.017天，益螨4龄若虫日最大捕食量为60.753头。

益螨5龄若虫对草地贪夜蛾3、4、5龄幼虫的捕食功能反应见表5-25，捕食功能反应符合Holling Ⅱ模型，对草地贪夜蛾4龄幼虫的瞬时攻击率最高，为1.307，对草地贪夜蛾3龄幼虫的处理时间最短，为0.015天，益螨的5龄若虫日最大捕食量为65.789头。

表5-25　益螨若虫对草地贪夜蛾不同龄期幼虫的捕食功能反应

益螨若虫龄期	草地贪夜蛾幼虫龄期	捕食功能方程	相关系数	瞬时攻击率	处理时间（天）	日最大捕食量（头）
	3	$Na=0.819N/(1+0.015N)$	0.910	0.819 ± 0.098	0.01 ± 0.002	55.556
3	4	$Na=1.826N/(1+0.228N)$	0.808	1.826 ± 0.489	0.12 ± 0.008	8.019
	5	$Na=1.503N/(1+0.265N)$	0.801	1.503 ± 0.390	0.17 ± 0.018	5.666
	3	$Na=0.993N/(1+0.016N)$	0.904	0.993 ± 0.129	0.017 ± 0.002	60.753
4	4	$Na=1.664N/(1+0.084N)$	0.954	1.664 ± 0.380	0.050 ± 0.005	19.924
	5	$Na=0.968N/(1+0.094N)$	0.836	0.968 ± 0.161	0.097 ± 0.014	10.325
	3	$Na=1.021N/(1+0.016N)$	0.912	1.021 ± 0.125	0.015 ± 0.002	65.789
5	4	$Na=1.307N/(1+0.055N)$	0.811	1.307 ± 0.282	0.042 ± 0.006	23.635
	5	$Na=0.863N/(1+0.070N)$	0.906	0.863 ± 0.100	0.081 ± 0.011	12.331

益螨3、4、5龄若虫对草地贪夜蛾3、4、5龄幼虫的搜寻效应随着草地贪夜蛾幼虫密度的增加而降低（图5-38至图5-40），益螨4、5龄若虫对草地贪夜蛾3、4、5龄幼虫的搜寻效应高于益螨3龄若虫。

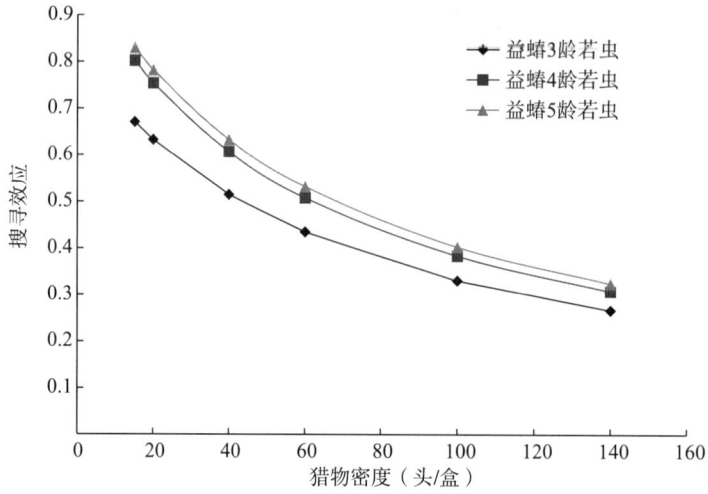

图 5－38　益螨 3、4、5 龄若虫对草地贪夜蛾 3 龄幼虫的搜寻效应

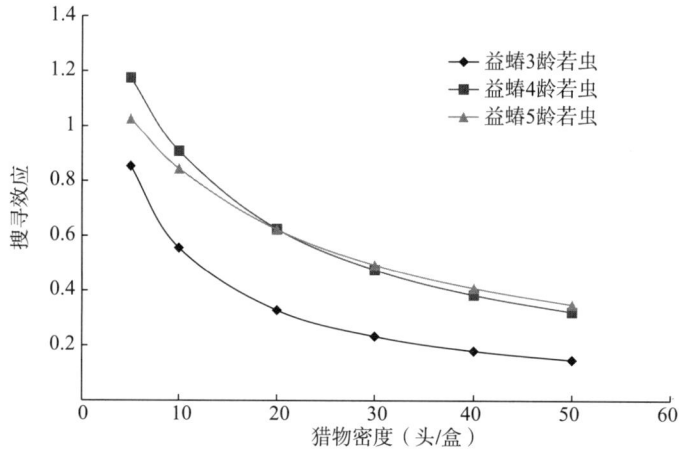

图 5－39　益螨 3、4、5 龄若虫对草地贪夜蛾 4 龄幼虫的搜寻效应

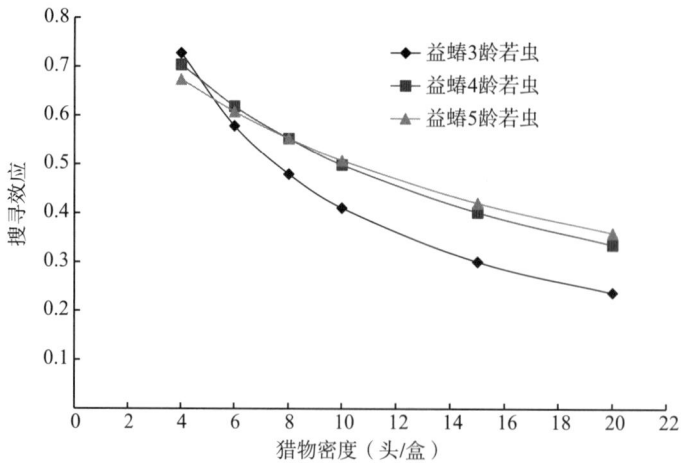

图 5－40　益螨 3、4、5 龄若虫对草地贪夜蛾 5 龄幼虫的搜寻效应

（3）温度对益蝽发育历期和存活率的影响

①研究方法。收集益蝽刚产的卵，将卵放入养虫盒（直径 9 厘米、高 10 厘米）中，设 18℃、20℃、22℃、25℃、28℃ 5 个温度处理，然后将养虫盒放入不同的温度处理下，每个处理设置 4 个重复，观察记录每个重复的孵化数量。孵化后同时放入草地贪夜蛾幼虫以供取食，每天定时更换盒内的草地贪夜蛾幼虫，以保持食物的充足及新鲜。每天定时观察若虫的发育情况，记录若虫的蜕皮次数、各龄历期及死亡数。待成虫羽化后，将同一天羽化的成虫进行配对，置于有弯曲纸条的养虫盒中，在养虫盒中放入草地贪夜蛾幼虫和玉米叶，同时养虫盒内有一蘸有 10% 蜂蜜水的棉球，为雌虫产卵补充营养，逐日记录成虫的存活数。

②研究结果。益蝽在不同温度条件下各虫态历期见表 5 - 26。益蝽的发育历期随着温度的升高而缩短。18℃ 整个若虫期的发育历期最长，为 74.5 天，28℃ 整个若虫期的发育历期最短，为 24.5 天。在 5 个温度处理下，各虫态的发育历期差异显著，发育历期随着温度的升高而极显著缩短。

表 5 - 26　不同温度下益蝽卵及各龄期若虫的发育历期

发育阶段	发育历期（天）				
	18℃	20℃	22℃	25℃	28℃
卵	15.5±1.67A	11.5±1.00B	11.25±0.92B	7.25±0.92C	5.5±0.33C
1 龄	8.5±1.67cC	5.75±0.92aA	5.75±0.92aA	5.75±0.92aA	4.25±0.25aA
2 龄	8.25±1.58cC	6.25±0.25bB	6.25±0.92aA	5.5±0.33aA	4.25±0.25aA
3 龄	13.5±1.67bB	6.5±0.33bB	6.25±0.92aA	5±0.67aA	4.25±0.25aA
4 龄	21.5±3.67cC	5.5±1.00aA	5.5±1.67aA	5.25±0.92aA	4.5±0.33bB
5 龄	22.75±4.92dD	10.75±0.25bB	10.5±0.92bB	7.25±0.92cC	7.25±0.92cC
若虫期	74.5±4.81A	34.75±1.58B	34.25±4.27B	28.75±0.78C	24.5±2.04C

不同温度处理的益蝽各龄期若虫的存活率见表 5 - 27。18℃ 与 20℃ 1～5 龄若虫的存活率差异显著，22℃、25℃、28℃ 5 个龄期若虫存活率差异不显著，整个若虫期 25℃ 存活率最高，为 92%，其次是 22℃ 和 28℃，18℃ 存活率最低，仅为 49%。

表 5 - 27　不同温度下益蝽各龄期若虫存活率

若虫龄期	存活率（%）				
	18℃	20℃	22℃	25℃	28℃
1	63±0.90b	88±0.10b	96±0.20a	96±0.20a	98±0.10a
2	25±0.70c	91±0.10a	90±0.20a	92±0.40a	92±0.70a
3	95±1.0a	89±0.30a	90±1.0a	85±1.90a	88±0.70a
4	44±2.66b	90±0.20a	89±0.90a	90±1.10a	77±4.60a

（续）

若虫龄期	存活率（%）				
	18℃	20℃	22℃	25℃	28℃
5	21±6.30c	67±1.40b	89±2.10a	98±0.20a	82±1.90a
平均值	49±7.10b	85±0.40b	91±0.90a	92±0.80a	87±1.60a

（4）低温冷藏益螨卵对其孵化率的影响

①研究方法。选取益螨刚产的卵，将卵保存在6℃低温条件下，将保存天数设为低温保存5、10、15、20、30天共5个处理，每个处理4个重复，每个重复30粒卵。将低温处理不同天数的卵放在人工气候箱让其发育（温度25℃、相对湿度65%±5%、光周期L∶D=14∶10），每天定时检查记录益螨卵的孵化情况，孵化结束后，统计各个重复的孵化数量，计算每个处理的孵化率。

②研究结果。不同冷藏时间对益螨卵孵化率的影响见表5-28，从表中可以看出，低温冷藏5天的卵孵化率最高，为97.50%，低温冷藏10天和低温冷藏15天，卵孵化率从88.33%急剧降低为43.33%，低温冷藏25天益螨卵不能孵化，并且随着冷藏时间的增加，益螨卵孵化率降低。

表5-28　不同冷藏时间对益螨卵孵化率的影响

冷藏时间（天）	卵调查数量（粒）	卵孵化数量（粒）	卵孵化率（%）
5	30	29.25	97.50
10	30	26.50	88.33
15	30	13.00	43.33
20	30	4.50	15.00
25	30	0	0
30	30	0	0

（5）田间笼罩条件下益螨对草地贪夜蛾幼虫的控制作用

①研究方法。大田播种玉米，行距80厘米，株距30厘米，待玉米生长到小喇叭口期后安置笼罩（200厘米×200厘米×200厘米），每个笼罩（小区）之间的距离为200厘米。每个笼罩（小区）内接入草地贪夜蛾4龄幼虫20头，接虫后进行益螨成虫和5龄若虫的释放，试验设置释放5、10、15、20头益螨5龄若虫，以及5、10、15、20头益螨成虫8个处理，以不释放益螨为对照，合计9个处理，每个处理4个重复，所有重复采取随机排列。释放益螨若虫后的第1、5、10天进行调查，调查记录草地贪夜蛾幼虫的存活数量和益螨若虫的数量，根据调查结果计算益螨5龄若虫和成虫不同释放密度对草地贪夜蛾幼虫的控制效果。玉米收获时调查雌穗的被害率，并对各小区进行测产。

②研究结果。从防治效果看（表 5-29），释放后 5 天益蝽才表现出一定的防治效果，防治效果最高，为 67.24%（5 龄若虫 15 头），释放后 10 天，防治效果普遍超过 60%，最高达 96.67%（5 龄若虫 20 头）；危害穗率最高为 41.78%（成虫 5 头），最低为 22.25%（成虫 20 头），对照危害穗率为 45.82%；从产量上看，处理的产量最高为 4.85 千克（若虫 10 头），最低为 4.35 千克（成虫 5 头），对照产量为 3.20 千克。释放益蝽，对草地贪夜蛾幼虫起到了控制作用，同时减轻了雌穗的被害率，挽回了一定的产量损失。

表 5-29　益蝽成虫和若虫对草地贪夜蛾的田间防治效果

处理	释放后 1 天		释放后 5 天		释放后 10 天		危害穗率（%）	小区产量（千克）
	减退率（%）	防治效果（%）	减退率（%）	防治效果（%）	减退率（%）	防治效果（%）		
5 龄益蝽若虫 5 头	16.25	8.22	72.50	62.07	90.00	73.33	36.66	4.60
5 龄益蝽若虫 10 头	12.50	4.11	65.00	51.72	90.00	73.33	38.55	4.85
5 龄益蝽若虫 15 头	11.25	2.74	76.25	67.24	93.75	83.33	26.58	4.45
5 龄益蝽若虫 20 头	11.25	2.74	60.00	44.83	98.75	96.67	23.56	4.68
益蝽成虫 5 头	12.5	4.11	60.00	44.83	85.00	60.00	41.78	4.35
益蝽成虫 10 头	10.00	1.37	68.75	56.90	97.5	93.33	23.68	4.60
益蝽成虫 15 头	15.00	6.85	67.50	55.17	95.00	86.67	27.70	4.75
益蝽成虫 20 头	10.00	1.37	57.50	41.38	96.25	90.00	22.25	4.40
对照	8.75	—	27.50	—	62.50	—	45.82	3.20

3. 侧刺蝽若虫对草地贪夜蛾幼虫的捕食能力研究

侧刺蝽（*Andrallus spinidens*）作为一种重要的捕食性天敌，成虫和若虫均可捕食草地贪夜蛾幼虫，通过口针刺吸害虫体液获得营养导致害虫死亡。每头侧刺蝽 5 龄若虫每天可捕食草地贪夜蛾 3 龄幼虫 12 头。

①研究方法。试验前将侧刺蝽若虫置于培养皿（直径 9 厘米、高 1.5 厘米）内，每皿放置 1 头侧刺蝽若虫和一块浸湿的脱脂棉。侧刺蝽若虫饥饿 24 小时后，将其和 3、4、5 龄的草地贪夜蛾幼虫一起接入养虫盒内，同时在养虫盒内放入适量玉米叶，避免草地贪夜蛾幼虫互相残杀。侧刺蝽若虫与猎物密度按以下 3 种方法进行处理：

方法一：侧刺蝽 3 龄若虫与草地贪夜蛾 3 龄幼虫的接虫处理（头/盒）分别为 1：5、1：10、1：15、1：20、1：25、1：30；与草地贪夜蛾 4 龄幼虫的接虫处理（头/盒）分别为 1：5、1：7、1：10、1：15、1：20、1：25；与草地贪夜蛾 5 龄幼虫的接虫处理（头/盒）分别为 1：2、1：4、1：6、1：8、1：10、1：12。

方法二：侧刺蝽 4 龄若虫与草地贪夜蛾 3 龄幼虫的接虫处理（头/盒）分别为 1：

5、1∶10、1∶15、1∶20、1∶25、1∶30；与草地贪夜蛾 4 龄幼虫的接虫处理（头/盒）分别为 1∶5、1∶7、1∶10、1∶15、1∶20、1∶25；与草地贪夜蛾 5 龄幼虫的接虫处理（头/盒）分别为 1∶2、1∶4、1∶6、1∶8、1∶10、1∶12。

方法三：侧刺蝽 5 龄若虫与草地贪夜蛾 3 龄幼虫的接虫处理（头/盒）分别为 1∶10、1∶15、1∶20、1∶30、1∶40、1∶60；与草地贪夜蛾 4 龄幼虫的接虫处理（头/盒）分别为 1∶5、1∶10、1∶15、1∶20、1∶25、1∶30；与草地贪夜蛾 5 龄幼虫的接虫处理（头/盒）分别为 1∶4、1∶6、1∶8、1∶10、1∶12、1∶14。

每种方法共计 18 个处理，每个处理设置 5 个重复。24 小时后检查草地贪夜蛾不同龄期幼虫的存活数量，计算侧刺蝽若虫对草地贪夜蛾不同龄期幼虫的捕食数量。

②研究结果。侧刺蝽 3 龄若虫对草地贪夜蛾 3~5 龄幼虫的日均捕食量存在差异。结果表明，侧刺蝽 3 龄若虫日均捕食量均随猎物密度的增加显著增大，但当猎物密度达到一定值后，侧刺蝽的日均捕食量趋于稳定。侧刺蝽 3 龄若虫每日最多可捕食草地贪夜蛾 3、4、5 龄幼虫 5、4、3 头。在试验设置的最大猎物密度条件下，侧刺蝽 3 龄若虫日均捕食草地贪夜蛾 3、4 龄幼虫分别为 3.50 头 [$F_{(5, 24)}$ = 18.90，$P < 0.000\,1$] 和 2.87 头 [$F_{(5, 24)}$ = 10.17，$P < 0.000\,1$]。侧刺蝽 3 龄若虫虽可取食草地贪夜蛾 5 龄幼虫，但其在 24 小时内的捕食量仅为 2.47 头，且各密度下的平均取食量基本相同，均不足 3 头。

侧刺蝽 4 龄若虫对草地贪夜蛾 3 龄幼虫的捕食能力最强，最大猎物密度下的日均捕食量为 4.67 头，其次为草地贪夜蛾 4 龄幼虫 2.93 头和 5 龄幼虫 2.83 头。试验设置密度范围内，侧刺蝽 4 龄若虫每日最多可捕食草地贪夜蛾 3 龄幼虫 7 头、4 龄幼虫 5 头、5 龄幼虫 5 头。捕食相同龄期的草地贪夜蛾时，侧刺蝽 5 龄若虫 [$F_{(5, 24)}$ = 43.35，$P < 0.000\,1$] 的日均捕食量与 3 龄若虫 [$F_{(5, 24)}$ = 54.99，$P < 0.000\,1$] 和 4 龄若虫 [$F_{(5, 24)}$ = 31.10，$P < 0.000\,1$] 均差异显著。

侧刺蝽 5 龄若虫对草地贪夜蛾 3 龄幼虫的捕食能力最强，最大猎物密度下的日均捕食量为 8.30 头，其次为草地贪夜蛾 4 龄幼虫 6.33 头，最低为 5 龄幼虫 3.80 头。试验设置密度范围内，侧刺蝽 5 龄若虫每日最多可捕食草地贪夜蛾 3 龄幼虫 11 头、4 龄幼虫 8 头、5 龄幼虫 6 头。捕食相同龄期的草地贪夜蛾时，侧刺蝽 5 龄若虫 [$F_{(5, 24)}$ = 61.04，$P < 0.000\,1$] 的日均捕食量与 4 龄若虫 [$F_{(5, 24)}$ = 18.97，$P < 0.000\,1$] 和 3 龄若虫 [$F_{(5, 24)}$ = 43.89，$P < 0.000\,1$] 均差异显著。

随着侧刺蝽若虫龄期的增高，侧刺蝽的日最大捕食量呈整体上升的趋势（表 5-30）。随着草地贪夜蛾幼虫龄期的增加，虫体的增大，侧刺蝽若虫对其捕食量呈下降趋势。侧刺蝽 5 龄若虫对草地贪夜蛾 3 龄幼虫的瞬时攻击率最高，为 1.140，对草地贪夜蛾 3 龄幼虫处理时间最短，为 0.082 天，侧刺蝽 5 龄若虫对 3 龄草地贪夜蛾日最大捕食量为 12.152 头。侧刺蝽的 3、4、5 龄若虫对草地贪夜蛾 3、4、5 龄幼虫的捕食功能反应符合 Holling Ⅱ 模型，且各处理的捕食功能反应方程的相关系数均近于1，表明侧刺蝽的捕食量与草地贪夜蛾幼虫密度显著相关。

表5-30 侧刺蝽若虫对草地贪夜蛾不同龄期幼虫的捕食功能反应

草地贪夜蛾幼虫龄期	侧刺蝽若虫龄期	捕食功能方程	相关系数	瞬时攻击率	处理时间（天）	控害效能	日最大捕食量（头）
3	3	$Na=0.557N/(1+0.091N)$	0.860	0.557 ± 0.106	0.163 ± 0.018	3.417	6.146
	4	$Na=0.571N/(1+0.056N)$	0.894	0.571 ± 0.089	0.098 ± 0.013	5.827	10.212
	5	$Na=1.140N/(1+0.094N)$	0.960	1.140 ± 0.109	0.082 ± 0.003	13.902	12.152
4	3	$Na=1.027N/(1+0.231N)$	0.873	1.027 ± 0.177	0.225 ± 0.018	2.990	4.444
	4	$Na=0.486N/(1+0.054N)$	0.909	0.486 ± 0.055	0.111 ± 0.017	4.378	9.050
	5	$Na=0.985N/(1+0.087N)$	0.863	0.985 ± 0.185	0.089 ± 0.010	11.067	11.337
5	3	$Na=0.920N/(1+0.225N)$	0.893	0.920 ± 0.147	0.244 ± 0.023	3.770	4.098
	4	$Na=0.670N/(1+0.077N)$	0.827	0.670 ± 0.132	0.116 ± 0.033	5.776	8.651
	5	$Na=0.725N/(1+0.071N)$	0.835	0.725 ± 0.140	0.098 ± 0.026	7.398	10.208

根据 $S=a/(1+aThN)$ 公式计算出侧刺蝽若虫对草地贪夜蛾3、4、5龄幼虫的搜寻效应，结果表明，侧刺蝽3龄若虫对草地贪夜蛾幼虫的搜寻效应与草地贪夜蛾幼虫密度呈负相关。侧刺蝽3龄若虫对草地贪夜蛾5龄幼虫的搜寻效应曲线下降趋势迅速，而对草地贪夜蛾3、4、5龄幼虫的搜寻效应下降趋势平缓（图5-41）。

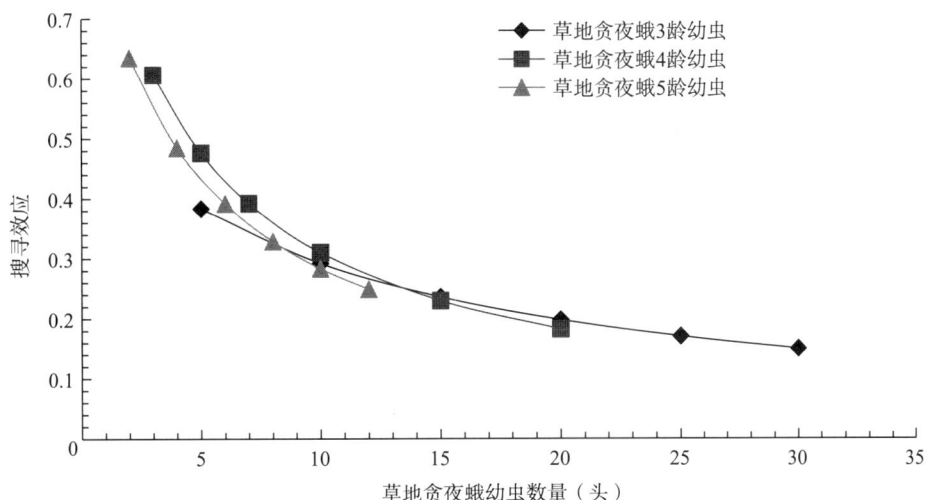

图5-41 侧刺蝽3龄若虫对草地贪夜蛾3、4、5龄幼虫的搜寻效应

根据 $S=a/(1+aThN)$ 公式计算出侧刺蝽4龄若虫对草地贪夜蛾3、4、5龄幼虫的搜寻效应，由图5-42看出侧刺蝽4龄若虫对草地贪夜蛾幼虫的搜寻效应随着草地贪夜蛾幼虫密度的增加而降低。

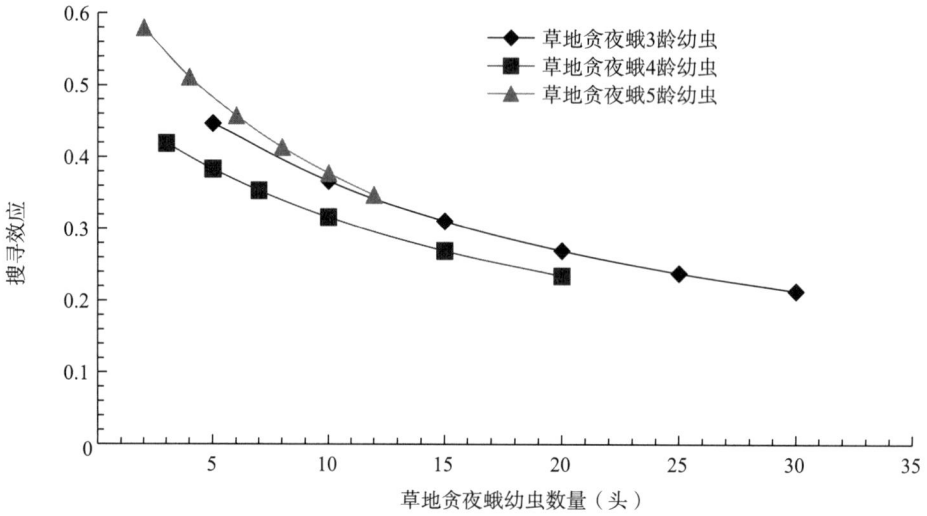

图 5-42　侧刺蝽 4 龄若虫对草地贪夜蛾 3、4、5 龄幼虫的搜寻效应

根据 $S=a/(1+aThN)$ 公式计算出侧刺蝽 5 龄若虫对草地贪夜蛾 3、4、5 龄幼虫的搜寻效应，由图 5-43 看出侧刺蝽 5 龄若虫对草地贪夜蛾幼虫的搜寻效应随着草地贪夜蛾幼虫密度的增加而降低。

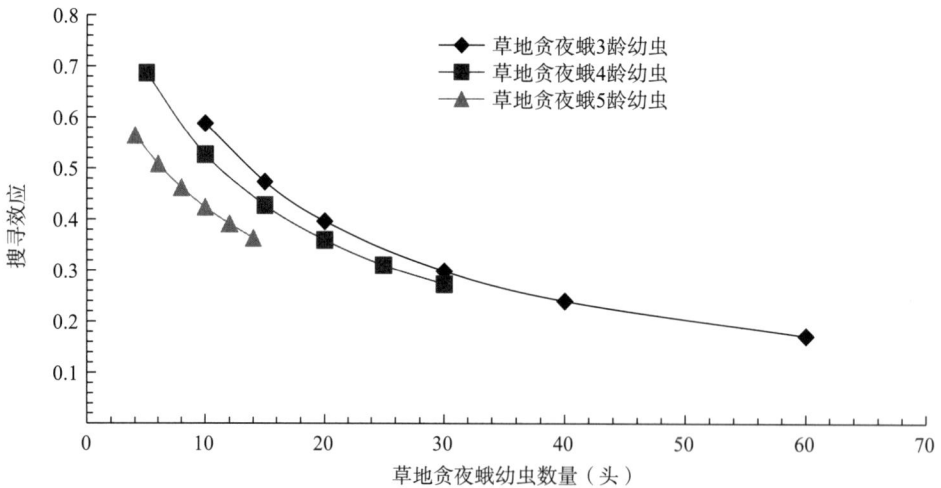

图 5-43　侧刺蝽 5 龄若虫对草地贪夜蛾 3、4、5 龄幼虫的搜寻效应

4. 东亚小花蝽对草地贪夜蛾的控制作用

东亚小花蝽（*Orius sauteri*）是一种重要的捕食性天敌，通过口针刺吸害虫体液获得营养从而导致害虫死亡。每头东亚小花蝽成虫每天可捕食草地贪夜蛾 1 龄幼虫 6 头。

①研究方法。东亚小花蝽对草地贪夜蛾1、2、3、4龄幼虫的捕食功能反应：在指形管内放置1段1厘米×6厘米的玉米叶片和1张同样大小的滤纸。玉米叶供草地贪夜蛾幼虫取食，滤纸吸收管内多余水汽。按试验设置分别放入草地贪夜蛾幼虫和饥饿48小时的东亚小花蝽5龄若虫或成虫，并用湿润的棉球塞住管口，以防草地贪夜蛾幼虫和东亚小花蝽逃逸。试验共设10个处理，每管放置1头东亚小花蝽和1、2、3、4头草地贪夜蛾1龄或2龄幼虫，2头东亚小花蝽和1头草地贪夜蛾3龄或4龄幼虫，每处理设置20个重复。每个处理均以不放置东亚小花蝽为对照，对照均为10个重复。24小时后检查草地贪夜蛾幼虫的存活数量。

温度和猎物密度对东亚小花蝽捕食量的影响：研究方法同上，温度、相对湿度和光周期分别为25℃±1℃、70%±5%、L：D=14：10。

自然条件下东亚小花蝽对草地贪夜蛾幼虫的控制效果：选择已有草地贪夜蛾危害的玉米植株，用长、宽、高均为100厘米的养虫笼罩住，每笼6~8株，共设置4个重复。试验时玉米生育期为4~5叶小喇叭口期。释放东亚小花蝽前先分龄期调查笼内每株玉米苗上草地贪夜蛾幼虫的数量。东亚小花蝽释放密度为每株玉米约20头，直接撒施于玉米心叶喇叭口内。释放后7天调查笼内每株玉米苗上各龄期草地贪夜蛾幼虫数量，计算防控率。

②研究结果。东亚小花蝽对草地贪夜蛾1、2龄幼虫捕食功能反应符合Holling II型模型（表5-31）。对草地贪夜蛾1龄幼虫，在20℃、25℃、28℃下的瞬时攻击率分别为0.772 4、1.090 0、0.673 6，处理单头幼虫所需时间分别为0.174 9、0.173 7、0.295 5天；对2龄幼虫，在20℃、25℃和28℃下的瞬时攻击率分别为0.794 5、1.153 8、0.392 2，处理单头幼虫所需时间分别为0.218 9、0.805 6、0.696 0天。

表5-31　不同温度下东亚小花蝽对草地贪夜蛾的捕食功能反应

温度(℃)	猎物龄期	功能反应方程	相关系数	圆盘方程	瞬时攻击率	处理时间(天)	最大捕食量(头)
20	1	$1/Na = 1.2946/N + 0.1749$	0.927 3	$Na = 0.7724N\,(1 + 0.1351N)$	0.772 4	0.174 9	5.717 6
	2	$1/Na = 1.2587/N + 0.2189$	0.941 1	$Na = 0.7945N\,(1 + 0.1739N)$	0.794 5	0.218 9	4.568 3
25	1	$1/Na = 0.9174/N + 0.1737$	0.928 8	$Na = 1.09N\,(1 + 0.1893N)$	1.090 0	0.173 7	5.757 1
	2	$1/Na = 0.8667/N + 0.8056$	0.996 4	$Na = 1.1538N\,(1 + 0.9295N)$	1.153 8	0.805 6	1.241 3
28	1	$1/Na = 1.4845/N + 0.2955$	0.971 2	$Na = 0.6736N\,(1 + 0.1991N)$	0.673 6	0.295 5	3.384 1
	2	$1/Na = 2.5495/N + 0.6960$	0.946 7	$Na = 0.3922N\,(1 + 0.2730N)$	0.392 2	0.696 0	1.436 8

在3种供试温度下，东亚小花蝽对草地贪夜蛾幼虫的搜寻效应均随着猎物密度的增加而降低。同一温度下，东亚小花蝽对1龄幼虫的搜寻效应均高于2龄幼虫（图5-44）。

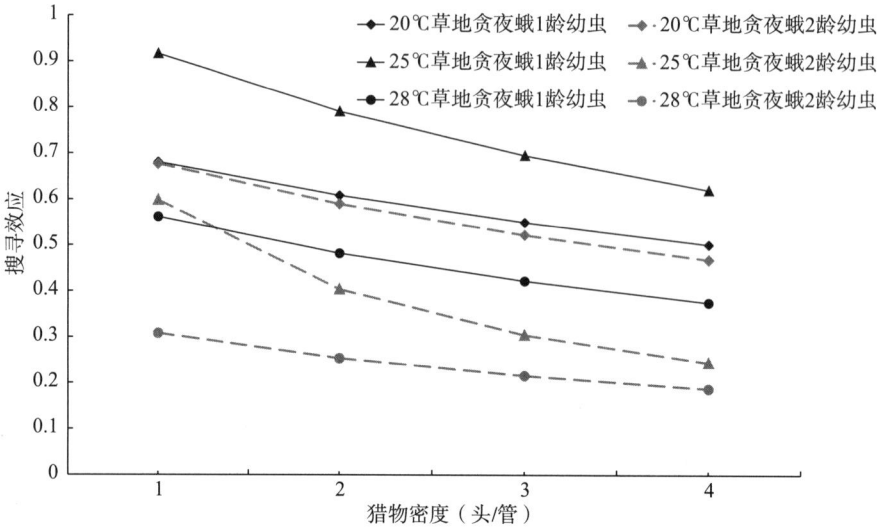

图 5－44　不同温度下东亚小花蝽对 1 龄和 2 龄草地贪夜蛾幼虫的搜寻效应

东亚小花蝽对草地贪夜蛾的平均捕食量随着其自身密度的增大逐渐减少，捕食作用率也逐渐降低。东亚小花蝽在捕食草地贪夜蛾过程中的自我干扰方程为 $E=0.655\,7P-1.922$，其中 E 为捕食作用率，P 为东亚小花蝽密度，相关系数为 $0.985\,9$，表明捕食作用率与捕食者密度显著相关（表 5－32）。

表 5－32　不同密度东亚小花蝽对草地贪夜蛾幼虫的捕食作用率和分摊竞争强度

东亚小花蝽密度 （头/管）	单头天敌捕食量 （头）	捕食作用率	分摊竞争强度
1	3.20	0.800 0	—
2	2.80	0.140 0	0.825 0
4	1.55	0.038 8	0.951 6
6	1.23	0.020 6	0.974 3
8	1.18	0.014 7	0.981 6

温度和猎物密度对东亚小花蝽捕食量的影响：不同温度下，单头东亚小花蝽对草地贪夜蛾 1 龄幼虫的日均捕食量均高于对草地贪夜蛾 2 龄幼虫的日均捕食量。同一温度下，单头东亚小花蝽捕食草地贪夜蛾 1 龄或 2 龄幼虫时的日均捕食量均随猎物密度的增加而增加（表 5－33）。本试验各处理所设对照的草地贪夜蛾 1、2、3、4 龄幼虫的死亡率均为 0。

表 5 - 33　不同温度下 1 头东亚小花蝽对不同密度草地贪夜蛾 1 龄和 2 龄幼虫的日均捕食量

处理	密度（头/管）	温度（℃）		
		20	25	28
东亚小花蝽对不同密度草地贪夜蛾 1 龄幼虫的日均捕食量（头）	1	0.67a	0.78a	0.73a
	2	1.50a	1.43a	1.65a
	3	1.40a	1.40a	2.50a
	4	2.60c	2.00a	2.30b
东亚小花蝽对不同密度草地贪夜蛾 2 龄幼虫的日均捕食量（头）	1	0.70a	0.60a	0.40a
	2	0.80a	0.70a	0.90a
	3	1.20a	1.50a	1.30a
	4	1.80b	1.30ab	1.00a

　　自然条件下东亚小花蝽对幼虫的控制效果：试验结果表明（图 5 - 45），东亚小花蝽对草地贪夜蛾的田间控制率为 34.62%。生物防治中可以通过保护和补充东亚小花蝽来控制草地贪夜蛾，以获得最具优势互补的天敌昆虫群落资源。

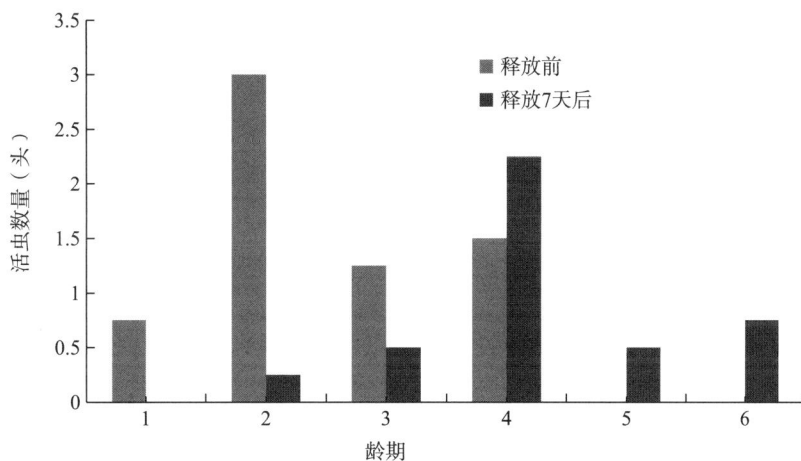

图 5 - 45　东亚小花蝽释放 7 天后草地贪夜蛾各龄期幼虫平均存活量对比

第六章

云南引进优势天敌半闭弯尾姬蜂控制小菜蛾

第一节　小菜蛾概述

一、小菜蛾起源及其分布

小菜蛾（*Plutella xylostella*）起源于欧洲，1746 年被首次记载（Harcourt，1962），1758 年由林奈定名，英文名为 Diamondback moth，隶属鳞翅目、菜蛾科，异名为 *Plutella maculipennis*。1910 年小菜蛾在我国台湾省首次被记录。

小菜蛾是世界性分布的一种迁飞性昆虫，也是分布最为广泛的鳞翅目害虫。Waterhouse（1992）将其定义为太平洋地区十字花科蔬菜中危害等级最高的害虫。据报道，在 20 世纪 30 年代，小菜蛾分布于 84 个国家和地区；至 70 年代初，发展到 120 个国家和地区；80 年代后，发展到几乎所有栽培十字花科蔬菜的国家和地区。目前，小菜蛾在我国各地均有分布。

二、小菜蛾的形态特征

小菜蛾为鳞翅目全变态昆虫，世代周期包括卵、幼虫、蛹、成虫 4 个虫态。

卵：长约 0.5 毫米，宽约 0.3 毫米，椭圆形，色泽由乳白、淡黄绿至黑色，随卵的老熟程度渐变。

幼虫：高龄时长达 10～12 毫米，纺锤形，色泽由初孵幼虫的乳白色变至老熟的淡绿色。

蛹：由化蛹时的深绿色渐变为绿色或淡黄色，茧呈灰白色稀疏网状。

成虫：体长约 6 毫米，翅展 12～16 毫米，前翅狭长呈刀形，两翅合拢呈屋脊状。雌虫体色淡，呈灰褐色；雄虫体色较雌虫深，呈灰黑色或赭褐色，个体较雌虫大。

三、小菜蛾的发生与危害

在全球范围内，小菜蛾在热带和亚热带地区的发生危害较重，温带次之，寒带最轻。小菜蛾在一年中秋季发生危害最重。近十几年来，随着北方种植业结构调整和蔬菜种植面积不断扩大，小菜蛾的发生危害呈明显上升趋势。目前，小菜蛾也是云南省蔬菜生产上主要的害虫之一。

小菜蛾主要危害十字花科植物，这与小菜蛾对十字花科植物体内的芥子油和葡萄糖苷类化合物的嗜好性有关。主要的寄主植物有甘蓝、青花菜、薹菜、芥蓝、花椰菜、白菜、油菜、西洋菜、萝卜等十字花科蔬菜。小菜蛾一直被记录为相对寡食性害虫，能取食 40 多种栽培和野生的十字花科植物，也偶尔取食一些非十字花科植物。据资料记载，除十字花科蔬菜外，小菜蛾还危害观赏植物中的紫罗兰和桂竹香、药用植物中的欧洲菘蓝和板蓝根、十字花科杂草中的荠菜和播娘蒿等，其他科农作物，如马铃薯、番茄、玉米、姜、洋葱等。目前，小菜蛾的寄主植物已报道的多达 60 余种（吴伟坚，1993；Talekar，1993）。

小菜蛾成虫具有较强的趋光性，有扑灯现象，昼伏夜出，常在黄昏和夜间进行交配和产卵活动。每头雌蛾可产卵 100～300 粒，最多达 500 粒以上。小菜蛾抗逆性强，适温范围较宽，通常一年发生两个高峰期，秋增春减。秋季的羽化率及性比均高于春季，有利于小菜蛾增加越冬种群数量。随着气温的下降，大多数小菜蛾幼虫会逐渐转至菜心危害，只有少部分幼虫在基部叶片处危害。在缺乏适宜的十字花科作物取食时，十字花科杂草将会成为小菜蛾的替代寄主植物，小菜蛾将会在十字花科杂草上生存和繁殖，以保留和延续种群，等待下一个危害高峰的到来。小菜蛾也可以通过蔬菜调运等人为助迁和远距离迁飞的方式寻找有利的生存环境进行繁殖和危害。

小菜蛾以幼虫对寄主植物取食危害。小菜蛾成虫产卵于寄主植物叶片和茎上，卵孵化为幼虫后，初龄幼虫最先钻入叶肉组织取食叶肉形成潜叶痕，形成细小隧道；2 龄开始取食植物下表皮叶肉，残留上表皮，在菜叶上形成透明危害斑块，俗称"开天窗"；3～4 龄幼虫取食菜叶后形成孔洞和缺刻，严重危害时食光叶肉，仅剩网状叶脉。

第二节　小菜蛾的治理策略

一、小菜蛾防治研究现状

20 世纪 40 年代前，小菜蛾一直被视为次要害虫。50 年代，随着化学农药的广泛使用，小菜蛾逐步成为十字花科蔬菜重要害虫，小菜蛾危害日益严重，在不少国家和地区上升为主要害虫，并发展成为世界上最难控制的害虫之一。1953 年，小菜蛾作为对 DDT 农药产生抗性的农业害虫被首次报道，研究发现小菜蛾几乎对所有农药包括生物农药 Bt 都产生了抗性，同时，小菜蛾的普通发生也被认为是化学农药防治失败的案例。据报道，全世界十字花科蔬菜种植达 3 300 万公顷（1990 年 FAO 资料），每年用于防治小菜蛾的费用达 10 亿美元，仅美国每年耗资就达 1 亿美元。

迄今为止，以小菜蛾为专题的国际学术研讨会召开了九届：1986 年 3 月，由亚洲蔬菜研究与发展中心 N. S. Talekar 博士主持，在中国台湾省召开第一届小菜蛾治理研讨会；1990 年 12 月，N. S. Talekar 博士再次主持，第二届小菜蛾及其他十字花科蔬菜害虫治理国际研讨会仍在中国台湾省召开；1996 年 11 月，第三届小菜蛾及其他十字花科蔬菜害虫治理国际研讨会在马来西亚召开；2002 年 11 月，第四届小菜蛾及其他十字花科蔬菜害虫治理国际研讨会在澳大利亚墨尔本召开；2006 年 5 月，第五届小菜蛾及其他十字花科蔬菜害虫治理国际研讨会在中国北京市召开；2011 年 3 月，第六届国际小菜蛾及其他十字花科蔬菜害虫综合研讨会在泰国召开；2015 年 3 月，第七届国际小菜蛾及其他十字花科蔬菜害虫治理学术研讨会在印度召开；2019 年 3 月，第八届国际小菜蛾及其他十字花科蔬菜害虫治理学术研讨会在台湾省召开；2023年5月，第九届国际小菜蛾及其他十字花科蔬菜害虫治理学术研讨会在柬埔寨召开。此外，2002年10月，在法国南部城镇蒙彼利埃还召开了小菜蛾生物防治国际学术研讨会。由此可见，小菜蛾的危害和防治在国际上引起了高度重视。目前，由于小菜蛾的抗药性强，防治问题仍然很棘手，一直是历届学术研讨会上的热点问题。

长期以来，化学防治一直是小菜蛾防治的主要手段和措施，但由于环境污染、小菜蛾抗药性增加、农药残留等问题，国内外越来越多的专家学者开始探寻持续有效、经济安全的小菜蛾控制途径。随着研究的逐渐深入，生物防治和物理防治等手段逐渐被人们所认识和接受。

20世纪90年代中期，许多发达国家纷纷提出，到21世纪初"减少化学农药50%行动计划"目标，以保证环境保护、生物多样性和食品安全等国际性问题得以改善，保障人类自身健康和生存空间。

联合国粮食及农业组织（FAO）专家提出，每减少一千克农药在田间的施用，就是对人类生存环境的直接贡献。联合国环境问题专家曾告诫，我们每投入1美元化学农药，将不得不花费5～10美元来改善由此导致的环境影响。

自然界的动植物与生存环境构成的生态系统中，任何生物都是以一定的种群数量与其他生物种群保持着直接和间接的营养关系。有害生物是农田生态系统中的一个组成部分，"有害"和"有益"是相对于人们现实的经济利益而言的。如何控"害"而无害？如何在农田生态系统中的作物系统水平上，充分发挥自然生物控害因子的作用，研究和建立生物控害技术体系，充分发挥和利用自然界中害虫天敌资源的自然控害作用，或人为放大其作用，从而减少对化学农药的依赖。

生物防治在害虫防治中是一个传统而又有待深入研究的课题，它以对环境无污染而又充分发挥和利用天敌等自然因素的控制作用而著称，最符合现代社会可持续发展的需要。1990年12月，国际生物防治组织小菜蛾生物防治全球协作组在第二届国际小菜蛾及其他十字花科蔬菜害虫治理国际研讨会上成立。研究结果表明，自然生物因子在控制小菜蛾种群数量方面起着十分重要的作用。目前，应用于小菜蛾生物防治的自然生物因子主要有病原微生物（细菌、真菌、病毒和线虫）、性诱剂、植物源农药制剂、寄生蜂和捕食性天敌等。其中病原微生物包括苏云金杆菌（*Bacillus thuringiensis*，简称Bt）、白僵菌（*Beauveria bassiana*）、核型多角体病毒（NPV）、小卷蛾线虫（*Steinernema carpocapsae*）、微孢子虫（*Vairimouoha* sp.）等。植物源农药制剂有印楝素等。目前有报道显示，小菜蛾对苏云金杆菌（Miyasono，2003）和植物源农药制剂（Abdullah，2000）也产生了一定的抗性。

二、小菜蛾的天敌资源研究及利用

小菜蛾发生消长过程中，在各个生长发育阶段均会受到生物因子的寄生、捕食、侵染，多种生物因子在控制小菜蛾种群数量方面起着十分重要的作用。捕食性天敌有蜘蛛、蜥蜴、蛙类和鸟类等，田间一般以蜘蛛为主；寄生性病原微生物包括病毒和真菌等。经吴钜文等人（2008）初步整理，小菜蛾的天敌昆虫有 291 种，其中寄生天敌昆虫有 151 种，幼虫期的寄生性天敌占绝大多数，而防治小菜蛾最为有效的寄生蜂种类大部分属于弯尾姬蜂属和盘绒茧蜂属（Talekar，1993）。经长期调查及试验研究证明，在控制小菜蛾种群方面，半闭弯尾姬蜂（*Diadegma semiclausum*）、菜蛾盘绒茧蜂（*Cotesia vestalis*）、颈双缘姬蜂（*Diadromus cllaris*）、窗弯尾姬蜂（*Diadegma fenestralis*）等具有十分重要的地位（黄芳，2009）。

寄生性天敌昆虫种类最为丰盛，对小菜蛾的种群发展起到有效的抑制作用，在受化学农药干扰较少的大多数地区，小菜蛾不至于发生严重危害。最早记录的小菜蛾寄生蜂的是弯尾姬蜂（*Diadegma gracilis*）（Grovenhorst，1829；Sigeru Moriuti，1986），说明伴随着小菜蛾的发生，自然抑制其种群消长的天敌也应运而生。据 G. Mustata 等收集资料整理，仅欧洲地区小菜蛾的寄生性天敌就有 100 余种（亦有报道称 200 多种），其中卵寄生性天敌 5 种、幼虫寄生性天敌 76 种、蛹寄生性天敌 23 种。

卵寄生性天敌昆虫（5 种）：*Trichogramma brasiliensis*、*Trichogramma minutum*、*Trichogramma pretiosum*、*Trichogramma* sp.、*Trichogrammatiodea armigera*。

幼虫寄生性天敌昆虫（76 种）：*Anastatus* sp.、*Angitia* sp.、*Antrocephalus* sp.、*Aohanogmus fijiensis ferriere*、*Apanteles albipensis*、*Apanteles ater*、*Apanteles fuliginosus*、*Apanteles gloneratus*、*Apanteles halfordi*、*Apanteles ippeus*、*Apanteles laevigatus group*、*Apanteles limbutus*、*Apanteles plutellae*、*Apanteles rubecula*、*Apanteles ruficrus*、*Apanteles siczarius*、*Apanteles taragamae*、*Apanteles verstallis*、*Aphanomus fijiensis*、*Brachymeria phyea*、*Brachymeria sidnica*、*Brachymeria apantelesi*、*Brachymeria excarinata*、*Brachymeria secundaria*、*Campoletis* sp.、*Chelonus blackburni*、*Chelonus ritchiei*、*Chelonus tabanus*、*Coccygomimus punicipes*、*Coccygomimus* sp.、*Diadegma armillata*、*Diadegma chrysostictum*、*Diadegma fabricianae*、*Diadegma fenestralis*、*Diadegma gibbula*、*Diadegma hibialis*、*Diadegma holopyga*、*Diadegma insulare*、*Diadegma interrupta*、*Diadegma leontiniae*、*Diadegma mollipulum*、*Diadegma monspila*、*Diadegma neocerophaga*、*Diadegma parvulus*、*Diadegma rapi*、*Diadegma semiclausum*、*Diadegma subtilicornis*、*Diadegma trochanterata*、*Diadegma varuna*、*Diadegma vestigialis*、*Diadegma xylostellae*、*Dibrachy cavus*、*Dicaelotus parvulus*、*Diplazon* sp.、*Eupteromalus* sp.、*Geniocerus* sp.、*Hemiteles* sp.、*Hocheria letarceitaarisis*、*Hyposoter* sp.、*Hypostoer ebenius*、*Macrocentrus linearis*、*Macrogaster* sp.、*Microplitis manila*、*Microplitis plutellar*、*Nepiera moldavica*、*Nythobia insularis*、*Nythobia plutelae*、*Opius* sp.、*Pediobius imbrens*、*Pristomerus hawauensis*、*Pteromalus* sp.、*Rhobocampe* sp.、*Thyraeella collais*、*Trcchopilus diatraeae*、*Voria ruralis*、*Xanthopimpla flaveliveata*。

蛹寄生性天敌昆虫（23 种）：*Diadrumus collaris*、*Diadrumus erythrostomus*、*Diadrumus plutellae*、*Diadrumus subtilicornis*、*Diadrumus ustulatus*、*Euptromalus viridescens*、*Gelis tenllus*、*Itoplectis alternans*、*Itoplectis maculator*、*Itoplectis melanospilla*、*Itoplectis naranyea*、*Itoplectis tunetanus*、*Itoplectis viduata*、*Oomyzus*（*Tetrastichus*）*ayyari*、*Oomyzus coeruleus*、*Oomyzus howardi*、*Oomyzus inraeli*、*Oomyzus* sp.、*Phaeogenes inchioelinus*、*Phaeogenes* sp.、*Spilochalcis albifrons*、*Stomatoceras* sp.、*Thyraeella collaris*。

在这些寄生性天敌昆虫中，有近 60 种天敌昆虫被研究认为有人工利用价值和潜能。

在对小菜蛾天敌资源的研究中，弯尾姬蜂属、盘绒茧蜂属和双缘姬蜂属等被普遍认为是对小菜蛾种群有优势寄生蜂，如颈双缘姬蜂（*Diadruma collaris*）、菜蛾绒茧蜂（*Cotesia pultellae*）、菜蛾啮小蜂（*Oomyzus sokolowskii*）等，在主要生物学、生态学引进利用以及人工繁殖技术等基础和应用技术研究方面，都有不少前期基础研究工作。颈双缘姬蜂为小菜蛾幼虫—蛹跨期寄生蜂，中国亦有分布，斐济 1943 年从新西兰引入颈双缘姬蜂开展小菜蛾生物防治；1970 年，该寄生蜂被马来西亚从新西兰引进之后成为该地区控制小菜蛾危害的优势天敌，菜农因此不必再为小菜蛾施用农药。菜蛾啮小蜂是广泛分布的小菜蛾幼虫—蛹跨期寄生蜂，该蜂起源于加勒比海群岛，1984 年斐济引进、释放了该寄生蜂，最终该寄生蜂成功定殖，在释放区域自然寄生率达 60%～70%，有效地控制了小菜蛾的危害并逐步扩大其分布区域，现中国亦有此种寄生蜂的分布。菜蛾绒茧蜂也是小菜蛾幼虫的优势寄生蜂，主要寄生 2～3 龄的小菜蛾幼虫；1943 年及 1971 年，斐济、关岛等地分别引进并释放了菜蛾绒茧蜂，定殖后对小菜蛾的危害起到有效控制作用。夏威夷 1972 年引进菜蛾绒茧蜂寄生蜂，释放定殖后一直为控制小菜蛾危害的优势天敌；关岛还引进释放了黑甲腹茧蜂（*Chelonus blackburni*）控制小菜蛾，之后在释放区域也不再需要使用农药。在对小菜蛾天敌昆虫资源的研究利用中，小菜蛾弯尾姬蜂亦称为半闭弯尾姬蜂，被认为是最有利用前景的寄生蜂。

在小菜蛾的起源地欧洲，小菜蛾的天敌资源也极为丰富，仅摩尔达维亚就记载有姬蜂类寄生蜂 27 种，丰富的天敌资源对小菜蛾的自然种群发挥着有效的控制作用，自然寄生率可高达 80%～90%，其中寄生性天敌昆虫以幼虫寄生蜂弯尾姬蜂属（*Diadegma* spp.）的种类和丰盛度占绝对优势，也是小菜蛾在欧洲未造成严重灾害的重要原因（Hardy，1938）。

第三节　半闭弯尾姬蜂的引进与研究

半闭弯尾姬蜂（*Diadegma semiclausum*）隶属昆虫纲、膜翅目、姬蜂总科、姬蜂科。文献记载异名有 *Angitia cerophaga*、*Horogenes cerophaga*、*Nythobia cerophaga*、*Diadegma cerophaga* 及 *D. eucerophaga* 等。半闭弯尾姬蜂起源于欧洲，是一种专性体内寄生蜂，主要寄生小菜蛾幼虫，是小菜蛾幼虫期的寄生性天敌昆虫，被认为是有效控制小菜蛾的优势天敌种类，对当地小菜蛾种群起到明显有效的自然控制作用；半闭弯尾姬蜂幼虫在寄主体内发育，直至寄主做茧进入预蛹阶段才完成幼虫期发育，使寄主的所有内含物消耗殆尽，并在寄主的茧内结茧化蛹。

一、半闭弯尾姬蜂的形态特征

卵：表面无附属物，蜂卵初产时，呈乳白色，肾形。随着时间的推移，逐渐发育为无色、透明状，透明的卵壳内可见胚胎。卵期 2～2.5 天。

幼虫：共 4 个龄期，幼虫期约为 7 天。1 龄幼虫和 2 龄幼虫为具尾型幼虫，体末具尾状物。1 龄幼虫为乳白色，逐渐发育为无色透明，身体细长；2 龄幼虫体无色透明，分节明显，13 节（不包括头和尾状物）；3 龄幼虫和 4 龄幼虫的体末尾状物明显缩短，体形近雪茄形。老熟幼虫的体长可达 5.3 毫米。

蛹：表面无附属物。蛹期分为两个阶段，第一阶段预蛹期似 5 龄幼虫，但其体表会出现一些不明显的突起；第二阶段呈裸蛹，其体表各部位的着色顺序依次为复眼—单眼—下额—胸—腹—触角。在 23℃ 下蛹发育历期为 2 天左右。

成虫：雌蜂体长 5～7.04 毫米，前翅长 2.42～4.06 毫米，产卵管伸出腹端部分长 0.43～0.87 毫米。触角鞭节 21～25 节；颚眼距为上颚基宽的 0.23～0.54 倍；后头脊完整。并胸腹节中区两侧几乎平行，往后逐渐变宽，与端区之间没有明显界限，然而其在形状上具有很大的变化（最终近乎为直线形，并具有斜向的刻纹）。中脊的前端尖角状，并具有刻点。前翅存在第 3 径中横脉，前翅第 2 肘间横脉与第 2 回脉明显交会于中间小翅室之后。腹部第 1 背板气门上方无基侧凹；第 7 背板端缘通常凹切，但有时仅稍凹切（凹切深度范围为后足胫节长的 0.03～0.14 倍）；第 6 背板端缘通常凹切，但有时无（凹切深度范围为后足胫节长的 0.00～0.06 倍）；产卵鞘为后足胫节长的 0.42～0.60 倍。产卵器是后足胫节长度的 0.39～0.60 倍。后足胫节淡黄色，基部和端部具深棕色带；后体背部通常完全黑色或在第 2 至第 3 节背板，第 1、2 节背板，第 2 节背板，第 1～3 节背板或第 2～4 节背板黑色带有暗褐色，有时第 2、3 节背板侧方带有黄褐色或橙褐色。

二、半闭弯尾姬蜂的生物学特性

1. 发育历期

在气温 22℃±2℃ 时，发育一代的历期为 15～17 天，其中卵的发育历期为 1.5～2 天，幼虫发育历期约为 5 天，预蛹期为 1 天，蛹发育历期为 6～9 天。半闭弯尾姬蜂卵至成虫的发育起点温度为 6.6℃，有效积温为 273.33℃（杨哲权，1992）。半闭弯尾姬蜂寄生小菜蛾期间，温度高于 25℃持续时间超过一周，其后代蜂成虫性比失调，雄蜂多雌蜂少，很容易导致实验室繁殖种群数量迅速下降。

2. 成虫寿命

以 15%蜂蜜水作为半闭弯尾姬蜂成虫的补充营养，成蜂的寿命显著延长，一般可达 10 天，有的可长达 20～35 天；无补充营养，成蜂的寿命 3～7 天，且产卵量降低。雌蜂寿命较雄蜂长，且寄生 3 龄幼虫羽化出来的成虫寿命比寄生 2 龄和 4 龄的显著要长。雌雄成蜂羽化后即可交配，交配时间一般为几秒至 30 分钟。

3. 繁殖力

每头半闭弯尾姬蜂可寄生小菜蛾 40～110 头，最高 400 余头。

4. 同步性

小菜蛾幼虫被寄生后仍能正常取食，半闭弯尾姬蜂幼虫则在小菜蛾体内啮食营养，直至小菜蛾幼虫完成结茧进入预蛹期，半闭弯尾姬蜂幼虫则将小菜蛾预蛹取食完毕，逐渐表现为两端钝圆的圆柱形寄生蜂蛹，即小菜蛾与半闭弯尾姬蜂在整个生活周期生长发育具有同步性。

5. 交配行为

半闭弯尾姬蜂的交配过程大致分为 3 个阶段：

准备阶段：前 10～60 秒，雄蜂寻找雌蜂，并跟随雌蜂行走，当雄蜂的触角不停地抖动，翅呈 45°角也在不停地抖动，表明雄蜂已经准备与雌蜂进行交配。当雄蜂触角抖动几秒以后，迅速伏在雌蜂的腹部上，利用前足和中足抱住雌蜂腹部进行生殖器的对接。

交配阶段：完成生殖器对接后，雄蜂翅停止煽动，但仍然呈 45°角，前中足都离开雌蜂腹部，后足落地，以支持自身，腹部和头胸部呈直角，开始交配。

结束阶段：当在安静的环境中完成交配后，雌蜂立即飞走，而雄蜂稍微停留片刻，随即也飞走。

6. 产卵行为

半闭弯尾姬蜂每次产卵时间相对较短。产卵过程大致分为：

寄主寻找和定位：当半闭弯尾姬蜂进入寄主所在的环境后，不停地在寄主所在的植物叶片上爬行，同时不停地摆动触角搜寻寄主，当在植物叶表面遇到小菜蛾幼虫的取食孔时，就会弯曲腹部用产卵管在取食孔上下抽动，以探测是否有要搜索的寄主；当探测到寄主后，用产卵管确定产卵位置，以便进行穿刺排卵。

穿刺和排卵：当成蜂确定好产卵位置后，用力把产卵器插入小菜蛾幼虫的腹部进行产卵，产卵大约 10 秒结束。

产卵结束和梳理：当半闭弯尾姬蜂排卵完成后，将产卵器抽出，腹部抬起，用后足梳理产卵器。梳理完毕后立即离去，寻找下一个新的寄主进行寄生。

三、半闭弯尾姬蜂引进及国内分布

(一)半闭弯尾姬蜂的引进

半闭弯尾姬蜂最早是由新西兰从英国引进,引入后其对小菜蛾的控害效果十分明显。因此,半闭弯尾姬蜂的引进成了小菜蛾综合治理的一个重要措施。1940 年,半闭弯尾姬蜂被引入澳大利亚,1943 年成功定殖,对小菜蛾的发生危害起到有效的控制作用,并且在澳大利亚迅速扩散,成为小菜蛾天敌昆虫资源引进利用并取得成功的案例;1945 年以来,斐济等国多次从新西兰引进半闭弯尾姬蜂;1985 年,中国台湾省从印度尼西亚引进了半闭弯尾姬蜂,并开展了相应的生物学和生态学研究,以及田间释放应用示范;两年后,田间释放的半闭弯尾姬蜂在台湾武陵高海拔温凉山区成功定殖,田间寄生率达 46%,研究表明半闭弯尾姬蜂适宜高海拔高原冷凉气候区,在此类区域释放容易成功定殖,可对小菜蛾田间种群起到良好的控制作用。1989 年,菲律宾从中国台湾省引进该寄生蜂,很快建立了定殖种群,田间寄生率达 64%,试验区的寄生率可达 95%。

1940 年以来,引进半闭弯尾姬蜂并在控害效果上取得明显成功的国家和地区有澳大利亚、印度尼西亚、马来西亚、中国、菲律宾、巴布亚新几内亚、日本等。1997—1998 年期间,云南省农业科学院植物保护研究所陈宗麒从中国台湾省和越南引入半闭弯尾姬蜂至云南省,并开展了对该寄生蜂的生物学和生态学研究,以及室内繁殖技术和田间释放应用技术研究。田间释放该寄生蜂,并于 1998 年成功定殖,在释放区域内对小菜蛾的发生危害起到了优势控制作用,田间寄生率最高达 74.7%,对小菜蛾的寄生效能远超过土著寄生蜂。

通过引进,半闭弯尾姬蜂已在起源地之外的亚洲和非洲的许多国家和地区广泛分布,并成为东南亚许多地区小菜蛾综合治理的主要生物因子。

大量研究表明,半闭弯尾姬蜂对小菜蛾幼虫的搜索及寄生能力均强于菜蛾绒茧蜂和东方姬蜂(*Macromollen oriental*)。许多案例研究和实践充分表明,半闭弯尾姬蜂的引进、繁殖和释放是防治小菜蛾有效措施。陈宗麒等(2001)开展了半闭弯尾姬蜂室内标准化批量繁殖技术研发,并提出了室内繁蜂的工艺流程。

鉴于半闭弯尾姬蜂对小菜蛾的优势控害潜能,云南省农业科学院农业环境资源研究所生物防治课题组长期对该种寄生蜂开展研究,包括半闭弯尾姬蜂生物学、生态学和繁殖行为学,以及标准化和规模化的扩繁技术,其目的亦是进一步扩大该寄生蜂的应用范围,力求以生物防治为主要策略和重要措施来解决小菜蛾化学防治带来的一系列问题。

(二)半闭弯尾姬蜂的国内分布

刘树生等(2004)从北京昌平和怀柔、山东济南、河南新乡和许昌、山西临汾、宁夏银川、新疆博乐和博湖 9 个地区采获半闭弯尾姬蜂,并利用形态学和遗传学证据首次证明半闭弯尾姬蜂在我国北方部分地区有分布。

陈宗麒等在云南省小菜蛾重发生区释放半闭弯尾姬蜂多年之后，在半闭弯尾姬蜂的田间定殖和扩散区域进行多地多点成虫采集，并与1997年引进的半闭弯尾姬蜂成虫标本进行了基因测序比对，同时与国际基因库（Gene Bank）比对，首次研究证明了半闭弯尾姬蜂在云南各小菜蛾发生地良好定殖，同时也明确了其自然扩散分布的情况。

四、半闭弯尾姬蜂研究进展

（一）半闭弯尾姬蜂对寄主小菜蛾幼虫龄期的选择性

蔡霞（2005）在室内对采自云南的半闭弯尾姬蜂生物学、生态学特性进行研究，研究的主要结果如下：半闭弯尾姬蜂对寄主龄期的选择性有明显差异，对2龄幼虫寄生率最高为87.61%；其次是3龄，为84.75%；4龄最低，仅为65.52%。寄生蜂羽化当天就可以寄生小菜蛾幼虫；从第1天至第5天，寄生蜂的寄生率随着成蜂日龄的增加而增加，但从第7天开始，寄生率随着蜂日龄的增加而下降。5日龄的成蜂对小菜蛾幼虫寄生率和产卵量最高，分别为79.88%和18.39粒。半闭弯尾姬蜂能寄生小菜蛾各个龄期的幼虫，但当2、3、4龄幼虫同时存在时，偏爱寄生2、3龄幼虫，对2、3、4龄幼虫的选择系数分别为0.37、0.44、0.19。该蜂对4龄幼虫的寄生能力随寄主日龄增大而下降。

半闭弯尾姬蜂是小菜蛾幼虫体内的单寄生蜂，研究表明，半闭弯尾姬蜂对小菜蛾各个龄期幼虫都具有寄生能力，并对小菜蛾幼虫的龄期有偏好性，其寄生选择性：2龄＞3龄＞4龄，对2、3龄小菜蛾幼虫的寄生率和寄生数量显著高于4龄幼虫（表6-1）。

表6-1　半闭弯尾姬蜂对不同龄期小菜蛾幼虫寄生情况

小菜蛾幼虫龄期	收蛹总数（头）	半闭弯尾姬蜂蛹数量（头）	寄生率（%）
2	81.75	41.75aA	51.07±1.16aA
3	81.00	41.00aA	50.62±0.43aA
4	80.50	34.00bB	42.24±1.76bB

（二）半闭弯尾姬蜂寄生对寄主发育历期等指标的影响

蔡霞（2005）研究表明，在24℃下被半闭弯尾姬蜂寄生的小菜蛾幼虫与未被寄生的小菜蛾幼虫发育历期相比，除2龄初被寄生幼虫与未被寄生幼虫的发育历期差异不显著外，其他各龄幼虫的发育历期和预蛹历期都显著延长。小菜蛾在4龄初被寄生后，其预蛹历期是未被寄生小菜蛾的6倍多。小菜蛾在2龄初被寄生后，其幼虫的总取食量显著少于未被寄生幼虫的总取食量。然而，小菜蛾幼虫在3、4龄初被寄生后，其幼虫的总取食量与未被寄生幼虫的总取食量差异均不显著。受寄生蜂攻击及寄生过的小菜蛾幼虫死亡率明显高于未被蜂寄生过小菜蛾幼虫的死亡率。

同样温度下，蔡霞（2005）研究了半闭弯尾姬蜂寄生不同龄期小菜蛾幼虫对其发育历期、结茧率及羽化出雌蜂的寄生能力的影响。寄生不同龄期的小菜蛾幼虫，半闭弯尾姬蜂从卵发育到结茧的历期存在差异，寄生于 4 龄幼虫体内的发育最快，比寄生于 2～3 龄幼虫的个体发育显著要快。结茧至成蜂羽化的历期随寄生时小菜蛾幼虫龄期的增加而增加，但无显著性差异。寄生于 3 龄小菜蛾幼虫羽化出的半闭弯尾姬蜂每头雌蜂总产卵量显著高于寄生于 2 龄和 4 龄幼虫羽化出的蜂，但寄生于各个龄期的后代雌蜂在羽化当天的寄生能力没有差异。寄生于不同龄期小菜蛾幼虫的羽化出的蜂的结茧率、羽化率也没有差异。该蜂成虫的个体大小与其寄主龄期大小有关，寄生于 4 龄幼虫羽化出的蜂个体最大，3 龄次之，2 龄最小。在不提供食物的条件下，寄生于 2、3 龄幼虫羽化出的雄蜂寿命极显著长于寄生于 4 龄幼虫羽化出的雄蜂寿命；然而在供水或供 20% 蜂蜜水的条件下，寄生于 3 龄幼虫羽化出的雄蜂寿命极显著长于寄生于 2、4 龄幼虫的。

（三）温度对半闭弯尾姬蜂发育和繁殖的影响

1. 不同温度条件下半闭弯尾姬蜂的发育历期

半闭弯尾姬蜂通常寄生 2～3 龄小菜蛾幼虫，亦可寄生 1 龄或 4 龄幼虫；被寄生的小菜蛾幼虫仍能正常取食危害菜叶，直至小菜蛾幼虫与半闭弯尾姬蜂同步结茧化蛹为止，化蛹之初两者亦极为相似，但随着蛹的发育，小菜蛾蛹两端尖，而半闭弯尾姬蜂蛹两端钝圆。

在 15～30℃ 的温度范围内，半闭弯尾姬蜂从卵至化蛹的发育历期随着温度的增加而缩短，15℃ 发育历期为 18.32 天，温度增加到 30℃ 时其发育历期缩短到 7.08 天；在 15～25℃ 的温度范围内，半闭弯尾姬蜂从蛹至成虫羽化的发育历期随着温度的增加而缩短，15℃ 发育历期为 17.73 天，温度增加到 25℃ 时其发育历期缩短到 7.01 天，27℃ 时其发育历期为 7.05 天，比 25℃ 时的发育历期有所延长；在 15～27℃ 的温度范围内，半闭弯尾姬蜂从卵至成虫羽化的发育历期同样是随着温度的升高而缩短，15℃ 发育历期为 35.97 天，温度增加到 27℃ 时其发育历期缩短到 14.29 天。30℃ 时，半闭弯尾姬蜂从卵至蛹的发育历期比 27℃ 的有所缩短，但差异不显著，但化蛹后不能正常羽化（表 6-2）。

表 6-2 半闭弯尾姬蜂在不同温度下的发育历期

温度（℃）	发育历期（天）		
	卵—蛹	蛹—成虫	卵—成虫
15	18.32±0.09a	17.73±0.13a	35.97±0.20a
20	10.21±0.08b	11.54±0.07b	21.75±0.11b
22	8.35±0.09c	10.20±0.07c	18.57±0.11c
25	7.92±0.05d	7.01±0.07d	14.92±0.10d
27	7.13±0.06e	7.05±0.06d	14.29±0.07e
30	7.08±0.15e	—	—

2. 不同温度条件下半闭弯尾姬蜂的发育速率

利用发育速率和发育历期的关系（发育速率＝1/发育历期），根据半闭弯尾姬蜂在不同温度下各个不同发育时期的发育历期，求出不同温度下半闭弯尾姬蜂卵—蛹、蛹—成虫、卵—成虫的发育速率。半闭弯尾姬蜂从卵发育至化蛹的发育速率在15~30℃的温度范围内，随着温度的增加发育速率加快；半闭弯尾姬蜂从蛹发育至成虫的发育速率在15~25℃的温度范围内，随着温度的增加发育速率加快；半闭弯尾姬蜂从卵发育至成虫的发育速率在15~27℃的温度范围内，随着温度的增加发育速率加快。拟合温度与半闭弯尾姬蜂卵—蛹、蛹—成虫、卵—成虫发育速率的关系，得出温度与半闭弯尾姬蜂各个时期的发育速率回归方程：

$$V(\text{e-p}) = 0.14/(1+\exp 5.09 - 0.30T) \quad (F=25.24, P<0.05, R=0.943\,9)$$

$$V(\text{p}) = 4.21/(1+\exp 5.42 - 0.08T) \quad (F=134.08, P<0.01, R=0.992\,6)$$

$$V(\text{e-a}) = 0.08/(1+\exp 3.60 - 0.20T) \quad (F=216.73, P<0.01, R=0.995\,4)$$

式中 $V(\text{e-p})$、$V(\text{p})$、$V(\text{e-a})$ 分别代表半闭弯尾姬蜂卵—蛹、蛹—成虫、卵—成虫的发育速率，T 为温度，R 为相关系数。

3. 半闭弯尾姬蜂世代有效积温及发育起点温度

利用计算有效积温和发育起点温度的直接最优法，根据不同温度条件下半闭弯尾姬蜂的世代发育历期，计算出半闭弯尾姬蜂的世代有效积温为269.07℃，发育起点温度为7.53℃；由此可建立半闭弯尾姬蜂的世代发育回归方程式为：$T=7.53+269.07\times V$，其中，T 为温度，V 为发育速度。

4. 温度对半闭弯尾姬蜂羽化率的影响

在15~22℃的温度范围内，半闭弯尾姬蜂蛹的羽化率随着温度的升高而增加，在15℃时羽化率为70%，20℃时为83%，温度升高到22℃时羽化率达到92%；在22~27℃的范围内，半闭弯尾姬蜂蛹的羽化率随着温度的升高而降低，22℃羽化率为92%，25℃时为88%，当温度升高到27℃时羽化率降低到75%；温度为30℃时，蜂蛹没有羽化（表6-3）。

表6-3 半闭弯尾姬蜂在不同温度下的羽化率

温度（℃）	供试蛹数（头）	羽化数量（头）	羽化率（%）
15	25	17.50	70.00±0.05c
20	25	20.75	83.00±0.03b
22	25	23.00	92.00±0.02a
25	25	22.00	88.00±0.02a
27	25	18.75	75.00±0.02bc
30	25	—	—

5. 温度对半闭弯尾姬蜂后代性比的影响

不同温度条件下发育的半闭弯尾姬蜂成虫性比有明显差异。半闭弯尾姬蜂为两性生殖，理论最佳雌雄比（♀：♂）应为2：1或1：1，雄虫比例过高将会干扰交配，或子代性比失调，导致雄蜂过多。

在 15～25℃的温度范围内，15℃时性比（雌蜂数占雌雄总数的比例）为 40.00%，20℃时性比为 46.99%，22℃时性比为 48.91%，25℃时性比为 37.50%，22℃性比最高为 48.91%。温度达到 27℃时，性比明显降低，性比为 18.67%（表 6-4）。

表 6-4　半闭弯尾姬蜂在不同温度下的性比

| 温度（℃） | 供试蛹数（头） | 羽化成蜂数（头） | | 性比（%） |
		♀	♂	
15	25	7.00	10.50	40.00±2.72a
20	25	9.75	11.00	46.99±2.35a
22	25	11.25	11.75	48.91±1.37a
25	25	8.25	13.75	37.50±5.31a
27	25	3.50	15.25	18.67±5.01b
30	25	—	—	—

蔡霞（2005）研究了半闭弯尾姬蜂在 24℃条件下的交尾、产卵及饲养过程完成时子代雌性比率为 34.98%；而当上述过程在 30℃条件下完成时，子代雌性比率会大幅度下降，仅为 2.77%。受高温影响的半闭弯尾姬蜂，其后代即使在 24℃条件下交尾、产卵，子代雌性比率还是很低，并且需要在适温下连续饲养 5～6 代性比才能逐渐恢复正常。寄主龄期也影响半闭弯尾姬蜂的子代雌性比率，后代的雌性比率随着寄主龄期的增加而升高。在刚羽化的 7 天内，半闭弯尾姬蜂后代个体的雌性比率随着雌蜂羽化后日龄的增加而升高。但 7 天后，后代的雌性比率随着雌蜂羽化后日龄的增加而降低。

（四）半闭弯尾姬蜂室内繁殖影响因子

1. 小菜蛾幼虫数量对半闭弯尾姬蜂繁殖的影响

半闭弯尾姬蜂在不同小菜蛾幼虫数量密度下对小菜蛾幼虫的寄生数量不同，寄生数量随小菜蛾幼虫数量的增加而增加，但当小菜蛾幼虫增加到一定数量时，半闭弯尾姬蜂的寄生数量趋向稳定，其曲线符合 Holling Ⅱ 模型（图 6-1），拟合得出半闭弯尾姬蜂寄生小菜蛾幼虫功能反应的直线回归方程为：

$$1/Na = 1.6576 \times (1/No) + 0.0063$$

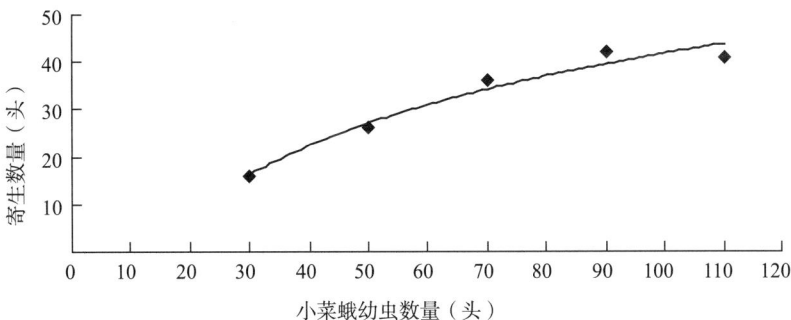

图 6-1　半闭弯尾姬蜂寄生不同数量小菜蛾幼虫的功能反应曲线

其数学模型为：

$$Na = 0.603\,3No / (1 + 0.603\,3 \times 0.006\,3No)$$

其中，Na 为半闭弯尾姬蜂寄生小菜蛾幼虫数量，No 为小菜蛾幼虫数量。

在天敌和猎物这一系统中，天敌的食欲不可能是无限的，天敌大部分时间用于搜寻猎物，随着猎物密度的增加，天敌搜寻猎物的时间减少，在不同的猎物密度下天敌的搜寻时间是不同的。因此，在半闭弯尾姬蜂寄生小菜蛾过程中，小菜蛾幼虫数量不仅影响半闭弯尾姬蜂对其的寄生数量，还影响半闭弯尾姬蜂的寻找效应，从而影响半闭弯尾姬蜂的繁殖效果。根据功能反应中的参数，可以得出其数学模型为：

$$E = 0.603\,3 / (1 + 0.603\,3 \times 0.006\,3No)$$

其中，E 为寻找效应，No 为猎物密度。

根据得出的数学模型，可以得出不同小菜蛾幼虫数量下半闭弯尾姬蜂的寻找效应（表 6-5）。

表 6-5　不同小菜蛾幼虫数量与半闭弯尾姬蜂寻找效应的关系

小菜蛾幼虫数量（头）	30	50	70	90	110
寻找效应	0.416 0	0.507 0	0.476 5	0.449 5	0.425 4

2. 小菜蛾幼虫龄期对半闭弯尾姬蜂繁殖的影响

半闭弯尾姬蜂对 2、3、4 龄小菜蛾幼虫都能寄生，但对 2、3 龄小菜蛾幼虫的寄生率和寄生数量显著高于 4 龄小菜蛾幼虫（表 6-6）。

表 6-6　半闭弯尾姬蜂对不同龄期小菜蛾幼虫的寄生情况

小菜蛾幼虫龄期	收蛹总数（头）	寄生数量（头）	寄生率（%）
2 龄	81.75	41.75aA	51.14±1.16aA
3 龄	81.00	41.00aA	50.59±0.43aA
4 龄	80.50	34.00bB	42.28±1.76bB

小菜蛾幼虫龄期不仅影响寄生率，还影响繁殖时的性比。半闭弯尾姬蜂寄生 2、3 龄小菜蛾幼虫产生的后代中雄蜂多于雌蜂，寄生 4 龄小菜蛾幼虫产生的后代中雌蜂显著多于雄蜂。

3. 半闭弯尾姬蜂数量对半闭弯尾姬蜂繁殖的影响

天敌的寻找效应不仅与猎物的数量有关系，还与天敌本身密度密切相关，在一定空间内天敌数量增加，相互间干扰现象逐渐加强，从而使天敌的寻找效应降低。因此在半闭弯尾姬蜂寄生小菜蛾幼虫过程中，半闭弯尾姬蜂的数量也影响到繁殖效果。根据 Hasse 提出的模型对其寻找效应与天敌自身密度进行拟合，得出半闭弯尾姬蜂的寻找效应的数学模型为：

$$E = 0.127\ 4 \times P - 0.312\ 6$$

其中，E 为寻找效应，P 为猎物密度。

根据得出的数学模型，可以得出不同半闭弯尾姬蜂数量下半闭弯尾姬蜂的寻找效应（表 6 - 7）。

表 6 - 7　半闭弯尾姬蜂数量与其寻找效应的关系

半闭弯尾姬蜂数量（头）	1	2	3	4	5
寻找效应	0.127 4	0.102 6	0.090 4	0.082 6	0.077 0

4. 温度对半闭弯尾姬蜂繁殖的影响

温度主要影响半闭弯尾姬蜂的发育历期、羽化率、性比。

发育历期：在 15～27℃的温度范围内，半闭弯尾姬蜂从卵至成虫羽化的发育历期随着温度的升高而缩短，温度为 30℃时，化蛹后不能正常羽化。

羽化率：在 15～22℃的温度范围内，半闭弯尾姬蜂蛹的羽化率随着温度的升高而增加，在 22～27℃的范围内，半闭弯尾姬蜂蛹的羽化率随着温度的升高而降低，温度为 30℃时，蜂蛹没有羽化，温度为 22℃时羽化率最高。

性比：在 15～22℃的温度范围内，半闭弯尾姬蜂蛹的性比随着温度的升高而增加，在 22～27℃的范围内，半闭弯尾姬蜂蛹的羽化率随着温度的升高而降低，温度为 22℃时性比最大。半闭弯尾姬蜂为单寄生蜂，即每个小菜蛾幼虫只能被寄生和羽化出 1 头半闭弯尾姬蜂。

5. 低温贮藏半闭弯尾姬蜂蛹对其羽化率的影响

4℃下保存半闭弯尾姬蜂蛹，不同低温贮藏时间对半闭弯尾姬蜂蛹羽化率有影响，蜂蛹的羽化率随着贮藏天数的增加逐渐降低，低温贮藏 5、10、15、20、30 天的羽化率分别为 80.00%、73.33%、63.33%、58.33%、43.33%，对照的羽化率为 86.67%。贮藏时间在 20 天以内时，蜂蛹羽化率还能保持在 60.00% 以上，低温贮藏时间达到 30 天羽化率就明显降低，仅为 43.33%，表明蜂蛹在 4℃下的低温贮藏时间应以 10 天为宜（表 6 - 8）。

表 6 - 8　不同低温贮藏时间半闭弯尾姬蜂蛹羽化率的影响

低温贮藏时间（天）	蛹数量（头）	羽化数量（头）	羽化率（%）
5	15	12.00	80.00±2.72a
10	15	11.00	73.33±2.72ab
15	15	9.50	63.33±5.17b
20	15	8.75	58.33±1.93b
30	15	6.50	43.33±3.19c
对照	15	13.00	86.67±3.94a

在温度 22℃，湿度 60％～70％的条件下，同批寄生的半闭弯尾姬蜂蛹经过 7～8 天开始羽化（从化蛹到羽化），羽化大多在 10：00～18：00 进行，历经 4～5 天即可全部羽化完毕，羽化高峰出现在开始羽化后的第 2～4 天，一天中羽化高峰出现在 10：00～15：00。

6. 低温贮藏半闭弯尾姬蜂蛹对其成虫寄生率的影响

半闭弯尾姬蜂蛹在 4℃下保存，经不同低温贮藏时间后其成虫寄生率受到影响，低温贮藏蛹 0（对照）、5、10、15、20、25、30 天成虫寄生率分别为 41.70％、38.43％、39.02％、34.88％、29.11％、24.75％、23.54％（图 6 - 2），蛹低温贮藏不同时间对成虫寄生率有显著性的影响 [$F_{(6, 21)}=31.954\,5$，$P<0.000\,5$]，蛹低温贮藏 0、5、10 天处理成虫寄生率没有显著性差异；低温贮藏 15、20、25、30 天与 0、5、10 天处理寄生率有显著性差异，寄生率显著低于对照。半闭弯尾姬蜂蛹低温贮藏 5、10 天处理对成虫寄生率没有显著影响。建议蛹低温贮藏 10 天内较适宜。

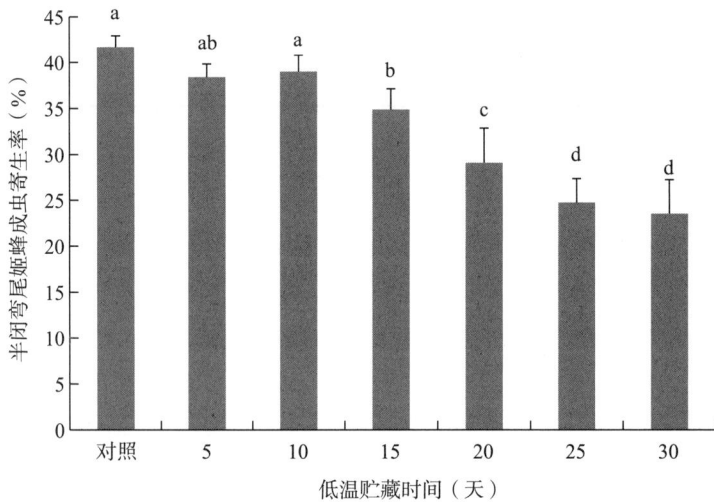

图 6 - 2　半闭弯尾姬蜂蛹经低温贮藏后对成虫寄生率的影响

7. 低温贮藏半闭弯尾姬蜂成虫对其存活率的影响

半闭弯尾姬蜂成虫在 4℃下保存，经不同低温贮藏时间后其成活率受到影响（图 6 - 3），成虫低温贮藏 0（对照）、5、10、15、20、25、30 天存活率分别为 99.67％、95.75％、82.67％、85.00％、65.00％、23.33％、9.67％，成虫低温贮藏不同时间存活率呈显著性差异 [$F_{(6, 21)}=395.674\,8$，$P<0.000\,5$]，低温贮藏 5 天处理成虫存活率与对照没有显著性差异；低温贮藏 10、15、20、25、30 天成虫存活率与 0、5 天处理有显著性差异，成虫存活率显著低于对照，说明低温贮藏成虫 10～30 天对成虫的存活率有显著影响（图 6 - 3）。

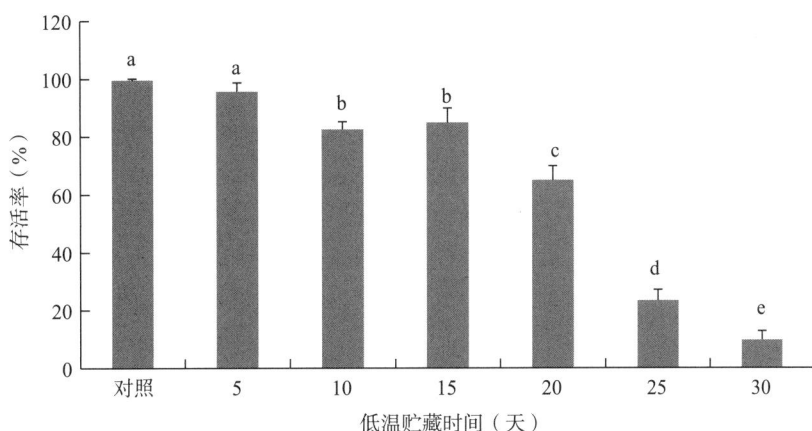

图 6-3　半闭弯尾姬蜂成虫经低温贮藏后对其存活率的影响

8. 低温贮藏半闭弯尾姬蜂成虫对其寄生率的影响

半闭弯尾姬蜂成虫在 4℃下保存，经低温贮藏不同时间后其寄生率受到影响，成虫低温贮藏 0（对照）、5、10、15、20、25、30 天其寄生率分别为 39.70%、38.05%、27.00%、23.75%、10.30%、3.10%、0%，成虫低温贮藏不同时间的处理间对其寄生率呈显著性差异 $[F (6, 21) = 696.407\,6, P < 0.000\,5]$，低温贮藏 5 天成虫寄生率与对照没有显著性差异，低温贮藏 10、15、20、25、30 天成虫寄生率与对照和低温贮藏 5 天有显著性差异，寄生率显著低于对照，低温贮藏 30 天成虫不能寄生，说明低温贮藏成虫 10～30 天对成虫的寄生率有显著影响（图 6-4）。

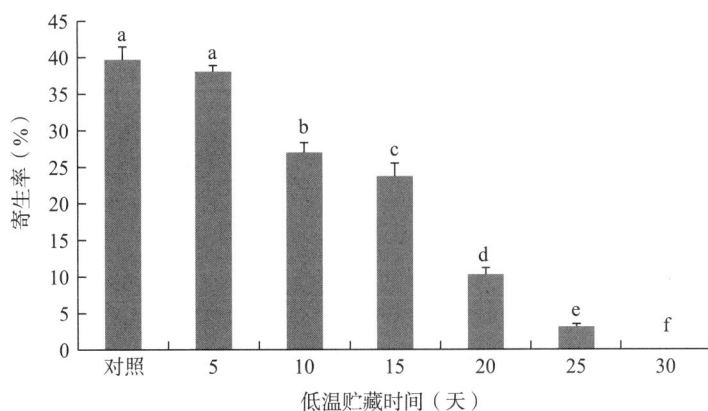

图 6-4　半闭弯尾姬蜂成虫经低温贮藏后对其寄生率的影响

9. 低温贮藏半闭弯尾姬蜂成虫对其子代羽化率的影响

半闭弯尾姬蜂成虫在 4℃下保存，经低温贮藏不同时间后其子代羽化率受到影响，成虫低温贮藏 0（对照）、5、10、15、20、25 天其子代羽化率分别为 91.33%、86.00%、82.00%、81.00%、74.00%、65.67%。成虫低温贮藏不同时间对其子代羽化率有显著性影响［F（5，18）＝17.855 4，P＜0.000 5］，低温贮藏5天成虫子代羽化率与对照没有显著性差异；低温贮藏10、15、20、25天成虫子代羽化率与对照、低温贮藏5天有显著性差异，10～25天处理成虫子代羽化率显著低于对照（图6-5）。低温贮藏成虫5天对存活率、寄生率及其子代的羽化率没有显著影响，建议成虫低温贮藏5天内较适宜。

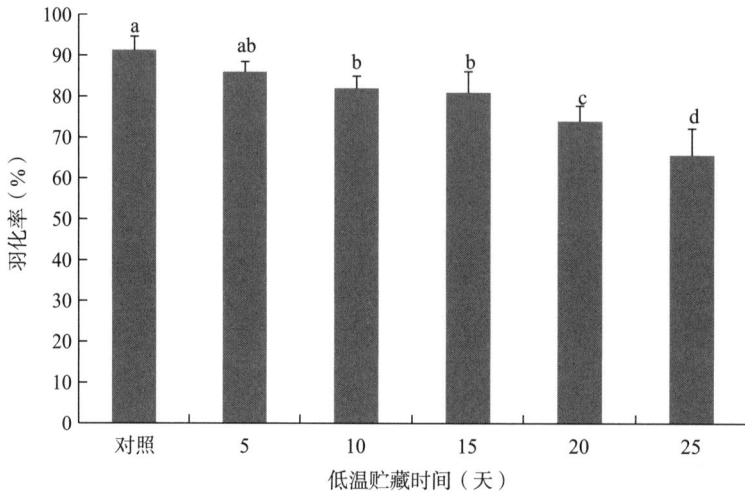

图6-5 半闭弯尾姬蜂成虫经低温贮藏对其子代羽化率的影响

（五）半闭弯尾姬蜂的羽化习性

半闭弯尾姬蜂在温度为22℃，光照为60％～70％条件下，成蜂羽化从开始到结束，历经4天，羽化高峰出现在羽化的第3天，占全部羽化数量的58.82％（表6-9）；观察发现，羽化第3天的羽化高峰出现在8：00～13：00，占羽化数量的66.00％。

表6-9 半闭弯尾姬蜂羽化规律

羽化时间（天）	1	2	3	4
羽化数量（头）	1.5	8.5	25	7.5

（六）低温下光周期诱导半闭弯尾姬蜂蛹休眠

室内条件下开展了半闭弯尾姬蜂蛹休眠诱导的光周期反应研究，结果表明，光周期对其休眠诱导具有显著调控作用，不同光照条件下蛹的休眠率差异显著。10℃下，不同光周期具有不同诱导效果，短光照促进休眠，光照时间越短，蛹的休眠率越高。蛹在L：D＝10：14时休眠率最高，达73.03％；L：D＝14：10条件下休眠率居中，为63.33％；L：D＝16：8条件下休眠率最低，仅为10.67％（表6-10）。研究还发现，在10℃下，蛹休眠的临界时长在14～16小时。

表 6-10　光周期对半闭弯尾姬蜂蛹休眠的诱导作用

光周期	观察虫数（头）	休眠率（%）
10∶14	50	73.03±2.72a
12∶12	45	68.53±2.52b
14∶10	49	63.33±5.17b
16∶8	46	10.67±1.93c

（七）半闭弯尾姬蜂感受休眠信号的敏感虫期

室内条件下开展了半闭弯尾姬蜂蛹感受休眠信号的敏感虫期研究，结果表明，如果被寄生的寄主幼虫首先在非休眠环境中发育 2～4 天，然后转移到休眠诱导环境中，茧的休眠率为 0，此时半闭弯尾姬蜂为低龄幼虫期，在休眠环境下寄生的低龄幼虫不能继续发育。发育 6 天的老熟幼虫转移到休眠环境中，茧的休眠率为 12.04%；发育 8～12 天以上再转移到休眠环境中，半闭弯尾姬蜂随着蛹的发育而休眠率随之升高，半闭弯尾姬蜂蛹经历蛹前期、蛹中期、蛹后期直至羽化，半闭弯尾姬蜂每个蛹期经历一天时间，羽化经历 2 天时间。蛹前期休眠率为 61.08%；蛹中期休眠率最高，为 73.53%。发育 14 天以上，再移到休眠环境，半闭弯尾姬蜂蛹已经发育到后期，此时幼蜂已经全部变成黑色，休眠率随之下降，为 33.17%。由此可以得出，半闭弯尾姬蜂在非休眠环境下发育到蛹中期（2～3 天），再将其转入休眠环境中，休眠率最高。将被寄生的寄主幼虫首先在休眠环境中发育 4 天，转移到非休眠环境中，茧的休眠率为 0，发育 16 天以上再转移到非休眠条件下，休眠率才能达到 73.28%（表 6-11）。由此推断，半闭弯尾姬蜂感受休眠信号的敏感虫期为蛹前期，幼虫感受休眠信号以后，需要在休眠条件下发育到预蛹后期才能全部进入休眠。

表 6-11　半闭弯尾姬蜂感受休眠信号的敏感虫期

项目	发育期	结茧数（头）	休眠率（%）
试验 1：25℃，L14∶D10→10℃，L10∶D14	低龄幼虫期	0	0
	低龄幼虫—幼虫中期	0	0
	老熟幼虫期	48	12.04±1.6c
	预蛹（茧）期	46	27.58±3.04b
	蛹前期	44	61.08±2.18a
	蛹中期	42	73.53±2.56a
	蛹后期	50	33.17±3.14b
试验 2：10℃，L10∶D14→25℃，L14∶D10	低龄幼虫期	0	0
	低龄幼虫—幼虫中期	0	0
	幼虫中期—老熟幼虫期	0	0
	老熟幼虫期	0	0

（续）

项目	发育期	结茧数（头）	休眠率（%）
试验2：10℃， L10：D14→25℃， L14：D10	预蛹（茧）期	44	3.20±1.04d
	蛹前期	50	22.50±2.64c
	蛹中期	45	73.28±3.06a
	蛹后期	50	58.26±2.34b

（八）半闭弯尾姬蜂的田间评价方法

Caleb Momanyi 等（2006）在肯尼亚的 Werugha 和 Tharuni 两个地区研究了利用半闭弯尾姬蜂在田间控制小菜蛾的评价方法。他们从台湾省引进半闭弯尾姬蜂，2002年7月释放，7~12个月后，试验结果表明，通过笼罩排除其他捕食性天敌的干扰。在 Werugha 地区，笼罩内对小菜蛾的寄生率由15%上升到60%；而 Tharuni 地区部分笼罩内对小菜蛾的寄生率则由8%上升到18%，且伴随有本地的寄生蜂数量的上升。田间不施用农药的甘蓝上大多数小菜蛾幼虫都被寄生。以收集小菜蛾蛹为统计结果显示，由于寄生蜂的攻击行为，小菜蛾的死亡率是被寄生的2倍；笼罩之外对照区也采用了相同的方法释放寄生蜂，7个月后，2个地区该蜂成为小菜蛾的优势寄生蜂种群，一年后，该寄生蜂成功定殖，成为当地自然控制小菜蛾的优势寄生蜂。

（九）不同弯尾姬蜂属的寄生蜂对其寄主的趋性

A. Robbach 等（2005）研究了甘薯块茎蛾弯尾姬蜂与半闭弯尾姬蜂寄生豌豆上小菜蛾的行为差异。在肯尼亚小菜蛾取食甜豌豆和雪花豆，并造成严重危害。当地存在的优势寄生蜂是甘薯块茎蛾弯尾姬蜂，半闭弯尾姬蜂是引进的。利用Y型嗅觉仪对两种雌蜂的产卵选择性行为进行研究，发现甘蓝植株对半闭弯尾姬蜂雌蜂有很强的吸引力，但是被小菜蛾取食的豌豆植株则对半闭弯尾姬蜂没有吸引力。研究结果表明，只有十字花科蔬菜对半闭弯尾姬蜂有吸引力。尽管通常小菜蛾取食十字花科的蔬菜，Y型嗅觉仪测试结果表明，甘薯块茎蛾弯尾姬蜂的寄生行为不受甘蓝类植物的挥发物质的影响。

（十）"寄主作物—害虫—天敌"的营养关系

李欣（2002）以"十字花科蔬菜—小菜蛾—半闭弯尾姬蜂"三重营养关系为研究对象，主要就小菜蛾及半闭弯尾姬蜂对不同蔬菜产卵的选择性、蔬菜挥发物在小菜蛾及半闭弯尾姬蜂寄主选择中的作用、半闭弯尾姬蜂对寄主的搜索行为和学习行为等方面进行了研究。利用Y型嗅觉仪测试了蔬菜挥发物在小菜蛾寄主选择中的作用。结果表明，无论是完整植株，还是机械损伤植株、虫损伤植株或虫-菜复合体植株，白菜挥发物对小菜蛾的引诱力都较甘蓝的大；而白菜或甘蓝两个供试品种间的挥发物对小菜蛾的引诱力无显著差异。利用Y型嗅觉仪测试了蔬菜挥发物在半闭弯尾姬蜂寄主选择中的作用。结果表明，无论是白菜还是甘蓝，两种蔬菜的机械损伤植株、虫损伤植株、虫-菜复合体植株释放的挥发物对雌蜂的引诱力均显著强于完整植株；白菜的虫损伤植株、虫-菜复合体植株所释放的挥发物对雌蜂的引诱力大于白菜的机械损伤植株释放的挥发物；而虫损伤植株、虫-菜复合体植株释放的挥发物之间引诱力无显著差异；甘蓝的机械损伤植株与虫损伤植株之间、虫损伤植株与虫-菜复合体植株之间的挥发物对雌蜂的引诱力无显著差异；而虫-菜复合体植株的挥发物对雌蜂的引诱力比机械损伤植株的挥发物显著要强。当白菜和甘蓝植株是完整的，或仅遭机械损伤时，两种蔬菜的挥发物对雌蜂的引诱力相近，而当植株遭受小菜蛾取食，或正在被小菜蛾取食时，白菜挥发物对雌蜂的引诱力较甘蓝显著要强。研究结果首次提出寄主植物的挥发物在小菜蛾和半闭弯尾姬蜂寄主选择中的作用，初步明确了小菜蛾及半闭弯尾姬蜂对不同寄主植物产卵选择行为差异的化学基础。

第四节　半闭弯尾姬蜂的室内群体扩繁

一、小菜蛾寄主作物甘蓝标准化种植

（一）小菜蛾对寄主植物的选择性

不同种类十字花科蔬菜或同种十字花科蔬菜不同生长期的植株上，半闭弯尾姬蜂对小菜蛾幼虫的寄生率有所不同。田间试验观察表明，半闭弯尾姬蜂对甘蓝上小菜蛾幼虫的寄生率高于花椰菜、青花菜和白菜；甘蓝移栽后，随植株生长半闭弯尾姬蜂对小菜蛾幼虫的寄生率亦逐步增加（Talekar et al.，1991）。试验结果表明，半闭弯尾姬蜂对甘蓝上小菜蛾幼虫的寄生率高于对白菜上小菜蛾幼虫的寄生率（Verkerk et al.，1997）。根据"寄主作物—小菜蛾—半闭弯尾姬蜂"三者营养关系，研究认为，甘蓝受小菜蛾危害损伤散发的挥发性气味对寄生蜂的诱集作用更强，致使引诱更多的寄生蜂到甘蓝上寻找小菜蛾幼虫产卵寄生；也可能是由于甘蓝是小菜蛾的最原始寄主，并与半闭弯尾姬蜂的起源相同，寄生蜂对甘蓝上的小菜蛾幼虫更具适应性。而李欣等（2002）研究表明，当白菜和甘蓝上小菜蛾幼虫密度相同时，半闭弯尾姬蜂对白菜上小菜蛾幼虫的寄生数明显高于甘蓝。上述试验结果与 Verkerk 等田间调查结果不吻合，有可能是因为当地种植的白菜或甘蓝品种与上述供试品种不同，或当时田间小菜蛾幼虫的寄生率除受蔬菜品种影响外，是否还受到其他因子的影响尚待进一步研究证实。

（二）甘蓝品种选择

根据田间试验观察小菜蛾幼虫的选择性和嗜好性，以及从寄主作物叶片形态便于收集小菜蛾蛹和寄生蜂蛹等方面的考虑，筛选用京丰 1 号甘蓝作为室内扩繁半闭弯尾姬蜂寄主小菜蛾幼虫的寄主作物。

（三）甘蓝育苗技术

甘蓝的标准化和规模化培育的过程是小菜蛾扩繁的基础，亦是半闭弯尾姬蜂扩繁的基础。甘蓝培育可分为壮苗育苗、植株移栽和栽培管理。若直接选用甘蓝苗（或萝卜籽苗）繁殖小菜蛾幼虫的方法，小菜蛾幼虫在扩繁过程中需要多次换苗，其更换过程易导致小菜蛾幼虫感染病菌；此外，小菜蛾幼虫受干扰、惊吓会大量坠落至幼苗基部，并在幼苗基部吐丝结茧化蛹，不利于小菜蛾蛹的收集，也不利于繁殖半闭弯尾姬蜂过程中寄生蛹的收集。所以，一般选用壮苗育苗、植株移栽和栽培管理的方法，将甘蓝培育成健壮植株后再接种小菜蛾卵来繁殖小菜蛾。

1. 壮苗育苗

（1）育苗方式　采用育苗盘育苗，苗期注意防雨、防虫、遮阳。育苗盘规格为长31.5厘米、宽21.0厘米、高7.5厘米。育苗盘用0.5%～0.1%高锰酸钾溶液喷洒消毒，盖膜熏蒸1～2天，然后用水冲洗干净晾干备用。

（2）基质的配制　选用新鲜干净且充分暴晒的红壤土，打碎后用筛子过筛，留细土备用，加入腐熟农家肥、珍珠岩、泥炭配制成基质，配制比例为红壤土：农家肥：珍珠岩：泥炭＝2：1：1：1。

（3）基质消毒　将配制好的基质放在干净的水泥地板上，摊平，暴晒7～15天，以达到杀菌及杀虫的目的。基质厚度10～20厘米，每次进行消毒的基质体积不可过大，否则可能造成部分基质消毒不彻底。其次可以将2%甲醛溶液喷在土层里，土层厚度约10厘米，再用塑料薄膜盖好封闭熏蒸2天后摊开，暴晒2天以上风干，直到基质没有气味才可使用，这个过程需要15天。

（4）基质装盘、播种　在地板上铺上一层干净塑料薄膜，将配好的基质倒在薄膜上，加水与基质拌匀，用手把基质捏成团，松手即散，即可装盘，装盘深度为6厘米，用竹片刮平土表。每个苗盘纵横对齐打孔，77孔，每孔播2粒种子。播完覆盖0.2～0.3厘米基质，然后浇足定根水，把育苗盘摆放在支架上。

（5）苗期管理

①温度、湿度控制。甘蓝喜温暖湿润的环境，生长适温在15～25℃，湿度在60%～70%，光照强度要求中等。种子发芽温度在20～25℃较好，苗期约40天。

②水肥管理。苗期水肥管理很重要，根据土壤湿润程度适时补水，待苗长到4叶龄时根据苗势间去弱苗，保证每孔有1株壮苗，苗5叶龄时可浇肥水，用0.1%浓度复合肥兑水浇施，浇完肥水后用清水清洗1次。

（6）壮苗标准　壮苗标准为株高12厘米，茎粗0.5厘米左右，5～6叶龄，叶片肥厚，根系发达，无病虫害。

（7）盆栽营养土配制　营养土以未栽过蔬菜的红壤土为好，红壤土和腐熟农家肥充分晾晒。移栽前5天将营养土配制好。选用口径为15.5厘米、高14.0厘米的塑料盆，每盆按1.3千克红壤土与0.05千克腐熟农家肥配制，充分拌匀，移栽前2天装盆，装盆后按盆间株行距 26 厘米×32 厘米整齐排列于温室内。

2. 植株移栽和栽培管理

（1）甘蓝苗移栽　甘蓝苗长至 5～6 叶龄（40 天左右）可移栽，移栽前 1 天浇水一次，每盆浇水约 0.5 千克，让水充分渗透土壤，再用盆盖盖好（栽培盆是云南省农业科学院农业环境资源研究所生物防治课题组获得国家授权的实用新型专利产品，有多孔盆盖，可起到渗水保水、提高土壤利用率的作用），防止土壤水分蒸发。次日移栽时向盆盖中部深栽，边移栽边浇定根水。

（2）壮苗培育管理　壮苗培育管理主要包括查苗补缺、合理施肥、水分调控、通风透光调节和病虫害防治等。

①查苗补缺。移栽后 5 天左右及时进行查苗补缺。在查苗时，发现缺苗、弱苗时应及时补栽，对成活的幼苗浇施偏心肥，确保植株生长整齐一致。

②合理施肥。施肥要视苗情而定，遵循少量多次的原则，追肥以复合肥、尿素为主。移栽 20 天后可施追肥，复合肥浓度为 0.3%，根据甘蓝的长势情况浇肥水，一般移栽后浇肥水 2～3 次。

③水分调控。甘蓝移栽时浇足定根水，以后做到多次适量，确保盆土湿润，避免浇水过量造成盆土板结和烂根。

④通风透光调节。调节塑料大棚通气窗、遮阴网、水帘和风扇体系是调控大棚内温湿度和光照的主要方法。遮阳网主要调控大棚的光照强度，晴天早晨卷起大棚遮阳网，中午光照太强时展开遮阳网，傍晚时再卷起遮阳网，温度大于 28℃时就打开风扇和水帘。进入冬季白天卷起遮阳网增加光照强度和温度，夜间放下遮阳网保温。

⑤病虫害防治。发现蚜虫和菜青虫等害虫要及时防治，采用人工清除或选择低毒高效农药喷施，但在接种小菜蛾卵箔之前的 15 天内不能使用任何农药。

3. 甘蓝接种时期

甘蓝长至 10～12 片有效叶时，是小菜蛾卵接种的最佳时期。

二、小菜蛾标准化繁殖

（一）小菜蛾繁殖主要环节

小菜蛾标准化繁殖关键技术流程见图 6-6。

1. 寄主作物甘蓝植株的消毒

在甘蓝叶片接小菜蛾产卵箔纸之前，应对甘蓝进行消毒处理。首先将盆盖上的土清除干净，用清水冲洗盆盖及甘蓝叶片，然后把甘蓝植株放在距离紫外灯 20 厘米处杀菌消毒 5 分钟备用。

2. 小菜蛾成虫产卵箔的制作

用家用保鲜锡箔纸制成 2 厘米×10 厘米的卵箔条，将卵箔条折叠后再展开，形成

```
┌─────────────────────────┐      ┌─────────────────────────┐
│ 甘蓝播种育苗（40天左右） │ ───▶ │ 甘蓝移栽（40天左右）     │
└─────────────────────────┘      └─────────────────────────┘
                                            │
                                            ▼
              ┌────────────────────────────────────────┐
              │ 甘蓝接小菜蛾产卵箔（2～3天）            │
              └────────────────────────────────────────┘
                         │
                         ▼
┌─────────────────────────┐      ┌─────────────────────────┐
│ 小菜蛾幼虫孵化2天        │ ───▶ │ 小菜蛾1龄幼虫2天         │
└─────────────────────────┘      └─────────────────────────┘
                                            │
                                            ▼
┌─────────────────────────┐      ┌─────────────────────────┐
│ 小菜蛾3龄幼虫1天         │ ◀─── │ 小菜蛾2龄幼虫1天         │
└─────────────────────────┘      └─────────────────────────┘
          │
          ▼
┌─────────────────────────┐      ┌─────────────────────────┐
│ 小菜蛾4龄幼虫3天         │ ───▶ │ 小菜蛾预蛹3天           │
└─────────────────────────┘      └─────────────────────────┘
                                            │
                                            ▼
                      ┌─────────────────────────┐
                      │ 小菜蛾蛹的收集2天        │
                      └─────────────────────────┘
                                 │
                                 ▼
                      ┌─────────────────────────┐
                      │ 小菜蛾成虫羽化           │
                      └─────────────────────────┘
```

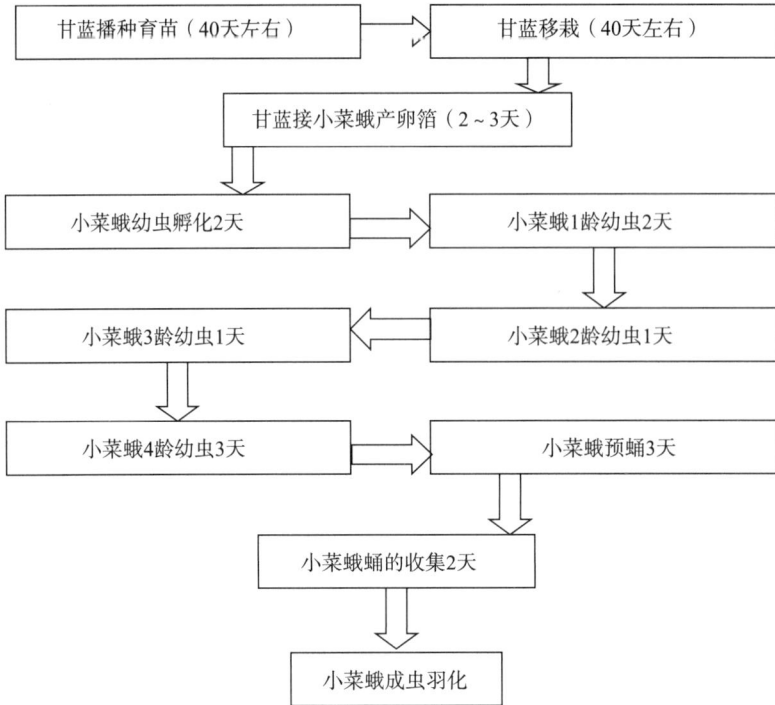

图 6-6　小菜蛾标准化繁殖关键技术流程

凹凸不平的褶皱；选生长健壮的甘蓝叶 60 克，兑水 500 毫升，用搅拌器制成甘蓝汁液，在高压灭菌锅内灭菌消毒，冷却后用此汁液浸泡卵箔，卵箔浸泡后晾干集中备用，用于诱集小菜蛾成虫产卵。

3. 小菜蛾成虫产卵箱

产卵箱长×宽×高为 25 厘米×30 厘米×25 厘米，骨架为木质框，顶部用玻璃密封，以便于观察，背面和侧面用 80 目纱网密封，以便于通风透气，底部为木板，正面再做一道拉门，便于在小菜蛾产卵过程的进行各项操作。

4. 小菜蛾成虫产卵

根据小菜蛾幼虫扩繁的需求，定时定量在小菜蛾产卵箱中放入小菜蛾蛹，当小菜蛾的蛹羽化为成虫后，提供 15％蜂蜜水作为成虫的营养补充，在产卵箱内悬挂 4～5 条制作好备用的卵箔条供诱集小菜蛾成虫产卵，小菜蛾产卵箱用黑布遮盖有利于成虫产卵，每天更换产卵箱里的卵箔条和蜂蜜水。

5. 小菜蛾卵的收集与保存

从产卵箱收集到的小菜蛾卵箔条，一部分冷藏保存在 4℃冰箱内，另一部分根据需要直接续代繁殖。甘蓝接卵箔条之前，将福尔马林消毒液浸泡具有小菜蛾卵的卵箔条 5 分钟，然后用蒸馏水漂洗 3 次，清除卵箔条上的消毒液，晾干备用。

6. 甘蓝植株接小菜蛾卵箔条的时间

一般而言，夏秋季温室内温度较高，甘蓝从移栽到接卵箔条需要 30～40 天，而冬春季节温度较低，移栽到接卵箔条时间则需要 40～60 天。根据半闭弯尾姬蜂扩繁需要，将消毒过的小菜蛾卵箔条放在 10～12 叶龄植株长势较好的甘蓝叶片上并固定好。若在甘蓝叶片太小接卵箔条，会导致小菜蛾幼虫的取食影响甘蓝的正常生长，需多次更换甘蓝；若甘蓝植株过大或叶片偏老时接卵箔条，不利于小菜蛾幼虫及其半闭弯尾姬蜂的正常生长发育。

7. 甘蓝植株上小菜蛾卵的数量

一般 10～12 叶龄的甘蓝植株，小菜蛾的卵粒密度宜为 300～400 粒/株，密度大于 400 粒/株不能满足小菜蛾的正常取食，密度小于 300 粒/株造成甘蓝浪费。

（二）小菜蛾幼虫繁殖管理

1. 加强甘蓝植株水分管理

甘蓝叶片接入小菜蛾卵箔条后，应加强甘蓝水分管理，浇水原则为适量多次，以保持土壤湿润，植株健壮生长为宜。若水分不足，甘蓝叶片出现萎蔫，小菜蛾会逃离叶片，严重时导致小菜蛾幼虫死亡。水分过多，则导致土壤霉菌滋生。注意避免植株栽培钵的底盘积水。小菜蛾幼虫受惊吓时易掉入水中致死。

2. 温度、湿度和光照调节

温度、湿度等环境因子不仅影响寄主作物甘蓝的正常生长，还影响到小菜蛾的生长发育。小菜蛾生长发育养虫室的条件应控制在温度为 $25℃±2℃$，相对湿度为 65%，光周期为 L：D＝14：10。

3. 小菜蛾的卵孵化及幼虫饲养

每天观察小菜蛾卵孵化及幼虫发育状况，一般情况小菜蛾在养虫室内饲养历期 22 天，其中，卵期约 2 天、幼虫期约 8 天、蛹期约 7 天、成虫期约 5 天。甘蓝叶片接上小菜蛾卵箔条 2 天就能见到少量的卵孵化，3 天大部分小菜蛾卵孵化，8 天左右大量小菜蛾幼虫发育到 2～3 龄，这时可留一部分小菜蛾幼虫继续生长发育至化蛹；另一部分 2～3 龄小菜蛾将放入繁蜂箱让半闭弯尾姬蜂寄生。

4. 替换寄主植物的方法

及时替换被小菜蛾取食殆尽的甘蓝植株，以保证小菜蛾幼虫的正常生长发育。在操作前要对工具（镊子、毛笔等）进行消毒，采用 75％酒精浸泡工具 30 分钟，再取出晾干备用。替换寄主时要轻拿轻放，尽量不要伤及小菜蛾幼虫，避免感染。替换小菜蛾幼虫植株主要采用挑接法和叶片转移法。当 1 片叶上小菜蛾幼虫在 20 头以上时，把整片叶剪下放置在新的甘蓝植株叶片上；当 1 片叶上小菜蛾幼虫少于 20 头时，用毛笔尖轻轻将小菜蛾幼虫逐一挑接在新鲜甘蓝植株的叶片上，确保小菜蛾幼虫有足够甘蓝叶片取食。

5. 替换寄主

根据小菜蛾幼虫取食甘蓝叶片的程度决定是否替换寄主。若 1 株甘蓝植株叶片能维持已接入小菜蛾数量在整个幼虫期生长发育，就不必替换新鲜的甘蓝，若不能保证给小菜蛾提供充足的食物，就需及时替换寄主。10~12 叶龄甘蓝植株的叶片适宜的小菜蛾幼虫密度为 250~300 头/株，当 10~12 叶龄甘蓝植株的小菜蛾幼虫在 300 头/株以下时，就不需要替换甘蓝叶片，要尽量减少人为干扰小菜蛾生长发育；当 10~12 叶龄甘蓝植株的叶片接入小菜蛾幼虫数量在 300 头/株以上时，该株甘蓝叶片不能满足小菜蛾幼虫正常生长发育，这时就要将小菜蛾幼虫转移到新的甘蓝叶片上取食。替换甘蓝植株的时间以小菜蛾发育至 4 龄之前为宜，若在小菜蛾老熟幼虫期替换甘蓝植株，容易影响幼虫正常化蛹，或感染造成死亡。

6. 小菜蛾蛹的收集和保存

当小菜蛾幼虫生长发育 17 天左右，大部分 4 龄老熟幼虫已化蛹，应及时收集小菜蛾蛹，直到全部化蛹完毕。收集时用镊子轻轻拣起小菜蛾蛹放入塑料小盒内，每个小盒放入 500 头小菜蛾蛹，保持小盒通气性，贴上标签，注明收集日期、名称、收集数量。收集到小菜蛾的蛹一部分放入小菜蛾产卵箱让其羽化，另一部分放在 4℃冰箱内保存，但保存时间不宜超过 20 天，保存时间过长羽化率将大大降低。

三、半闭弯尾姬蜂标准化扩繁

半闭弯尾姬蜂的标准化扩繁技术流程见图 6-7。

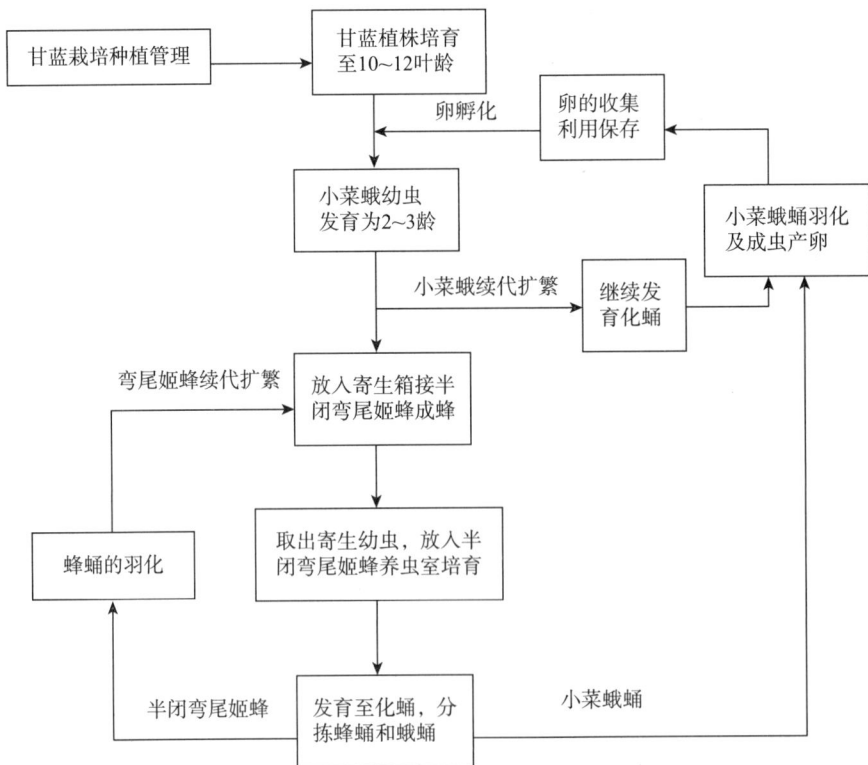

图 6-7 半闭弯尾姬蜂标准化扩繁技术流程

（一）半闭弯尾姬蜂扩繁设施及工具

1. 温室

主要用于甘蓝育苗和标准化栽培。温室应安装风扇水帘，大棚温度升高时，风扇水帘能有效地控制温室温度，促使甘蓝正常生长。

2. 养虫室

养虫室中利用空调控制温度；湿度控制利用加湿器和除湿器；光照控制利用养虫架上安置的多管日光灯，并利用微电脑时控开关控制光照时间。

(1) 小菜蛾幼虫繁殖室　用于繁殖半闭弯尾姬蜂寄主——小菜蛾幼虫，根据小菜蛾的发育需求，适时调控温度、湿度。繁殖室温度 25℃±2℃，相对湿度 60%～70%，光周期 L：D＝14：10。

(2) 半闭弯尾姬蜂繁殖室　用于繁殖半闭弯尾姬蜂，繁殖室温度 20～22℃，相对湿度 65%～70%，光周期 L：D＝14：10。

3. 工具

(1) 繁蜂箱　用于半闭弯尾姬蜂成虫寄生小菜蛾幼虫的箱体，长×宽×高为 120厘米×60 厘米×180 厘米，骨架采用不锈钢框架，中间用木板作台板分隔为 3 台，每台增加光照系统，背面和侧面用玻璃密封，正面做两道拉门并安装纱网，通过拉门进行饲养过程中的操作。

(2) 养虫架　用于饲养小菜蛾幼虫和半闭弯尾姬蜂幼虫。长×宽×高为 160 厘米×125 厘米×60 厘米，骨架采用角钢框架，中间用木板隔断分为 3 层，每层安装 40 瓦日光灯两盏。

(3) 小菜蛾产卵箱　主要用于小菜蛾蛹羽化为成虫来诱集产卵，产卵箱长×宽×高为 30 厘米×30 厘米×30 厘米，透明透气的箱子或笼子。

(4) 吸水泵　主要用于吸取甘蓝汁液以滴至半闭弯尾姬蜂寄生箱内，增加寄生箱内甘蓝汁液气味，引诱半闭弯尾姬蜂寻找小菜蛾幼虫寄生。

(5) 其他用具　镊子、毛笔、试管、吸虫器、育苗盘、塑料盆、甘蓝种子。

（二）半闭弯尾姬蜂室内扩繁技术

以小菜蛾天然寄主作物繁育小菜蛾幼虫，在小菜蛾幼虫适合龄期用于半闭弯尾姬蜂寄生繁殖，是室内扩繁寄生蜂的常用方法。本项研究在继续研发和完善小菜蛾人工饲养方法的同时，主要采用标准化、规模化栽培小菜蛾寄主作物甘蓝来饲育小菜蛾幼虫，以供半闭弯尾姬蜂寄生，达到室内扩繁半闭弯尾姬蜂的目的。

1. 半闭弯尾姬蜂与小菜蛾幼虫的扩繁比例

繁蜂箱内半闭弯尾姬蜂雌蜂与 2～3 龄小菜蛾幼虫比以 1：40 为宜，雌蜂与雄蜂比例以 1：1 为宜。在实际操作中，一般情况繁蜂箱每层放置 6 盆甘蓝，每盆甘蓝上有 250～300 头生长良好的 2～3 龄小菜蛾幼虫时，放入 30～37 对半闭弯尾姬蜂成虫。

当盆栽甘蓝上的小菜蛾幼虫发育到 2～3 龄时，把其移到繁蜂箱内，并在箱内放入 15％蜂蜜水，按比例放入半闭弯尾姬蜂成虫，让其自行交配、寻找小菜蛾幼虫产卵寄生。

2. 繁殖半闭弯尾姬蜂温湿度和光照调节

温度对半闭弯尾姬蜂发育历期、羽化率和性比影响较大，繁殖半闭弯尾姬蜂温度应控制在 20～22℃，湿度为 65％～70％，光照周期为 L：D＝14：10，充足光照较为适宜。在此条件下，半闭弯尾姬蜂发育历期为 21.06 天，羽化率在 90.0％以上。温度超过 22℃，羽化率随温度的升高而降低，温度超过 30℃基本不羽化，温度超过 25℃性比失调明显。高温环境条件不利于半闭弯尾姬蜂的正常发育，这与半闭弯尾姬蜂适宜于高海拔高原冷凉气候区域相吻合。

3. 补充营养

半闭弯尾姬蜂成虫饲喂蜂蜜水作为补充营养，有利于延长成虫寿命和提高繁殖能力。在不给任何饲料的情况下，半闭弯尾姬蜂成虫只能存活 3～4 天，而在供给 15％蜂蜜水情况下，成蜂最长存活 28 天，且雌蜂的寿命较雄蜂更长。在生殖能力方面，在没有供食或只供给水的情况下，平均每只雌蜂一生分别可寄生 65 头和 115 头小菜蛾 2 龄幼虫，而在供给 15％蜂蜜水情况下，平均每只雌蜂一生可寄生 638 头小菜蛾 2 龄幼虫。研究表明：15％蜂蜜水作为补充营养是延长寄生蜂成虫寿命和提高繁殖能力的技术要点。

在繁殖半闭弯尾姬蜂时，每天提供 15％蜂蜜水以补充成虫的营养，先在培养皿里放上一层薄薄海绵，把蜂蜜水倒在海绵上使其被充分吸收，成蜂就会在海绵上吸取蜂蜜水。

4. 增加繁蜂箱内甘蓝汁液气味浓度

增大繁蜂箱甘蓝汁液气味浓度，可改善半闭弯尾姬蜂后代性比和提高繁殖效率。制备甘蓝汁液步骤：选用长势好的甘蓝叶 60 克，兑自来水 1 000 克，用搅拌器制成匀浆；将匀浆倒入抽气泵瓶中，通过泵的作用将汁液定向喷在甘蓝植株上，增加寄生箱内甘蓝汁液中芥子苷的气味，引诱和激发半闭弯尾姬蜂成虫寻找小菜蛾幼虫并完成寄生。

5. 繁蜂箱内小菜蛾幼虫的管理

当小菜蛾幼虫龄期发育至 2～3 龄时，就将整盆甘蓝移到繁蜂箱内，半闭弯尾姬蜂雌成虫就开始不断寻找并攻击小菜蛾幼虫以完成寄生过程。小菜蛾幼虫受寄生行为刺激和惊吓，大量幼虫悬丝下垂，不少幼虫会掉落在繁蜂箱的底板上，繁蜂箱底板铺垫一些新鲜的甘蓝叶，保证掉下来的小菜蛾幼虫（也有部分被寄生）有新鲜饲料可供取食，并及时将有掉落大量小菜蛾幼虫的菜叶放置在盆栽甘蓝上以保证幼虫能转移到新鲜菜叶上。

小菜蛾幼虫在繁蜂箱内放置 2～3 天后取出，繁蜂箱共三层，每层放置用于半闭弯尾蜂寄生的小菜蛾幼虫，每天更换其中一层，保证 2～3 天逐步完成轮换。

6. 替换寄主植物甘蓝

每天从繁蜂箱中取出被寄生过的小菜蛾幼虫，这时根据甘蓝叶片被寄生和未被寄生的小菜蛾幼虫取食情况决定是否更换甘蓝植株，甘蓝叶片即将被取食殆尽就应剪下有小菜蛾幼虫的叶片直接放在备用的新鲜甘蓝植株上让其继续取食；悬挂在叶片上的幼虫用毛笔挑放在新鲜的甘蓝植株上，目的是让寄生小菜蛾幼虫有充足的叶片取食。

7. 寄主植物水分管理

小菜蛾寄主植物替换后，不但要保证寄生小菜蛾正常生长，还要保证甘蓝植株正常生长，关键要加强水分管理，保持甘蓝植株叶片挺立，坚持勤浇、少浇，避免甘蓝叶片缺水萎蔫而影响小菜蛾幼虫的正常生长发育。

8. 观察被半闭弯尾姬蜂寄生的小菜蛾幼虫的发育及收集半闭弯尾姬蜂的蛹

从繁蜂箱内取出被寄生的小菜蛾幼虫，根据取食情况或替换寄主后，将整株甘蓝整齐摆放在养虫架上，每天观察寄生的小菜蛾幼虫发育状况，一般幼虫发育约 7 天，小菜蛾幼虫开始吐丝结茧化蛹，之后半闭弯尾姬蜂蛹与小菜蛾蛹区分明显。

当被寄生小菜蛾幼虫化蛹并明显与未被寄生的小菜蛾蛹区分后，就开始收集蛹，一般寄生率约 90％。收集蛹的方法主要采用镊子拣蛹，小菜蛾蛹为灰色，两端尖；半闭弯尾姬蜂蛹为灰白色，两端钝圆，呈圆柱形，这时可依据小菜蛾的蛹及半闭弯尾姬蜂的蛹不同形态进行分拣，收集后根据两者的繁殖和利用计划保存使用。

9. 半闭弯尾姬蜂蛹的保存

收集到半闭弯尾姬蜂蛹，按批次保存，一般半闭弯尾姬蜂蛹随保存时间的增加，羽化率逐渐降低，建议在 4℃条件下保存 20 天以内，使羽化率保持在 60.00％以上，以保存 10 天为宜。

（三）半闭弯尾姬蜂种蜂来源与复壮

室内繁殖半闭弯尾姬蜂的种蜂主要来源：一是室内繁蜂室保育的种蜂，也是最初引进的半闭弯尾姬蜂种蜂在室内续代繁育至今的种群；二是从田间采集已定殖的半闭弯尾姬蜂种蜂。

选择隔离条件比较好的准自然条件建立保种基地，拟作为半闭弯尾姬蜂资源活体库，以达到自然复壮半闭弯尾姬蜂种性及野外保种的目的，通过野外保种提高半闭弯尾姬蜂种蜂的质量。

第五节　半闭弯尾姬蜂田间释放应用

一、半闭弯尾姬蜂田间释放方法

（一）半闭弯尾姬蜂成虫释放方法

半闭弯尾姬蜂田间释放成虫一般选择刚羽化或羽化后 1 天之内的成虫，室内喂饲 15％蜂蜜水，之后直接在田间任其自由放飞去寻找小菜蛾幼虫寄生。

（二）半闭弯尾姬蜂蛹释放方法

将半闭弯尾姬蜂蛹装入穿有铁丝挂钩的寄生蜂放蜂盒内，每盒有蛹 100 个左右，用铁丝直接将繁蜂盒挂在十字花科蔬菜的叶片上或主干上，用菜叶适当遮盖，避免日光直晒或雨水淹泡。

制作放蜂箱：做成类似小房子的放蜂箱，一端开小门，用于放入装有寄生蜂蛹的培养皿，以及放入 15％蜂蜜水作为寄生蜂成虫羽化后的补充营养，侧边开 4～5 个小圆洞（口）供寄生蜂成虫羽化后飞出，到田间寻找小菜蛾幼虫寄生。放蜂箱的高度略高于寄主作物。

（三）半闭弯尾姬蜂田间释放量

一般每亩田间释放 150～200 个蛹或成虫，每亩释放点不少于 2 个。

（四）半闭弯尾姬蜂田间放蜂适期

选择田间小菜蛾成虫羽化高峰期后 3～5 天，产卵期或幼虫盛发初期，甘蓝或十字花科蔬菜上有小菜蛾幼虫 1.5～2 头/株时放蜂。田间释放宜选择晴天、小雨前或傍晚，避免太阳暴晒、大雨冲刷及雨水淹泡。

二、半闭弯尾姬蜂田间寄生率

田间释放寄生蜂后，可设置放蜂区和对照区进行寄生率调查以比较寄生效能。分别采集放蜂区和对照区的小菜蛾 3～4 龄幼虫以及预蛹，采集尽可能不低于 100 头，将采集的幼虫带回室内分单管（试管尺寸为 1 厘米×12 厘米）保湿饲养，并根据小菜蛾幼虫取食情况补充甘蓝叶，直至羽化成虫。待全部蛹（包括小菜蛾蛹、半闭弯尾姬蜂蛹或其他寄生蜂蛹）羽化后，统计羽化的半闭弯尾姬蜂成虫数等，计算出半闭弯尾姬蜂的寄生率。

连续 4 年调查了半闭弯尾姬蜂的寄生率，调查结果表明，4 年田间半闭弯尾姬蜂寄生率的变化趋势基本一致，随着月份的增加，田间寄生率先增高，后降低。2016 年寄生率为 0～58.33％，11 月 15 日寄生率最高。2017 年寄生率为 17.61％～87.21％，7 月 30 日寄生率最高。2018 年寄生率为 2.78％～63.40％，10 月 30 日寄生率最高。2019 年寄生率为 9.2％～82.00％，8 月 30 日寄生率最高。2016—2019 年寄生率（图

6-8）的峰值分别出现在 11 月中旬、7 月下旬、10 月下旬、8 月下旬，寄生率较低的时期集中在 3 月中旬至 5 月和 11 月下旬，从 4 年田间自然寄生率来看，夏季末至秋季寄生率高于春季和冬季，自然寄生率最高为 87.21%（图 6-8）。

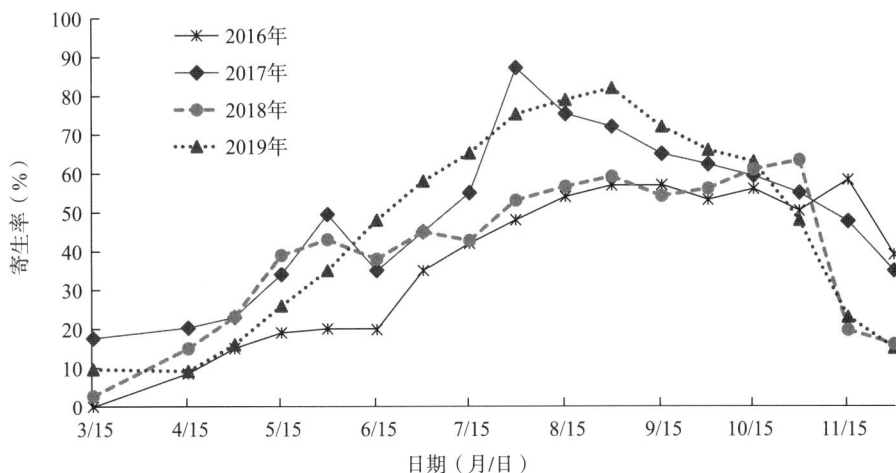

图 6-8　2016—2019 年半闭弯尾姬蜂寄生率

三、半闭弯尾姬蜂对小菜蛾的控制

半闭弯尾姬蜂在田间释放且定殖成功，即可实现对小菜蛾田间种群长期的自然控制，在云南各小菜蛾发生区，半闭弯尾姬蜂对小菜蛾的田间自然寄生率在 40%～60%，最高的可达 80% 以上。据观察，半闭弯尾姬蜂定殖成功后每年以 10～15 千米的速度向小菜蛾发生区自然扩散，半闭弯尾姬蜂也可以通过蔬菜的运输扩散到各地。

在半闭弯尾姬蜂释放区连续 4 年采用马来氏网收集小菜蛾和半闭弯尾姬蜂成虫。安放 3 个马来氏网，间隔 100～150 米，马来氏网上端为诱集昆虫的无水乙醇瓶。每 10 天更换 1 次瓶子，将收集到的昆虫带回室内，将小菜蛾和半闭弯尾姬蜂成虫拣出，统计小菜蛾和半闭弯尾姬蜂成虫数量，明确半闭弯尾姬蜂对小菜蛾的持续控制作用。

2016 年小菜蛾发生的高峰期在 5 月 12 日至 8 月 21 日，10 天收集到的成虫数量为 64～126 头，7 月 12 日收集到的成虫数量最多，全年收集小菜蛾成虫数量为 1 233 头。3 月 2 日为小菜蛾成虫始见期，12 月 18 日为终见期。半闭弯尾姬蜂成虫发生高峰期在 7 月 12 日至 8 月 30 日，10 天收集到的成虫数量为 43～294 头，8 月 11 日成虫数量最多，其余时段成虫数量处于较低水平，10 天收集到的成虫数量为 1～29 头，全年收集到的成虫数量为 955 头，4 月 12 日为半闭弯尾姬蜂成虫始见期，12 月 18 日为终见期。2016 年半闭弯尾姬蜂成虫种群变化趋势与小菜蛾成虫种群变化趋势基本一致，全年出现一个高峰期，半闭弯尾姬蜂成虫高峰值滞后小菜蛾成虫高峰值 30 天，7 月 22 日至 11 月 8 日半闭弯尾姬蜂成虫数量高于小菜蛾成虫数量（图 6-9）。

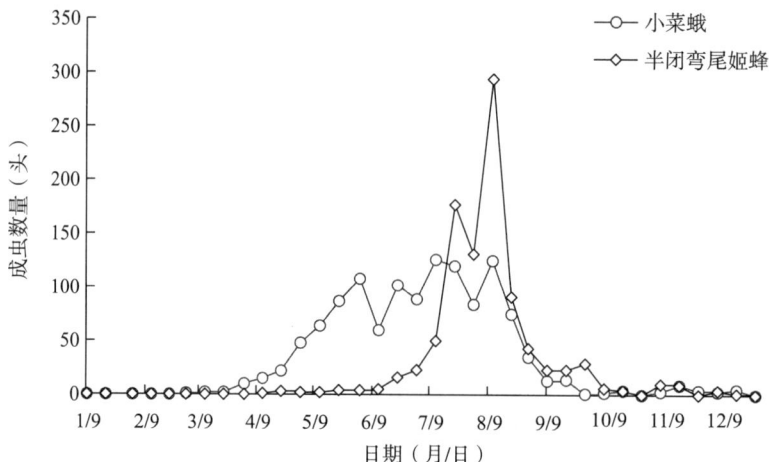

图 6-9　2016年小菜蛾与半闭弯尾姬蜂成虫种群动态

2017年小菜蛾发生大高峰期在7月2—12日，7月12日成虫数量最多，10天收集到的虫量为140头，发生小高峰期在5月12—22日，10天收集到的成虫数量为49～72头，全年收集小菜蛾成虫675头，2月23日为小菜蛾成虫始见期，11月21日为成虫终见期。半闭弯尾姬蜂成虫发生大高峰期在7月2日至8月21日，10天收集到的成虫数量为48～107头，8月1日成虫数量最多，发生小高峰期在5月22日，虫量为31头，全年收集半闭弯尾姬蜂成虫552头，3月4日为半闭弯尾姬蜂始见期，11月11日为终见期。2017年半闭弯尾姬蜂成虫发生趋势与小菜蛾成虫发生趋势基本一致，全年小菜蛾和半闭弯尾姬蜂成虫发生有2个高峰期，半闭弯尾姬蜂峰值滞后小菜蛾峰值20天，7月22日至10月11日半闭弯尾姬蜂成虫数量高于小菜蛾成虫数量（图6-10）。

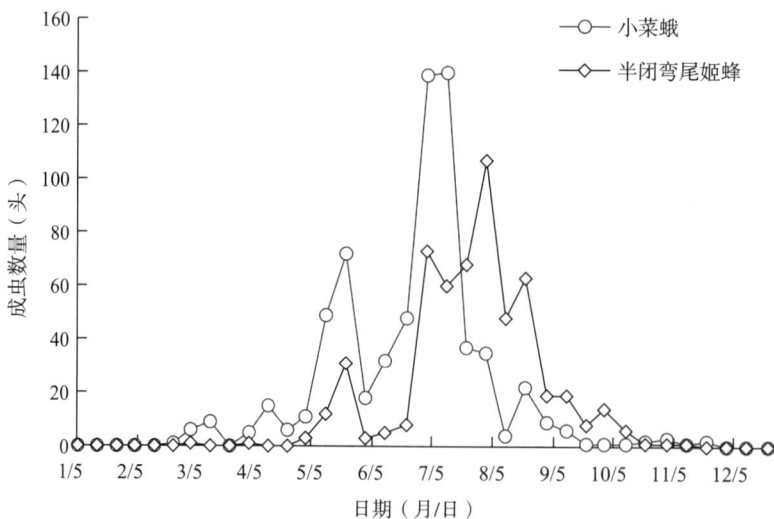

图 6-10　2017年小菜蛾与半闭弯尾姬蜂成虫种群动态

2018年小菜蛾发生大高峰期在6月30日至8月11日，10天收集到的成虫数量为36~71头，6月30日最高，其次为8月1日，10天收集到的成虫数量为64头，发生小高峰期在5月11日至5月21日，10天收集到的成虫数量为31~39头，全年收集小菜蛾成虫572头，2月20日为小菜蛾成虫始见期，12月30日为小菜蛾成虫终见期。半闭弯尾姬蜂成虫发生大高峰期在6月30日至8月31日，10天收集到的成虫数量为32~84头，8月1日达峰值，发生小高峰期在5月22日，10天收集到的成虫数量为24头，全年收集半闭弯尾姬蜂成虫509头，3月22日为始见期，11月30日为终见期。2018年半闭弯尾姬蜂成虫发生趋势与小菜蛾成虫发生趋势基本一致，全年小菜蛾和半闭弯尾姬蜂成虫发生2个高峰期，半闭弯尾姬蜂峰值滞后小菜蛾峰值32天，7月10日至10月22日半闭弯尾姬蜂成虫数量高于小菜蛾成虫数量（图6-11）。

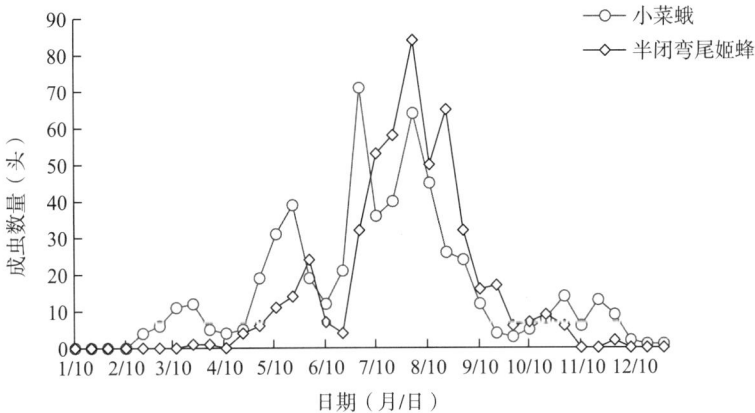

图6-11　2018年小菜蛾与半闭弯尾姬蜂成虫种群动态

2019年小菜蛾发生高峰期在4月10日至6月10日，10天收集到的成虫数量为28~110头，5月10日峰值最高，其余时间小菜蛾虫量处于较低水平，全年收集小菜蛾成虫426头，2月19日为小菜蛾成虫始见期，11月20日为小菜蛾成虫终见期。半闭弯尾姬蜂成虫发生高峰期在5月20日至7月20日，10天收集到的成虫数量在19~68头，6月10日最高，全年收集半闭弯尾姬蜂成虫291头，1月20日为始见期，11月20日为终见期。2019年半闭弯尾姬蜂成虫发生趋势与小菜蛾成虫发生趋势基本一致，全年小菜蛾和半闭弯尾姬蜂成虫有1个发生高峰期，半闭弯尾姬蜂峰值滞后小菜蛾峰值31天，6月10日至10月10日半闭弯尾姬蜂成虫数量高于小菜蛾成虫数量（图6-12）。

连续4年的马来氏网监测结果表明，半闭弯尾姬蜂成虫种群动态与小菜蛾种群动态基本一致，半闭弯尾姬蜂寄生存在跟随效应，半闭弯尾姬蜂成虫发生高峰期滞后小菜蛾成虫发生高峰期20~32天。2016—2018年7月中旬至10月下旬、2019年6月上旬至10月上旬田间半闭弯尾姬蜂成虫数量高于小菜蛾成虫数量，半闭弯尾姬蜂对小菜蛾寄生率为42.00%~87.21%，说明田间半闭弯尾姬蜂是小菜蛾幼虫的主要寄生蜂，对小菜蛾种群有很好的寄生效果，是影响小菜蛾种群发生的重要因子。

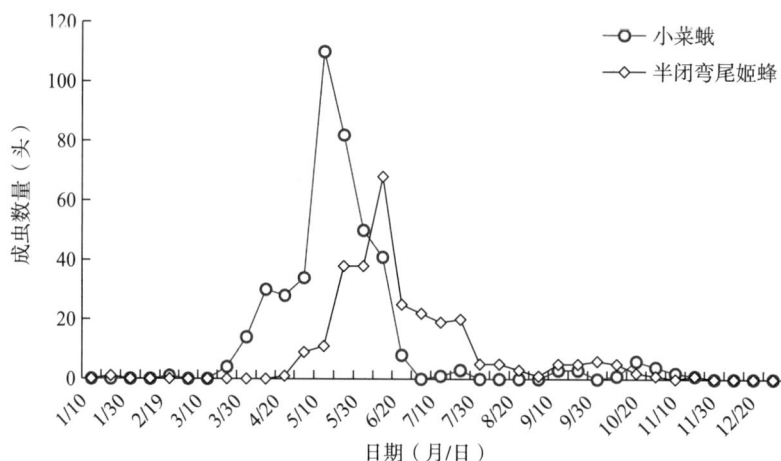

图 6-12   2019年小菜蛾与半闭弯尾姬蜂成虫种群动态

四、半闭弯尾姬蜂释放与化学防治措施的协调应用

半闭弯尾姬蜂对杀虫剂的敏感性，经室内研究测定，杀虫剂对半闭弯尾姬蜂成虫的毒性如下：甲胺磷≈毒死蜱＞杀螟丹＞丁硫克百威＞灭多威＞多杀霉素＞高效氯氰菊酯＞阿维菌素＞氟虫脲＞苏云金杆菌（表6-12）。

表 6-12   几种杀虫剂对半闭弯尾姬蜂成虫的毒性测定

测试农药	稀释倍数	供试虫数（头）	死亡率（%）					
			0.5 小时	2 小时	6 小时	12 小时	24 小时	48 小时
20%丁硫克百威乳油	2 000	48	0	0	0	81.2	93.7	100.0
50%甲胺磷乳油	2 000	30	0	30.7	100.0	100.0	100.0	100.0
1.8%阿维菌素乳油	3 000	48	0	0	0	6.2	37.5	68.8
5%高效氯氰菊酯乳油	1 500	32	0	0	18.8	67.0	75.0	78.0
98%杀螟丹可溶性粉剂	2 000	35	0	0	68.6	68.6	100.0	100.0
40.7%毒死蜱乳油	1 500	30	0	24.1	100.0	100.0	100.0	100.0
90%灭多威可溶性粉剂	3 500	24	0	0	0	58.8	76.5	100.0
25%多杀霉素悬浮剂	1 000	40	0	0	0	17.6	82.4	100.0
5%氟虫脲乳油	2 000	30	0	0	0	0	0	70.70
100 亿个孢子/毫升苏云金杆菌悬浮剂	300	30	0	0	0	0	0	0
对照（清水）	—	40	0	0	0	0	0	0

10种杀虫剂中，有机磷类的甲胺磷和毒死蜱有剧毒，不仅作用时间快而且有高击倒致死力；沙蚕毒素类的杀螟丹毒性次之，但对寄生蜂来说也属于高致死农药；氨基甲酸酯类（丁硫克百威、灭多威、多杀霉素）也有较高毒性。

按田间防治小菜蛾推荐使用浓度配制药液，采用药膜法，测试了 11 种药剂推荐使用浓度对半闭弯尾姬蜂成虫的毒性，结果表明，杀螟丹、高效氯氰菊酯、虫螨腈、氟虫腈、多杀菌素，死亡率分别为 100％、100％、100％、100％ 和 79.6％，处理间无显著差异，参照农药对天敌安全性的评价标准属有害（死亡率 80％～100％）；其次是茚虫威、氟啶脲、虫酰肼，死亡率分别为 37.0％、36.1％ 和 33.3％，三者之间差异不显著，属微害（死亡率 30％～79％）；丁醚脲和苏云金杆菌制剂处理后，寄生蜂死亡率小于 30％，且处理间无显著差异，属无害（死亡率＜30％），阿维菌素对半闭弯尾姬蜂的杀伤力最低，死亡率仅为 3.3％，属无害（死亡率＜30％），与其他处理间差异显著，与对照无差异。

采用药膜法测定常用杀虫剂对半闭弯尾姬蜂成虫的安全性，结果表明（表 6 - 13）：杀螟丹、高效氯氰菊酯对半闭弯尾姬蜂的致死速度快，2 小时后寄生蜂死亡率分别达 41.5％ 和 33.3％，4 小时后的死亡率均达 66％ 以上，8 小时后死亡率均高于 80％；其次是虫螨腈和氟虫腈，6 小时后的死亡率分别为 51.5％ 和 40％，8 小时后死亡率均高于 70％；而其他药剂的致死速度较慢，12 小时的死亡率均低于 20％（表 6 - 13）。

表 6 - 13　常用杀虫剂对半闭弯尾姬蜂成虫的安全性

杀虫剂	死亡率（％）					
	2h	4h	6h	8h	12h	24h
97％杀螟丹可湿性粉剂 1 000 倍液	41.5±6.0	69.3±5.1	93.3±6.7	100.0±0.0	100.0±0.0	(100.0±0.0) a
5％高效氯氰菊酯乳油 2 000 倍液	33.3±3.3	66.7±8.8	80.0±5.8	86.7±3.3	86.7±3.3	(100.0±0.0) a
10％虫螨腈乳油 1 500 倍液	0.0±0.0	20.7±9.7	51.5±8.4	81.1±5.6	100.0±0.0	(100.0±0.0) a
5％氟虫腈乳油 3 000 倍液	0.0±0.0	0.0±0.0	40.0±5.8	73.3±6.7	93.3±3.3	(100.0±0.0) a
2.5％多杀菌素悬浮剂 1 500 倍液	0.0±0.0	0.0±0.0	7.0±3.5	14.1±4.1	17.8±7.8	(79.6±5.5) a
5％茚虫威乳油 3 000 倍液	0.0±0.0	0.0±0.0	0.0±0.0	0.0±0.0	0.0±0.0	(37.0±7.4) b
5％氟啶脲乳油 3 000 倍液	0.0±0.0	2.5±2.5	2.5±2.5	2.5±2.5	2.5±2.5	(36.1±13.4) b
10％虫酰肼乳油 1 500 倍液	0.0±0.0	0.0±0.0	0.0±0.0	7.4±3.7	7.4±3.7	(33.0±11.5) b
20％丁醚脲乳油 1 000 倍液	0.0±0.0	3.3±3.3	3.3±3.3	7.0±3.7	13.7±3.2	(27.8±9.1) bc
3％苏云金杆菌可湿性粉剂 1 000 倍液	0.0±0.0	0.0±0.0	0.0±0.0	3.3±3.3	3.3±3.3	(13.3±6.7) bc
2％阿维菌素乳油 2 000 倍液	0.0±0.0	0.0±0.0	0.0±0.0	0.0±0.0	0.0±0.0	(3.3±3.3) c
对照	0.0±0.0	0.0±0.0	0.0±0.0	0.0±0.0	0.0±0.0	(4.5±0.0) jc

以上结果表明，半闭弯尾姬蜂成虫对杀虫剂特别敏感，仅对微生物农药苏云金杆菌、阿维菌素等安全性表现较好，所以田间释放寄生蜂时，选择在小菜蛾盛发初期或下雨前释放寄生蜂，要避免在释放期间使用杀虫剂，方能达到较好的防治效果。所以，在有害生物的治理措施中，生物防治与化学防治有着很明显的冲突，因此寄生蜂田间释放期间，必须避免与化学农药同期应用。

主 要 参 考 文 献

包建中，古德祥.1998.中国生物防治［M］.山西：山西科学技术出版社.

蔡宁华.1997.害虫生物防治的生态学基础［J］.昆虫知识，34（1）：33-35.

蔡霞，施祖华，郭玉玲，等.2005.半闭弯尾姬蜂的寄主选择性及寄生对寄主发育和取食的影响［J］.中国生物防治，21（3）：146-150.

蔡霞.2005.小菜蛾、半闭弯尾姬蜂生长发育之相互调控［D］.杭州：浙江大学.

陈杰林.1998.害虫防治经济学［M］.重庆：重庆大学出版社.

陈宗麒，谌爱东，缪森，等，2001.小菜蛾寄生性天敌研究及引进利用进展［J］.云南农业大学学报，16（4）：308-311.

陈宗麒，缪森，罗开珺.2001.小菜蛾群体繁殖技术［J］.昆虫知识，38（1）：68-70.

陈宗麒，缪森，谌爱东，等.2001.小菜蛾弯尾姬蜂室内批量繁殖技术［J］.昆虫天敌，23（4）：145-148.

陈宗麒，缪森，杨翠仙，等.2003.小菜蛾弯尾姬蜂引进及其控害潜能评价［J］.植物保护，29（1）：22-24.

陈宗麒，谌爱东，罗开珺.2004.杀虫剂对潜蝇姬小蜂寄生率的影响［J］.西南农业学报，17（1）：49-51.

谌爱东，陈宗麒，罗开珺.2002.一种简易繁殖潜蝇姬小蜂的方法［J］.昆虫知识，39（4）：313-314.

谌爱东，陈宗麒，罗开珺，等.2003.杀虫剂对潜蝇姬小蜂田间种群数量和寄生率的影响［J］.云南农业大学学报，18（3）：249-252.

谌爱东，陈宗麒，罗开珺，等.2003.杀虫剂对潜蝇姬小蜂成虫的毒性［J］.西南农业学报，16（3）：42-45.

谌爱东，陈宗麒，罗开珺，等.2003杀虫剂对潜蝇姬小蜂幼虫、蛹和卵的毒性［J］.西南农业学报，16（4）：69-72.

陈福寿，王燕，郭九惠，等.2010.半闭弯尾姬蜂羽化、交配及产卵行为观察［J］.环境昆虫学报，32（1）：132-135.

陈福寿，王燕，张红梅，等.2014.寄主和温度对半闭弯尾姬蜂饲养的影响［J］.应用昆虫学报，51（1）：53-59.

程洪坤，田毓起，魏炳传.1989.丽蚜小蜂商品化生产技术［J］.生物防治通报，5（4）：178-181.

董杰，张令军，郭喜红，等.2012.北京市天敌昆虫产业的发展现状与对策［J］.环境昆虫学报，34（3）：377-381.

古德祥，张古忍，张润杰，等.2000.中国南方害虫生物防治50周年回顾［J］.昆虫学报，43（3）：327-335.

郭井菲，张永军，王振营.2022.中国应对草地贪夜蛾入侵研究的主要进展［J］.植物保护，48（4）：79-87.

郭井菲，赵建周，何康来，等 .2018. 警惕危险性害虫草地贪夜蛾入侵中国 ［J］. 植物保护，44（6）：1-10.

谷星慧，杨硕媛，余砚碧，等 .2015. 云南省烟蚜茧蜂防治桃蚜技术应用 ［J］. 中国生物防治学报，31（1）：1-7.

黄芳 .2009. 半闭弯尾姬蜂调控寄主小菜蛾的生理机制研究 ［D］. 杭州：浙江大学 .

黄芳，时敏，陈学新，等 .2011. 半闭弯尾姬蜂寄生对寄主小菜蛾幼虫体液免疫的影响 ［J］. 环境昆虫学报，33（2）：154-158.

黄芳，章金明，郦卫弟，等 .2012. 半闭弯尾姬蜂寄生对小菜蛾幼虫解毒酶系的影响 ［J］. 浙江农业科学，（5）：700-703.

胡尊瑞，李志强，吴晓云，等 .2022. 我国天敌昆虫产业发展现状与建议 ［J］. 热带生物学报，13（5）：532-539.

何笙，吴晓云，郑金竹，等 .2013. 丽蚜小蜂防治设施番茄烟粉虱效果研究 ［J］. 安徽农业科学，41（14）：6244-6245.

姜玉英，刘杰，朱晓明 .2019. 草地贪夜蛾侵入我国的发生动态和未来趋势分析 ［J］. 中国植保导刊，39（2）：33-35.

姜玉英，刘杰，谢茂昌，等 .2019.2019 年我国草地贪夜蛾扩散为害规律观测 ［J］. 植物保护，45（6）：10-19.

柯礼道，方菊莲 .1979. 小菜蛾生物学的研究：生活史、世代数及温度关系 ［J］. 昆虫学报，22（3）：310-318.

李贤嘉，吴吉英子，戴修纯，等 .2021. 草地贪夜蛾对不同玉米品种果穗的为害研究 ［J］. 华南农业大学学报，42（2）：71-79.

刘佩旋，刘成，徐晓蕊，等 .2017. 一种危险性有害生物-斑翅果蝇研究现状 ［J］. 中国植保导刊，37（5）：5-11.

刘佩旋 .2017. 辽宁省部分地区斑翅果蝇发生情况与繁殖力的研究 ［D］. 沈阳：沈阳农业大学 .

刘树生，周华伟，刘银泉，等 .2004. 小菜蛾重要寄生蜂——半闭弯尾姬蜂在中国的地理分布 ［J］. 植物保护学报，31（1）：13-20.

刘树生 .2005. 天敌动物对害虫控制作用的评估方法及其应用策略 ［J］. 中国生物防治，20（1）1-7.

刘志诚，杨五烘，王春夏，等 .1991. 大量繁殖赤眼蜂用的柞蚕蛾破腹卵清洗机 ［J］. 生物防治通报，7（1）：38-40.

刘志诚，王志勇，孙姒纫 .1986. 利用人工寄主卵繁殖平腹小蜂防治荔枝蝽 ［J］. 生物防治通报，2（2）：54-58.

刘万学，万方浩，郭建英，等 .2003. 人工释放赤眼蜂对棉铃虫的防治作用及相关生态效应 ［J］. 昆虫学报，46（3）：311-317.

林丹敏，黄德超，邵屯，等 .2020. 不同生育期玉米上草地贪夜蛾的发生为害规律 ［J］. 环境昆虫学报，42（6）：1291-1297.

李向永，尹艳琼，赵雪晴，等 .2013. 不同饲养温度对半闭弯尾姬蜂性比及羽化的影响 ［J］. 应用昆虫学报，50（3）：727-734.

林乃铨 .2010. 害虫生物防治 ［M］. 北京：科学出版社 .

罗开珺，陈宗麒，华秋瑾，等 .2001. 南美斑潜蝇及其寄生蜂消长规律 ［J］. 植物保护，27（3）：7-9.

罗开珺，陈宗麒，谌爱东．2000.蚕豆田潜蝇姬小蜂白昼活动规律［J］.昆虫天敌，22（2）：68-71.

吕佳乐，王恩东，徐学农．2017.天敌产业化是全链条的系统工程［J］.植物保护，43（3）：1-7.

缪森，陈宗麒，罗开珺，等．2000.几种农药对小菜蛾弯尾姬蜂成虫毒性的测定［J］.植物保护，26（5）：27-28.

蒲蛰龙．1984.害虫生物防治的原理和方法［M］.北京：科学出版社.

蒲蛰龙，麦秀慧，黄明度．利用平腹小蜂防治荔枝蝽试验初报［J］.植物保护学报，1962，1（3）：301-306.

朴永范，林晃．1998.我国农作物病虫害生防工作新进展［M］.北京：中国农业出版社.

丘玲．1999.应用管氏肿腿蜂防治粗鞘双条杉天牛［J］.中国生物防治，15（1）：8-11.

沈福英．2010.小菜蛾抗药性治理及研究进展［J］.河北农业科学，14（8）：58-60.

司升云，熊艺．2001.小菜蛾识别与防控技术口诀［J］.长江蔬菜，23：36-37.

石旺鹏．2001.生物防治的安全性与规范措施［J］.国外科技动态，11：14-15.

宋树贤，于执国，王玲．2022.国内外天敌昆虫产业化分析［J］.农业科技与装备．310（4）：15-18.

万方浩，李保平，郭建英，等．2008.生物入侵：生物防治篇［M］.北京：科学出版社.

万方浩，王韧，叶正楚．1999.我国天敌昆虫产业化的前景分析［J］.中国生物防治，15（3）：135-138.

王大生，张帆．2005.国内外天敌昆虫产业现状［C］.//中国生物多样性保护基金会.第五届生物多样性保护与利用高新科学技术国际研讨会暨昆虫保护、利用与产业化国际研讨会论文集：44-48.

王宇等．1990.云南省农业气候资源及区划［M］.北京：气象出版社.

王燕，陈福寿，张红梅，等．2014.低温下光周期诱导半闭弯尾姬蜂蛹休眠研究［J］.环境昆虫学报，36（6）：1065-1070.

王燕，张红梅，尹艳琼，等．2019.蠋蝽成虫对草地贪夜蛾不同龄期幼虫的捕食能力［J］.植物保护，45（5）：42-46.

王燕，王孟卿，张红梅，等．2019.益蝽成虫对草地贪夜蛾不同龄期幼虫的捕食能力［J］.中国生物防治学报，35（5）：691-697.

王燕，张红梅，李向永，等．2020.益蝽不同龄期若虫对草地贪夜蛾幼虫的捕食能力［J］.中国生物防治学报，36（4）：520-524.

王洪全．1995.论中国生物防治的前景与途径，全国生物防治学术研讨会论文摘要集.

吴伟坚．1993.关于小菜蛾的寄主范围［J］.昆虫知识，30（5）：274-275.

杨怀文．2015.我国农业害虫天敌昆虫利用三十年回顾（上篇）［J］.中国生物防治学报，31（5）：603-612.

杨怀文．2015.我国农业害虫天敌昆虫利用三十年回顾（下篇）［J］.中国生物防治学报，31（5）：613-619.

杨紫涵，何沐阳，李建芳，等．2020.草地贪夜蛾幼虫在苗期玉米田的空间分布格局及其抽样技术［J］.环境昆虫学报，42（4）：817-828.

云南水稻害虫天敌昆虫资源调查协作组．1986.云南水稻害虫天敌种类鉴别［M］.昆明：云南科技出版社.

云南省农业科学院植物保护研究所．2008.云南省农业科学院植物保护研究所所志［M］.昆明：云南科技出版社.

尤民生，魏辉，刘新，等．2007.小菜蛾的研究［M］.北京：中国农业出版社.

于毅，王静，陶云荔，等．2013.铃木氏果蝇不同地理种群中 Wolbachia 的检测和系统发育分析［J］.昆虫学报，56（3）：323-328.

尹艳琼，杨明文，彭桂清，等 . 2019. 滇西南菜区小菜蛾发生规律及抗药性现状［J］. 植物保护，45
（6）：288-291.

曾凡荣，陈红印 . 2009. 天敌昆虫饲养系统工程［M］. 北京：中国农业科学技术出版社 .

曾凡荣，徐学农，王恩东 . 2018. 天敌昆虫品质控制方法［J］. 中国生物防治学报 . 34（2）：324-326.

张礼生，陈红印 . 2014. 生物防治作用物研发与应用的进展［J］. 中国生物防治学报，30（5）：581-586.

张礼生，陈红印，李保平 . 2014. 天敌昆虫扩繁与应用［M］. 北京：中国农业科学技术出版社 .

张帆，李姝，肖达，等 . 2015. 中国设施蔬菜害虫天敌昆虫应用研究进展［J］. 中国农业科学，48（17）：
3463-3476.

张开春，闫国华，郭晓军，等 . 2014. 斑翅果蝇研究现状［J］. 果树学报，31（4）：717-721.

张巨勇 . 2004. 有害生物综合治理（IPM）的经济学分析［M］. 北京：中国农业出版社 .

张艳璇，林坚贞，季洁，等 . 捕食螨在生物防治中的作用及其产业化探索［J］. 福建农业学报，2000，
15（增刊）：185-187.

赵雪晴，陈福寿，尹艳琼，等 . 2020. 草地贪夜蛾在云南元谋县青稞、燕麦、糜子田的发生为害特征 .
植物保护［J］. 46（2）：216-221.

赵雪晴，尹艳琼，湛爱东，等 . 2019. 滇中菜区小菜蛾种群消长动态及其影响因子［J］. 应用昆虫学报，
53（2）：298-304.

赵雪晴，马永翠，尹艳琼，等 . 2019. 滇东北菜区小菜蛾种群发生特征及其关键影响因子［J］. 应用昆虫
学报，56（6）：1353-1359.

赵雪晴，刘莹，石旺鹏，等 . 2019. 东亚小花蝽对草地贪夜蛾幼虫的捕食效应［J］. 植物保护，45（5）：
79-83.

赵修复，陈常铭，张履鸿，等 . 1982. 害虫生物防治［M］. 北京：农业出版社 .

郑雅楠，祁金玉，孙守慧，等 . 2012. 白蛾周氏啮小蜂的研究和生物防治应用进展［J］. 中国生物防治学
报，28（2）：275-281.

中国农业科学院，南京农业大学，中国农业遗产研究室 . 1980. 中国农业科学技术史简编［M］. 江苏：
江苏科学技术出版社 .

中国科学院动物研究所 . 1979. 中国主要害虫综合防治［J］. 北京：科学出版社 .

中国农业科学院生物防治研究所，中山大学生物防治及国家重点实验室 . 1998. 中国生物防治［M］. 山
西：山西科学技术出版社 .

中国科学院动物研究所昆虫图册第二号 . 1978. 大敌昆虫图册［M］. 北京：科学出版社 .

朱麟，杨振德，方杰，等 . 2003. 传统生物防治中天敌利用存在的问题［J］. 四川林业科技，24（4）：12-18.

Asplen M K，Anfora G，Biondi A，et al.，2015. Invasion biology of spotted wing drosophila（*Drosophila suzukii*）：a global perspective and future priorities. Journal of Pest Science［J］. 88：469-494.

Bruck D J，Bolda M，Tanigoshi L，et al.，2011. Laboratory and field comparisons of insecticides to reduce infestation of *Drosophila suzukii* in berry crops［J］. Pest Management Science，67（11）：1375-1385.

Calabria G，Ma'ca J，Bachli G，et al.，2012. First records of the potential pest species *Drosophila suzukii*（Diptera：Drosophilidae）in Europe［J］. Journal of Applied Entomology，136：139-147.

Goodhue R E，Bolda M，Farnsworth D，et al.，2011. Spotted wing drosophila infestation of California strawberries and raspberries：economic analysis of potential revenue losses and control costs［J］. Pest

Management Science，67：1396-1402.

Goodwin S. 1979. Changes in the numbers in the parasitoid complex associated with the diamondback moth，*Plutella xylostella* (L.) (Lepidoptera) in Victoria [J]. Australian Journal of Zoology，27：981-989.

Hauser M. 2011. A historic account of the invasion of *Drosophila suzukii* Matsumura (Diptera：Drosophilidae) in the continental United States，with remarks on their identification [J]. Pest Management Science，67：1352-1357.

Kobori Y，Amano H. 2004. Effects of agrochemicals on life-history parameters of *Aphidius gifuensis* Ashmead (Hymenoptera：Braconidae) [J]. Applied Entomology and zoology，39 (2)：255-261.

Liu X，Zhang Q，Zhao J，et al.，2005. Effects of Bt transgenic cotton lines on the cotton boll worm parasitoid Microplitis mediator in the laboratory [J]. Biological Control，35：134-141.

Men X，Ge F，Liu X，et al.，2003. Diversity of arthropod communities in transgenic Bt cotton and nontransgenic cotton agroecosystems [J]. Environmental Entomology，32 (2)：270-275.

Miyasono M，Inagaki S，Tanaka R. et al.，2003. Enhancement of Insecticidal Protein Activity by Spores of *Bacillus thuringiensis* against the Diamondback Moth，*Plutella xylostella*，Developing Resistance to Insecticidal Protein [J]. Japanese Journal of Applied Entomology and Zoology，47：61-66.

Ooi P A C，Lim G S. 1989. Introduction of exotic parasitoids to control diamondback moth in Malaysia [J]. Journal of Plant Protection Tropics，6：103-111.

Peng F T. 1937. On some species of *Drosophila* from China [J]. Annnotationes Zoologicae Japonenses，16：20-27.

Sarfraz M. Keddie A E，Dosdall L M. 2005. Biological control of the diamondback moth，*Plutella xylostella*：A review. Biocontr [J]. Scienceand Technology，15 (8)：763-789.

Shirai Y. 1993. Comparison of longevity and flight ability in wild and laboratory reared male adults of the diamondback moth，*Plutella xylostella* (L) (Lepidoptera：Yponomcutidae) [J]. Applied Entomology and Zoology，26 (1)：17-26.

Talekar N S，Yang J C. 1991. Characteristic of parasitism of diamondback moth by two larval parasites [J]. Entomophaga，36 (1)：95-104.

Van Lenteren J C，Roskam M M，Timmer R. 1997. Commercial mass production and pricing of organisms for biological control of pests in Europe [J]. Biological Control，10：143-149.

附录1　云南害虫生物防治工作大事记

★1967年，玉溪地区引进白僵菌，并在玉溪北山林场进行防治松毛虫试验示范，开始了微生物防治害虫的生物防治工作。

★1973年，云南省动物研究所昆虫室引进赤眼蜂，研究赤眼蜂主要生物学特性，与元江县农业技术推广站合作，开展田间释放赤眼蜂防治稻纵卷叶螟试验示范。

★1973年，云南省农业科学研究所植保组在昆明主持召开全省植保工作会议，提出恢复发展受"文化大革命"影响的云南植保科技队伍和组织网络，会议对云南植保事业起着重要的推动作用。

★1973年，云南省农业科学研究所植保专家刘玉彬带队，组织红河、玉溪、楚雄、德宏、思茅、文山18名植保科技人员组成"云南生物防治考察团"，赴广东、广西、上海、湖南、浙江等地考察学习，推进云南害虫生物防治工作。考察后随即成立了云南省农业科学研究所生物防治课题组，开启了赤眼蜂等害虫重要天敌昆虫的生物学特性研究，并开始调查云南水稻二化螟、三化螟的寄生性天敌资源等相关工作。

★1974年，在云南省科学技术委员会、云南省农业厅指导和支持下，由云南省农业科学研究所牵头，组织全省农林植保科研、生产部门，开展"以虫治虫"为主要内容的生物防治大协作，并在云南省农业科学研究所召开全省第一次生物防治协作会。

★1974年，文山、元江、玉溪等地植保部门开展赤眼蜂防治稻纵卷叶螟、玉米螟、稻螟虫试验示范。

★1975年，云南省动物研究所在姚安召开苏云杆菌防治稻螟现场会。

★1976年，云南省农业科学院驻点玉溪，与玉溪县农业技术推广站合作，开展赤眼蜂规模化扩繁，田间释放稻螟赤眼蜂防治水稻二化螟、三化螟，以及释放玉米螟赤眼蜂防治玉米螟试验示范。

★1976年，云南省动物研究所驻点玉溪，与玉溪县农业技术推广站合作，开展烟蚜茧蜂生物学特性和扩繁技术研究，并进行田间释放烟蚜茧蜂防治烟草蚜虫示范工作。

★1976年，云南省农业科学院、云南师范大学、云南省动物研究所专家作为技术指导，在昭通科学技术委员会支持下，与峨眉电影制片厂合作拍摄害虫生物防治科教片《伏虎茧蜂防治地老虎》。

★1976年，云南省第二次生物防治协作会在玉溪召开。

★1979年3月19日，根据云南省编（79）19号文件，成立云南省农业科学院植物保护研究所，下设病、虫、草及生物防治4个研究室。

★1979年，农业部下达任务，由云南省农业厅主持，组织全省有关单位开展第二次农田病虫草害种类及主要害虫天敌资源调查。调查结果《云南农业病虫杂草名录》由云南省科技出版社于1989出版。

★1979年，云南省农业科学院植物保护研究所主持承担农业部"水稻害虫天敌资源调查"课题，在云南省植保植检站的支持下，组成了云南水稻害虫天敌资源调查协作组，由云南省农业科学院植物保护研究所和云南省植保植检站牵头，云南农业大学、昆明师范学院以及大理、文山、玉溪、昭通等地农业技术推广站参加，全面开展对云南水稻害虫天敌资源调查。历经近三年，调查涉及云南70多个地州县、近40种水稻害虫，采获水稻害虫天敌资源种类359种，包括寄生性、捕食性昆虫及蜘蛛等。

★1980年，由云南省植保植检站牵头组织，在宜良县狗街镇召开全省第三次生物防治协作会，会议聘请甘运兴、熊江、汪海诊、杨本立等省内有关昆虫专家讲授主要天敌昆虫分类鉴定知识及其标本采集与制作技术。

★1981年，受云南省农业科学院植物保护研究所王履浙邀请，浙江大学何俊华教授及北京农业大学杨集昆教授到访云南，为云南省害虫天敌资源调查培训班讲授害虫天敌昆虫种类识别及分类鉴定知识。

★1981年，全国森林昆虫综合治理技术研讨会在昆明召开。

★1982年6月，由云南省农业厅主持，组织全省大专院校、科研单位的昆虫专家，对云南省农业科学院植物保护研究所王履浙主持承担的"水稻害虫天敌资源调查"课题进行成果鉴定，专家们对云南水稻害虫天敌资源工作取得的成果给予高度评价。该项成果获1983年云南省科技进步二等奖，并于1986年编纂出版《云南水稻害虫天敌种类鉴别》专著。

★1984年，中国科学院昆明生态研究所何大愚等在西藏采集到恶性杂草紫茎泽兰的虫瘿昆虫——泽兰实蝇，引入昆明开展杂草的生物防治研究工作，成为云南杂草天敌资源引入和利用研究的首例。

★1985年，由中国农业科学院和吉林省农业科学院主持，云南省农业科学院植物保护研究所承办的"全国生物防治学术交流会"在昆明召开，近百名生物防治专家就近年来害虫生物防治工作进展及赤眼蜂应用等方面开展学术交流和总结。

★1985年，云南省农业科学院植物保护研究所开展蔬菜害虫天敌资源调查，对小菜蛾、菜青虫等蔬菜主要害虫进行天敌资源调查。

★1987年，在大理召开云南省植物保护学会学术交流年会期间，聘请周尧、赵建铭、甘运兴、熊江、田长漳等七位专家、教授组成评审组，对《云南水稻害虫天敌种类鉴别》进行成果评价。

★1996年6月，浙江大学刘树生教授牵线，台湾省"亚洲蔬菜研究发展中心"的N. S. Talekar博士与云南省农业科学院植物保护研究所展开合作交流，拟在云南省开展蔬菜主要害虫小菜蛾幼虫优势天敌昆虫资源的引进与利用研究。

★1997 年 6 月 18 日，云南省农业科学研究院植物保护研究所向中国农业科学院生物防治研究所天敌引种研究室申报引进蔬菜重要害虫优势天敌资源——半闭弯尾姬蜂获批，由 N. S. Talekar 博士协助引入半闭弯尾姬蜂蛹。云南省首次引进蔬菜重要害虫优势天敌昆虫资源，正式开启了蔬菜害虫生物防治研究及其应用示范工作。

★1997 年 7 月 10 日，由陈宗麒主持申报项目"半闭弯尾姬蜂引进及利用研究"在云南省科技厅国际合作处论证获得通过立项资助，列入省国际合作计划资助项目，该项目成为云南省农业科学研究院植物保护研究所独立主持的第一项国际合作计划项目。

★1997 年 7 月 18 日，由陈宗麒作为云南省农科院植物保护研究所第一主持人、中国科学院北京动物研究所康乐作为中国科学院主持人，在云南省科技厅和云南省计划委员会组织下，论证通过了省院省校项目"南美斑潜蝇生物防治技术研究"。

★1998 年 9—10 月，陈宗麒赴越南国家蔬菜水果研究所，开展蔬菜害虫生物防治技术合作交流工作。

★1999 年 2 月，经 N. S. Talekar 博士协调，瑞士国际发展署资助 1 万美元，云南省农业科学院植物保护研究所建成天敌昆虫实验室。

★1999 年 5 月，由亚洲蔬菜研究发展中心资助，在云南省农业科学院植物保护研究所举办"小菜蛾综合治理技术培训班"。培训班由陈宗麒主持，邀请 N. S. Talekar 博士、浙江大学刘树生博士等专家作害虫天敌生物防治讲座，学员是来自广东、广西、海南、福建、四川、重庆、贵州以及云南有关部门的植保专业技术人员等，结合半闭弯尾姬蜂室内繁殖成功和田间释放定殖的案例，推广示范蔬菜害虫生物防治技术。

★2002 年 8 月，由陈宗麒主持申报的"半闭弯尾姬蜂引进和利用研究"项目成果获云南省科技进步三等奖。

★2002 年 10 月，中国科学院院士庞雄飞，国际生物防治组织秘书长、中国昆虫学会副理事长李丽英研究员到访云南省农业科学院植物土肥研究所，考察半闭弯尾姬蜂引进、室内繁殖及田间释放定殖情况，认为半闭弯尾姬蜂引进和成功定殖是"国内害虫天敌资源引种史上又一成功的范例"。

★2003 年 8 月，受中国—以色列国际农业培训中心委托，由云南省农业科学院主持，陈宗麒主持承办"第 54 期保护地蔬菜害虫综合治理技术培训班"，来自云南省各地植保专业技术人员 66 人参加了此次培训，取得良好效果。

★2003 年 9 月，亚洲蔬菜研究发展中心国际著名害虫生物防治专家 N. S. Talekar 博士获得云南省政府颁发的"彩云奖"。

★2003 年 12 月，中国科学院院士庞雄飞和中国昆虫学会副理事长李丽英研究员到云南省农业科学院植物土肥研究所指导工作，由陈宗麒介绍害虫生物防治工作研究进展情况。

★2004 年 10 月，陈宗麒应国际生物防治组织和日本九州大学邀请，赴日本九州大学参加"亚洲科学论坛——害虫生物防治的理论与实践国际学术研讨会"，并在大会上作"云南蔬菜害虫生物防治研究进展"专题报告。

★2006 年，云南省农业科学院农业环境资源研究所生物防治课题组进入国家生物防治团队，参与农业部"引进国际先进农业科学技术计划"项目（简称"948"项目），作为项目第二层次单位，主持承担害虫天敌引进及应用示范工作，同期主持农业部公益性农业（科研）行业专项和科技部科技支撑计划。

★2007 年 1 月，中国农业科学院植物保护研究所主办，云南省农业科学院农业环境资源研究所承办的农业部"生物防治作用物高效扩增技术引进与综合应用技术体系创新"2006 年度总结和 2007 年度计划会议在昆明召开，全国 10 多个省份害虫生物防治专家与会。

★2008—2015 年，云南省农业科学院农业环境资源研究所生物防治课题组参与农业农村部公益性行业科研（农业）专项等项目，系统开展半闭弯尾姬蜂室内研究、繁殖技术和田间释放技术研究和应用。

★2009 年 12 月，云南省农业科学院农业环境资源研究所承办的农业农村部公益性行业科研（农业）专项"生态康复型农田绿色控害技术研究"2009 年总结会议在昆明召开。

★2010 年，云南省农业科学院农业环境资源研究所生物防治课题组承担云南省烟草公司昆明市公司项目"烟蚜茧蜂技术成果的推广应用"，云南省烟草公司开始在全省烟草系统开展烟蚜茧蜂的示范应用工作，在石林天生关建成"烟蚜茧蜂扩繁基地"。

★2012 年 10 月 10—18 日，云南省农科院农业环境资源研究所生物防治课题组陈宗麒、陈福寿访问美国农业部农业研究局国家生物防治实验室。

★2013 年 9 月，国家生物防治团队首席专家、中国农业科学院植物保护研究所陈红印研究员，美国农业部农业研究局有益昆虫引进研究实验室首席科学家 Kim. A. Hoelmer 到访云南省农业科学院农业环境资源研究所开展交流合作，云南省农业科学院农业环境资源研究所与美国农业部农业研究局有益昆虫引进研究实验室签订合作协议，开展斑翅果蝇等天敌资源的系统调查研究工作。

★2013 年 11 月，云南省农业科学院农业环境资源研究所陈宗麒出访荷兰，访问瓦赫宁根大学和世界著名的大型天敌昆虫生产企业——科伯特生物系统有限公司（Koppert），考察害虫生物防治研究工作和天敌昆虫大规模生产应用情况。

★2014 年，陈宗麒从荷兰瓦赫宁根大学再度引进起源地的半闭弯尾姬蜂资源。

★2015 年 2 月，由陈福寿主持申报的"小菜蛾优势天敌半闭弯尾姬蜂扩繁关键技术与应用"项目成果，获云南省科技进步三等奖。

★2015 年 8—9 月，云南省农业科学院农业环境资源研究所陈宗麒出访意大利，访问那不勒斯费德里克二世大学和意大利国家研究委员会可持续植物保护研究所，考察天敌昆虫扩繁实验室和害虫生物防治应用示范情况。

★2016 年 9 月，云南农业科学院农业环境资源研究所生物防治课题组成员陈福寿、王燕赴美国，到访美国农业部农业研究局有益昆虫引进研究实验室、国家生物防治实验室，以及加利福尼亚大学伯克利分校自然资源实验室，进行为期 26 天的合作交流。

★2017 年，云南省农业科学院农业环境资源研究所生物防治课题组参与中国农业科学院植物保护研究所主持的国家重点专项"化学肥料和农药减施增效综合技术研发"中的"天敌昆虫防控技术及产品研发"项目。

★2017 年 5 月，云南省农业科学院农业环境资源研究所生物防治课题组参与国家农业基础性、长期性科技工作（即天敌资源中心工作），开展天敌昆虫资源的观测和调查工作。

★2018 年，云南省农业科学院农业环境资源研究所生物防治课题组参与中国农业科学院植物保护研究所主持的国家重点研发计划"中美政府间国际科技创新合作重点专项——中美农作物病虫害生物防治关键技术创新合作研究"。

★2019 年 4 月，云南农业科学院农业环境资源研究所生物防治课题组在云南全省开展草地贪夜蛾天敌资源调查和采集工作。

★2019 年 5 月，农业农村部成立草地贪夜蛾监测防控指导专家组，云南省农业科学院农业环境资源研究所陈福寿研究员作为指导专家组成员，同时作为生物防治技术小组成员开展了草地贪夜蛾生物防治技术研究工作。

★2019 年 5 月，云南农业科学院农业环境资源研究所生物防治课题组从中国农业科学院植物保护研究所引进草地贪夜蛾天敌昆虫蠋蝽和益蝽，开展两种天敌昆虫对草地贪夜蛾的防控效能评估研究。

★2019 年 6 月，云南省农业科学院农业环境资源研究所承办的"农业农村部草地贪夜蛾应急调研指导项目生物防治技术小组会议"在昆明召开。

★2020 年，云南省农业科学院农业环境资源研究所在保山市、昆明市等地开展了利用夜蛾黑卵蜂和叉角厉蝽防控草地贪夜蛾的应用示范。

★2020 年，云南烟草系统在昆明、玉溪、楚雄等地烟草上开展了利用夜蛾黑卵蜂、叉角厉蝽和捕食螨防控烟草害虫示范应用工作。

★2021 年，国家天敌昆虫嵩明观测试验点成立。

★2022 年，农业农村部立项支持的"云南省有害生物生防天敌扩繁基地建设"项目在昆明市嵩明县开工，项目建设单位为云南推动者生物科技有限公司，云南省农业科学院农业环境资源研究所为项目技术支持单位。

★2022 年，保山市植保植检站申报的"蚜茧蜂控制粮油作物蚜虫技术集成与推广"成果，获中国植物保护学会科学技术三等奖。

间条顶姬蜂

桑蟥聚瘤姬蜂

稻苞埃姬蜂

日本黑瘤姬蜂

天蛾黑瘤姬蜂

野蚕黑瘤姬蜂

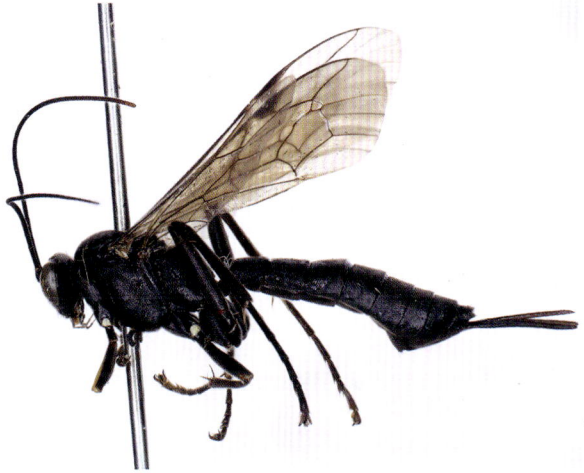

满点黑瘤姬蜂

舞毒蛾瘤姬蜂

黑瘤姬蜂

显斑斑翅恶姬蜂

广黑点瘤姬蜂

无斑黑点瘤姬蜂

松毛虫黑点瘤姬蜂

螟黑点瘤姬蜂

黄瘤黑纹姬蜂

毛虫囊爪姬蜂

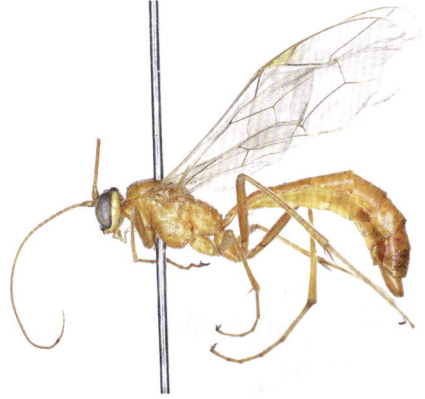

甘蓝夜蛾拟瘦姬蜂

棘腹姬蜂

螟蛉折唇姬蜂

螟蛉刺姬蜂

刺姬蜂

沟姬蜂

负泥虫沟姬蜂

三化螟沟姬蜂

横带驼姬蜂

负泥虫端脊沟姬蜂

东北缺沟姬蜂

稻切叶螟细柄姬蜂

具柄凹眼姬蜂

螟蛉悬茧姬蜂

短翅悬茧姬蜂

黏虫齿唇姬蜂

台湾弯尾姬蜂

黏虫弯尾姬蜂

稻纵卷叶螟弯尾姬蜂

负泥虫姬蜂

稻毛虫花茧姬蜂

中华钝唇姬蜂

大螟钝唇姬蜂

稻纵卷叶螟钝唇姬蜂

黄眶离缘姬蜂

稻纵卷叶螟离缘姬蜂

螟黄抱缘姬蜂

菲岛抱缘姬蜂

三化螟抱缘姬蜂

盘背菱室姬蜂

稻纵卷叶螟黄脸姬蜂

斜纹夜蛾盾脸姬蜂

黄足弓脊姬蜂

稻纵卷叶螟毛眼姬蜂

红斑棘领姬蜂

厚唇姬蜂

夹色姬蜂

黏虫白星姬蜂

大螟白星姬蜂

弄蝶武姬蜂

黑尾姬蜂

中华茧蜂

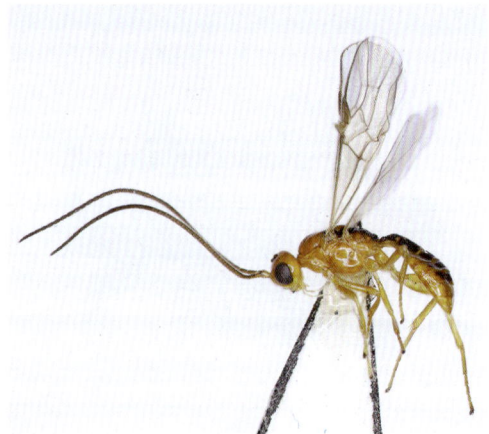

螟黑纹茧蜂

稻螟黑茧蜂

三化螟茧蜂

白螟黑纹窄茧蜂

三化螟条背茧蜂

螟蛉内茧蜂

褐斑内茧蜂

稻毛虫内茧蜂

稻苞虫茧蜂

横带折脉茧蜂

弄蝶长绒茧蜂

稻纵卷叶螟绒茧蜂

三化螟绒茧蜂

黏虫绒茧蜂

螟蛉绒茧蜂

螟黄足绒茧蜂

稻毛虫绒茧蜂

稻三点螟绒茧蜂

稻螟小腹茧蜂

黏虫黄茧蜂

稻纵卷叶螟长距茧蜂

稻纵卷叶螟怒茧蜂

螟甲腹茧蜂

三化螟甲腹茧蜂

稻秆蝇反颚茧蜂

稻纵卷叶螟守子蜂

潜蝇茧蜂

稻黑秆蝇潜蝇茧蜂

长须茧蜂

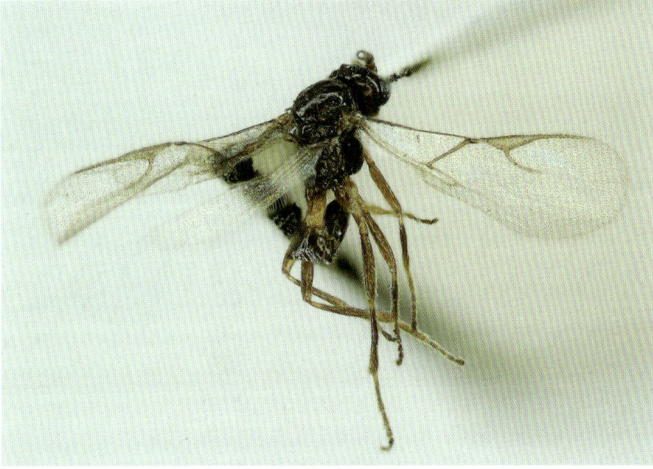

少脉蚜茧蜂

麦蚜茧蜂

广大腿小蜂

次生大腿小蜂

无脊大腿小蜂

大腿小蜂

黏虫广肩小蜂

稻瘿蚊广肩小蜂

绒虫金小蜂

负泥虫金小蜂

斑腹瘿蚊金小蜂

黏虫裹尸姬小蜂

蟪蛉裹尸姬小蜂

稻卷叶螟大斑黄小蜂

稻苞虫羽角姬小蜂

稻眼蝶腹柄姬小蜂

守子蜂腹柄姬小蜂

铁甲虫腹柄啮小蜂

蟪卵啮小蜂

稻秆蝇啮小蜂

稻黑秆蝇啮小蜂

稻瘿蚊啮小蜂

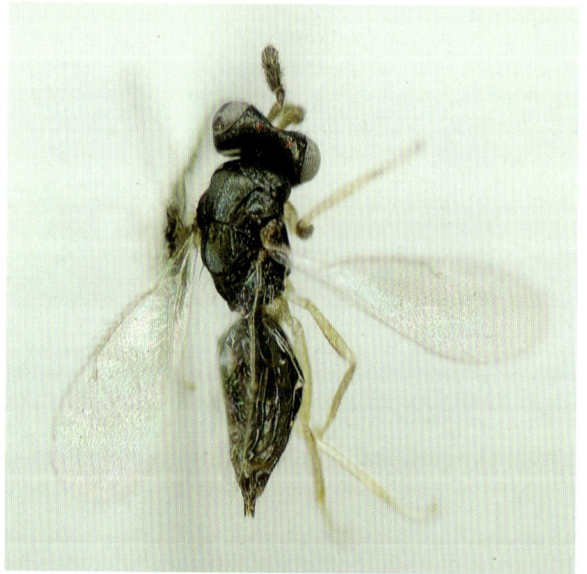

稻纵卷叶螟啮小蜂

稻纵卷叶螟扁股小蜂

白足扁股小蜂

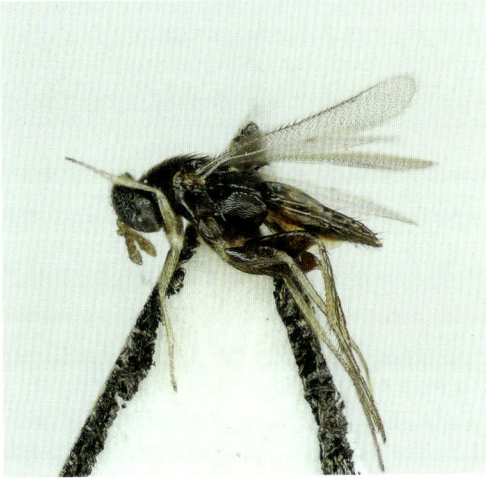

赤带扁股小蜂

毁螯跳小蜂

稻瘿蚊长距旋小蜂

稻长距旋小蜂

螳螂卵旋小蜂

蟑卵平腹小蜂

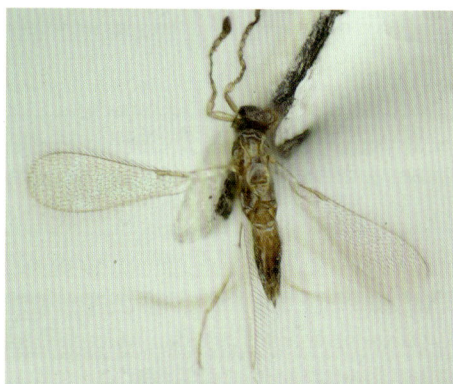

叶蝉柄翅小蜂

稻虱红螯蜂

黑腹单节螯蜂

黄腿螯蜂

黑双距螯蜂

等腹黑卵蜂

长腹黑卵蜂

稻苞虫黑卵蜂

稻螟黑卵蜂

牛虻拟长腹黑卵蜂

牛虻拟等腹黑卵蜂

稻螟沟卵蜂

稻蛛缘螟黑卵蜂

稻蝗黑卵蜂

稻瘿蚊黄柄细蜂

稻瘿蚊单胚黑蜂

菲岛黑蜂

化念黑蜂

银颜筒寄蝇

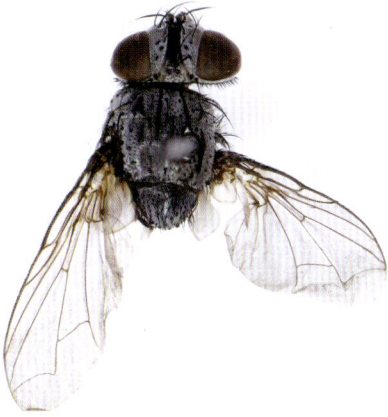

稻苞虫鞘寄蝇

平庸赘寄蝇

蓝黑栉寄蝇

玉米螟厉寄蝇

黑盾阿克寄蝇

冠毛长喙寄蝇

日本追寄蝇　　　　　　　　　　　明寄蝇

电光叶蝉头蝇　　　　　　　　　　趋稻头蝇